GESCHICHTE
DER
ELEMENTAR-MATHEMATIK

IN SYSTEMATISCHER DARSTELLUNG
MIT BESONDERER BERÜCKSICHTIGUNG
DER FACHWÖRTER

VON

DR. JOHANNES TROPFKE
DIREKTOR DER KIRSCHNER-OBERREALSCHULE ZU BERLIN

SIEBENTER BAND

STEREOMETRIE
VERZEICHNISSE

ZWEITE, VERBESSERTE UND
SEHR VERMEHRTE AUFLAGE

BERLIN UND LEIPZIG 1924
WALTER DE GRUYTER & CO.
VORMALS G. J. GÖSCHEN'SCHE VERLAGSHANDLUNG · J. GUTTENTAG, VERLAGSBUCHHANDLUNG · GEORG REIMER · KARL J. TRÜBNER · VEIT & COMP.

Druck von Metzger & Wittig in Leipzig.

Vorwort.

Mit dem vorliegenden siebenten Band ist die zweite Auflage des Werkes zu Ende geführt. Der Verfasser ist sich wohl bewußt, daß auch jetzt noch das gesteckte Ziel nur annähernd erreicht ist. Die ungeheure vorhandene Literatur zu bewältigen, übersteigt die Kraft des einzelnen. Viele Lücken mußten bleiben. Wenn weitere Literatur zu Händen kommt, werden an so manchen Stellen die Zeitangaben für das erstmalige Auftreten der einzelnen Bestandteile der Schulmathematik, besonders auch in der Fachwörtergeschichte, etwas heraufgesetzt werden können. Jede Mitarbeit, Ergänzung und Verbesserung, wäre dringend erwünscht.

Die Verzeichnisse sind möglichst gedrungen, aber eingehend gehalten.

Eine besondere Geschichte der Differential- und Integralrechnung ist mehrfach angeregt worden. Besser als sie mein treuer Mitarbeiter H. Wieleitner in seinen eigenen Veröffentlichungen in der Sammlung Schubert (vgl. Bd. I, Vorwort S. V Anm. 3) und in knapperer Form in der Sammlung Goeschen (Nr. 226, 875, Geschichte der Mathematik, Neue Bearbeitung) gegeben hat, könnte sie aber gegenwärtig kaum dargestellt werden. Überhaupt sind die Werke Wieleitners für alle sieben Bände die notwendige Ergänzung, indem dort die historischen Zusammenhänge in dem Gesamtverlauf der Entwicklung der Mathematik, wie die Lebensarbeit der einzelnen Gelehrten, schärfer hervortreten, als das in einer systematischen Darstellung der Fall sein kann. Auf die neuere Veröffentlichung Wieleitners „Die Geburt der modernen Mathematik" (zwei Hefte der Sammlung „Wissen und Wirken" bei G. Braun, Karlsruhe i. B.) sei besonders hingewiesen.

Mit selbstloser Hingabe und regster Aufmerksamkeit haben bei der Drucklegung H. Wieleitner und J. Ruska, in den trigonometrischen Teilen auch K. Schoy, die Arbeit des Verfassers unterstützt und gefördert. Der Tod G. Eneströms war ein schwerer Verlust; die Bände V—VII hätten sicher so manche Verbesserung von ihm erfahren. Dem scharfen Auge meines Amtsgenossen K. Lewent, der die Hauptkorrekturen mit ausgezeichneter Genauigkeit las, werden nur wenige Druckfehler entgangen sein. Diese vielseitige, wertvolle Hilfe mit Dank abzugelten, fehlen mir die zureichenden Worte. Von dem Erfolg des Werkes gebührt ihnen ein guter Teil.

Berlin, im August 1924.

Johannes Tropfke.

Inhalt.

Stereometrie. Verzeichnisse.

	Seite
Stereometrie	3— 54
A. Geschichtlicher Überblick	3— 8
B. Besonderer Teil	9— 54
1. Die geraden Linien und die Ebenen im Raum	9— 14
2. Die Volumen- und Oberflächenberechnungen	14— 54
a) Allgemeines	14— 16
b) Parallelepipedon und Prisma	16— 20
c) Die Pyramide	20— 29
d) Zylinder und Kegel	29— 34
e) Die Kugel und die allgemeinen Rotationskörper	35— 42
f) Allgemeine Körper. Das CAVALIERIsche Prinzip. Die SIMPSONsche Regel	42— 54
Verzeichnis I: Namen und Schriften	55—100
Verzeichnis II: Sachliches	101—128

STEREOMETRIE. VERZEICHNISSE

Stereometrie.

A. Geschichtlicher Überblick.

Die Stereometrie ist die jüngere Schwester der Planimetrie. Beide entspringen den in praktischer Erfahrung gesammelten Kenntnissen, deren Umfang sich ganz allmählich vergrößerte. Das Bedürfnis nach räumlichen Betrachtungen wird anfangs ein geringeres gewesen sein als das für geometrische Überlegungen. Aber allmählich lernte der Landmann die Erntehaufen, die in bestimmten Formen auf dem Felde aufgestapelt standen, in rohem Maße abschätzen, der Techniker suchte sich einen Überschlag zu machen über die Menge des Baumaterials, das zu einem Mauerwerk von verschiedener Gestalt mit vorgeschriebenen Abmessungen erforderlich war usw. Es entstanden praktische Berechnungsvorschriften, über deren Genauigkeit die Rechner mehr oder weniger unterrichtet waren. Himmelsbeobachtungen, deren Wichtigkeit für die Zeiteinteilung und Zeitangabe sehr früh erkannt wurde, förderten stereometrische Untersuchungen an der Kugel. Nach und nach verdichtete sich der wachsende Bestand solcher Kenntnisse und bildete sich, wohl zumeist unter der Hand besonders befähigter Männer, zu einer wirklichen Theorie aus.

Dieser hypothetische Entwicklungsgang der Stereometrie spiegelt sich in den geschichtlichen Urkunden, so spärlich sie besonders für die ältere Zeit sind, in der Tat wieder.

Die wirkliche Überlieferung beginnt, wie wir fast bei allen Kapiteln der Mathematik bemerken konnten, mit jenem uralten ägyptischen Papyrus, der als Rechenbuch des Ahmes[1481] (zwanzigstes bis siebzehntes Jahrhundert v. Chr.) bezeichnet zu werden pflegt. Der Charakter dieser Schrift ist der eines Rechenübungsbuches; sie läßt daher keine Ansprüche an systematische Zusammenstellung des gegebenen Stoffes stellen, wenigstens soweit Planimetrie und Stereometrie in Betracht kommen. Die gewählten Aufgaben sollen nur die eingeschlagenen Rechenmethoden erläutern. Der Verfasser legt kein Gewicht darauf, etwa die Kreisberechnung selbst vor der Berechnung von Körpern mit kreisrunder Grundfläche vorzunehmen. Trotzdem gewähren die gestellten Aufgaben einen tiefen Einblick in den damaligen Bestand der Mathematik; wir haben aus ihnen in den vorstehenden Kapiteln öfters, besonders in der ebenen Geometrie, wertvolle Schlüsse für die Geschichte der Mathematik ziehen können. Auffallend ist, daß uns der Verfasser für das Gebiet der Stereometrie fast ganz im Stich läßt. Die einzigen von ihm gelieferten stereometrischen Übungsbeispiele[1] beziehen sich auf die Ausmessung von Fruchtspeichern, deren Gestalt uns nicht einmal genauer bekannt ist; bei einzelnen ist eine kreisförmige Grundfläche anzunehmen. Unser Befremden löst sich, wenn wir annehmen, daß zur Zeit des Ahmes die Stereometrie in dem oben angedeuteten Anfangsstadium begriffen war. Freilich legen jene gewaltigen Bauten der Ägypter, deren einige noch vor der Zeit des Ahmes hergestellt worden waren, Zeugnis dafür ab, daß dem alten Techniker gewisse Grundformen stereometrischer Gebilde, wie sogar die der Pyramide, geläufig waren. Aber noch mögen für diese in der Baukunst bereits bekannten Körperformen sich nicht so feststehende Berechnungsvorschriften entwickelt haben, daß sie aus den engsten Fachkreisen heraus einer größeren Öffentlichkeit zugänglich waren. Solche durfte Ahmes bei seinen Rechenübungen nicht als bekannt voraussetzen, wie er es bei der so häufig nötig werdenden und gewiß viel geübten Ausmessung von Erntehaufen, wie er es vor allem bei den planimetrischen Formeln (vgl. Bd. IV, S. 127—128) tun konnte.

Wie weit die ägyptische Stereometrie allmählich vorgedrungen war, ist schwer zu begrenzen. Man kann annehmen, daß sie die Volumenberechnungen an Würfeln, an geraden, eckigen und runden Säulen genau ausführen konnte, daß sie für die Pyramide, den Kegel, vielleicht auch für die Kugel Näherungsformeln gefunden hatte. Die genauen Formeln für die letzteren Körper sind erst spätere griechische Entdeckungen, wie geschichtlich feststeht. Ein gutes Bild der ägyptischen Leistung scheinen uns die Schriften Herons zu geben (erstes Jahrhundert v. Chr.). Wir haben öfters (vgl. Bd. I, S. 150; II, S. 136; III, S. 36; IV, S. 127 f.; V, S. 5 f.) auf die Eigentümlichkeit der führenden griechischen Mathematiker hingewiesen, daß sie die technische Anwendung ihrer hohen theoretischen Resultate gänzlich übergehen. Das strenge, starre System

[1] Aug. Eisenlohr, S. 93 ff.[1481].

ihrer Mathematik schien ihnen nur um seiner selbst willen da zu sein, seine vermeintliche Würde vertrug sich nicht mit praktischer Übertragung. Der Theoretiker fühlte sich erhaben über den Techniker. Wenn nun die Schriften des Alexandriners HERON gerade den entgegengesetzten Standpunkt einnehmen und nur auf die praktische Berechnung Wert legen, so scheinen sie sich damit so von dem griechischen Geiste zu entfernen, daß wir in ihnen die alte ägyptische Wissenschaft wiederzufinden glauben, die der Verfasser an der Quelle durch eigenes Studium hatte kennen lernen können. Natürlich hat HERON die ihm bekannten neueren griechischen Entdeckungen mit aufgenommen. Der Archimedische Wert für π (vgl. Bd. IV, S. 205) hat bei ihm den alten ägyptischen Wert glatt verdrängt, da er ebenso bequem, aber um vieles genauer war. Die neue griechische Theorie der spitzen Körper und der Kugel ist verwertet; kaum haben sich Andeutungen erhalten, wie man vordem rechnete. Zu diesen Spuren gehört eine Näherungsformel für den Kegelstumpf, die einen Zylinder mit dem Mittelkreis als Querschnitt zugrunde legt.[2] Die unmittelbar nach Verwendung dieses Notbehelfs gebrauchte genaue Kegelstumpfformel[3] verrät die griechische Verbesserung des altägyptischen Verfahrens. Dieselbe Näherungsmethode mit dem Mittelkreis befolgte HERON noch bei einer Reihe anderer, unbekannter Körper, die er *πίθος* (Faß),[4] *κοῦπα* (Kufe?),[5] *βοῦτις* (Butte?)[6] u. a. nennt. Die Anzahl solcher Körperarten, über deren Aussehen kaum Vermutungen möglich, ja deren Namen uns dunkel sind, ist bei HERON merkwürdig groß. Vielleicht gelingt es einmal der späteren Sprachforschung, Genaueres hierüber in Erfahrung zu bringen, vielleicht ist eine Verbindung mit jenen unbekannten Fruchtspeicherformen des AHMES nachzuweisen.

Von der babylonischen Stereometrie weiß man so gut wie nichts. Aus einem kleinen Text, dessen Übersetzung aber noch ganz unklar ist,[7] geht nur hervor, daß man einen Wall mit trapezförmigem Querschnitt zu berechnen wußte. Andere veröffentlichte Texte bedürfen erst der Enträtselung. Zahlreiches Mathematische ist überhaupt noch nicht gedruckt.

Der mathematisch-wissenschaftliche Geist der Griechen vertiefte die aus Ägypten bezogenen praktischen Kenntnisse zu einer wirk-

2 HERON, *Stereom.*, I, cap. 15, ed. HEIBERG 5 [II 456], S. 12, Z. 27 ff. — 3 Daselbst cap. 16, S. 14. — 4 *Stereom.*, II, cap. 23, 24, ed. HEIBERG 5, S. 100. — 5 Daselbst I, cap. 51, S. 54; II, cap. 3, 7, S. 86, 90. — 6 Daselbst I, cap. 52, S. 56; II, cap. 9, S. 92. — 7 A. UNGNAD, *Zur babylonischen Mathematik* [IV 747], Orientalist. Lit.-Ztg. 19, 1916, Sp. 363 f.

lichen Lehre, in der Stereometrie aber erheblich später als in der Planimetrie. Der Aufschwung begann mit der Perspektive. Ein Maler, Agatharchos, stellte zur Zeit der letzten Tragödien des Aischylos († 456/455 v. Chr.) eine perspektivische Bühnendekoration her und schrieb auch eine Abhandlung über die neue Kunst.[8] Anaxagoras, der um 463 nach Athen kam, erfaßte das darin liegende mathematische Problem und bearbeitete es wissenschaftlich-theoretisch. Demokrit erweiterte um 430/400 seine Untersuchungen. Die Lehre der Perspektive schuf so die Anfänge einer stereometrischen Betrachtungsweise, die sich schließlich frei weiter entwickelte. Etwa gleichzeitig mit Demokrit nahm Hippokrates von Chios stereometrische Untersuchungen auf; er ist der erste, der auf eine Lösung des inzwischen gestellten Würfelverdoppelungsproblems hinweist (Bd. III, S. 66). Zur Zeit Platons (429—348 v. Chr., Athen) gab es indes noch keine eigentlichen Lehrgebäude der Stereometrie;[9] er kämpft in seinen Schriften für ihren Aufbau und bedauert die Unwissenheit seiner Zeitgenossen: „Hinsichtlich der Messungen von allem, was Länge, Breite und Tiefe hat, legen die Griechen eine in allen Menschen von Natur vorhandene, aber ebenso lächerliche wie schmähliche Unwissenheit an den Tag“ — in derben Ausdrücken fährt er fort: „nicht wie es Menschen, sondern wie es Schweinen geziemt, und ich schämte mich daher nicht bloß über mich selbst, sondern für alle Griechen.“[10]

Was an ihrem Teil lag, haben Platon, seine Zeitgenossen und Schüler das Versäumte nachgeholt, besonders die unteritalische Schule um Archytas, von Platon als ‚sogenannte‘ Pythagoreer bezeichnet. Kannten die früheren Pythagoreer, d. i. die engere Schule des Pythagoras, von den regelmäßigen Körpern nur die Formen des Würfels und des Tetraeders, vielleicht noch das Dodekaeder (vgl. S. 48) — alle weitergehenden Berichte sind legendenhaft —, so fügte Theätet († 369 v. Chr.) das Oktaeder und Ikosaeder hinzu und bildete erst eine Theorie aller fünf Körper aus.[11] Dabei be-

[8] Vitruv, Vorwort zum 7. Buch der *Architectura*, ed. F. Krohn, Leipzig 1912, S. 146, Z. 21. Vgl. Erich Frank, *Plato und die sogenannten Pythagoreer*, Halle 1923, S. 19 ff., 234 ff. — [9] Eva Sachs, *Die fünf platonischen Körper*. Philolog. Untersuchungen, Heft 24, Berlin 1917, S. 146—160. — [10] Platon, *Gesetze*, Buch VII, cap. 21, 819 D, ed. Stallbaum, X, 2, Gotha 1859, S. 379: ... *καὶ ἔδοξέ μοι τοῦτο οὐκ ἀνθρώπινον, ἀλλὰ ὑηνῶν τινῶν εἶναι μᾶλλον θρεμμάτων, ᾐσχύνθην τε οὐχ ὑπὲρ ἐμαυτοῦ μόνον ἀλλὰ καὶ ὑπὲρ ἁπάντων Ἑλλήνων.* Ähnliche Klagen im *Staat*, lib. VII, 258, ed. Stallbaum, III, 2, Gotha u. Erfurt 1859, S. 157 ff. — [11] Eva Sachs[9], S. 76 ff.

nutzte er eine kurz vor ihm erschienene Schrift des Eudoxos von Knidos (410—356 v. Chr.) über die stetige Teilung (τομή). Theätets Arbeiten sind im dreizehnten Buch der Elemente Euklids wiedergegeben. Archytas von Tarent (430—365 v. Chr.) beherrschte bereits in überraschender Weise die Grundlagen der Stereometrie. Er kannte nicht nur Sätze über das gegenseitige Schneiden von Ebenen, sondern wußte auch Bescheid mit der Entstehung von Zylindern und Kegeln, benutzte z. B. die bei der Durchdringung solcher Körper gebildeten Kurven zu einer scharfsinnigen Lösung des Würfelverdoppelungsproblems, das damals gerade eine brennende Tagesfrage war (vgl. Bd. II, S. 135; III, S. 66). Sein älterer Zeitgenosse Demokritos ist der Entdecker jenes Satzes, daß die Pyramide ein Drittel des Prismas von gleicher Grundfläche und Höhe ist; einen ausreichenden Beweis gab indes erst Eudoxos. Dem letzteren ist auch wohl die Abfassung eines stereometrischen Lehrbuches zuzuschreiben, dem sich Euklid wahrscheinlich ziemlich eng anschloß. Weisen wir noch auf die Leistungen des begabtesten Schülers Platons, Menaichmos (um 350 v. Chr.) hin, des Erfinders der Kegelschnitte, und erwägen wir, daß seine Ableitungen an diesen Kurven mit stereometrischen Betrachtungen verbunden wurden (vgl. Bd. VI, S. 129, 130), so erhalten wir eine Ahnung von dem gewaltigen Aufschwung, den die Stereometrie in kaum einem halben Jahrhundert genommen hatte.

Nunmehr beginnen auch die Quellen unmittelbarer Überlieferung zu fließen. Die mathematischen Stellen in Schriften des Aristoteles (384—322 v. Chr.), die für die Planimetrie ziemlich ergiebig waren, geben für die Stereometrie noch äußerst wenig. Es wird erwähnt, daß Lote auf derselben Geraden in denselben Punkten in einer Ebene liegen, daß ein Schnitt durch den Mittelpunkt einer Kugel einen größten Kreis gibt. Aristoteles zeigt auch Kenntnis der regelmäßigen Körper.[12] Ein eigentliches Lehrgebäude der Stereometrie können wir ihm aber nicht entnehmen. Das älteste Lehrbuch einer sphärischen Stereometrie,[IV 780] zusammengestellt durch Autolykos von Pitane (um 333 v. Chr.), und dann vor allem Euklids (um 325 v. Chr.) Elemente liegen uns tatsächlich vor. Die letzteren enthalten eine vollständige Lehre der elementaren Stereometrie, über die auch unser modernes Schulpensum nur in einzelnen

12 Heiberg, *Mathematisches zu Aristoteles*[1904], S. 25.

Punkten hinausgeht. An Erweiterungen verdankt man ARCHIMEDES (287—212 v. Chr., Syrakus) die Berechnung des Kugelvolumens und der Kugeloberfläche, ferner die Aufstellung der halbregulären Vielflache und die Bestimmung der Volumina für gewisse Rotationskörper. Durch ihn ist der Höhepunkt griechischer Stereometrie erreicht. HYPSIKLES (um 190 v. Chr.) und PAPPOS (um 295 n. Chr.) fügen eine Anzahl rechnerischer Relationen zwischen den Fundamentalstücken der fünf regelmäßigen Körper hinzu; bei PAPPOS findet sich auch zum erstenmal die Aufstellung des sogenannten GULDINschen Theorems von den Rotationskörpern.

Weder die Inder noch die Araber, sonst so gelehrige Schüler, kamen in der Stereometrie über die Forschungen der Griechen hinaus. Erst die Neuzeit brachte, mit dem Auftreten der Infinitesimalrechnung, durch KEPLER (1571—1630) und CAVALIERI (1591—1647) neue Methoden und neue Resultate. Die Theorie der regelmäßigen Körper wurde durch die KEPLERschen Sternpolyeder fortgeführt. Die von NEWTON und LEIBNIZ begründete Integralrechnung lieferte die allgemeine Lösung des Kubaturproblems. Mit dem Ende des siebzehnten Jahrhunderts begann auch eine analytische Geometrie des Raumes (vgl. Bd. VI, S. 113) sich zu entwickeln, der sich, hauptsächlich im neunzehnten Jahrhundert, eine projektive Raumgeometrie gegenüberstellte.

Das Wort Stereometrie begegnet uns zuerst unmittelbar nach dem Tode PLATONS bei PHILIPPOS VON OPUS;[13] PLATON kennt es bestimmt noch nicht.[14] Bei ARISTOTELES (384—322 v. Chr.) erscheint es nur einmal.[15] Es geht unverändert in die lateinische (BOËTIUS)[16] und deutsche Sprache (1477, deutsche Übersetzung[IV 133] des *tractatus quadrantis* von ROBERTUS ANGLICUS)[17] über.

[13] Vgl. EVA SACHS[9], S. 155. — [14] Daselbst S. 147. — [15] *Ἀναλυτικῶν ὑστ.* α, 13, Akademieausgabe[12], I, S. 78 rechts, Z. 38. — [16] BOËTIUS, *Aristoteles anal. poster.* 1, 7, S. 258. — [17] M. CURTZE, Abh. Gesch. Math. 9, 1899, S. 45: Stereometrie ist, wann wir ains Dings lenge, praite vnd tieffe suchen.

B. Besonderer Teil.

I. Die geraden Linien und die Ebenen im Raum.

Den Hauptteil der Lehre von den geraden Linien und den Ebenen im Raume bietet das elfte Buch EUKLIDs bereits in den ersten 19 Sätzen. Die Definition einer Ebene[18] (vgl. Bd. IV, S. 24) ist in der Einleitung zum ersten Buch (Def. 7) vorausgeschickt worden; sie ist eine einfache Verallgemeinerung der unmittelbar vorangehenden Definition einer Geraden. ROBERT SIMSON ersetzt sie in seiner Bearbeitung der Euklidischen Elemente[19] durch: „Eben sei eine Fläche, wenn die geraden Linien, welche je zwei beliebige in der Fläche liegende Punkte verbinden, ganz in der Fläche liegen" — eine Erklärung, auf die bereits HERON[20] und PROKLOS[21] hinweisen. FOURIER (1768—1830; Paris) faßt die Ebene als geometrischen Ort aller in einem Punkte auf einer Geraden senkrechten Geraden auf.[22] Das elfte Buch EUKLIDs beginnt ebenfalls mit Definitionen, an deren Spitze die Erklärung von Körper und Fläche (Grenze eines Körpers) gestellt ist. Der erste Satz legt dar, daß von einer geraden Linie nicht ein Stück in einer Ebene und ein anderes außerhalb derselben liegen kann;[23] wir sprechen jetzt diesen Satz anders aus: eine Gerade liegt entweder mit allen ihren Punkten in einer Ebene oder nur mit einem. Nachdem in Satz 2 gezeigt ist, daß zwei sich schneidende Geraden in e i n e r Ebene liegen müssen — wobei wir heute sofort hinzufügen, daß durch diese beiden Geraden die Ebene bestimmt ist —, lehrt EUKLID in Satz 3, daß der Durchschnitt zweier Ebenen eine gerade Linie ist. Auf Grund der Definition (XI, 2) des Senkrechtstehens einer Geraden auf einer Ebene wird in Satz 4 der wichtige Satz abgeleitet,[24] daß eine Gerade, die auf

---

18 Einen Überblick über die verschiedenen Erklärungen gibt mit entsprechender Literatur M. ZACHARIAS, *Encykl. d. math. W.*[II 998], III A B 9, Leipzig 1914, S. 875. — 19 *The Elements of Euclid. Notes critical and geometrical*, Glasgow 1756 bis 1762. — 20 *Opera* 4[I 488], ed. HEIBERG, Def. 9, S. 22—23: „Und wenn eine Gerade zwei ihrer Punkte berührt, fällt auch die ganze Gerade an jeder Stelle vollkommen mit ihr zusammen." — 21 PROCLUS, ed. FRIEDLEIN[II 238], S. 117, Z. 8; auch bei ANARITIUS[II 853], S. 10. — 22 Vgl. A. L. CRELLE, *Sammlung math. Aufsätze* I[II 1097], 1821, S. 13, § 11. — 23 EUKLID, ed. HEIBERG, 4[II 542], S. 8, Z. 11—12: *Εὐθείας γραμμῆς μέρος μέν τι οὐκ ἔστιν ἐν τῷ ὑποκειμένῳ ἐπιπέδῳ, μέρος δέ τι ἐν μετεωροτέρῳ.* — 24 EUKLID, ed. HEIBERG, 4[II 542], S. 12, Z. 18—21: *Ἐὰν εὐθεῖα δύο εὐθείαις τεμνούσαις ἀλλήλας πρὸς ὀρθὰς ἐπὶ τῆς κοινῆς τομῆς ἐπισταθῇ καὶ τῷ δι' αὐτῶν ἐπιπέδῳ πρὸς ὀρθὰς ἔσται.*

zwei sich schneidenden Geraden in ihrem Schnittpunkt senkrecht steht, auch normal zu der durch die Geraden bestimmten Ebene ist. Der Beweis erfolgt elementar-geometrisch durch eine Kette von Kongruenzen. Der in den heutigen Lehrbüchern gebräuchliche Beweis, der auf Anwendung des Pythagoreischen Lehrsatzes beruht, ist zuerst von LEGENDRE (1752—1833, Paris) in seinen Elementen (1794) benutzt worden;[25] ein anderer sehr einfacher Beweis stammt von CRELLE (1780—1855).[26] Der Satz 5 des elften Buches EUKLIDS, „Drei in einem Punkte einer Geraden auf dieser senkrecht stehende Geraden liegen in einer Ebene“ ist die Grundlage zu unserer heutigen Drehungsdefinition, nach der man sich eine Ebene durch Rotation eines starren rechten Winkels um einen Schenkel als Achse entstanden denkt. Die folgenden Sätze EUKLIDS beziehen sich auf die Lehre von den Normalen und Parallelen. Satz 6 lautet: Zwei Lote auf einer Ebene sind parallel (Umkehrung in Satz 8); Satz 9: Zwei Geraden, die einer dritten parallel sind, sind untereinander parallel; Satz 10: Winkel mit paarweis parallelen Schenkeln sind gleich. Satz 11 und 12 enthalten Aufgaben, in denen die Konstruktion eines Lotes zu einer Ebene, sei es von einem Punkte außerhalb, sei es in einem Punkte der Ebene, gelehrt wird. Satz 13 zeigt dann die Eindeutigkeit dieser Konstruktionen. EUKLIDS Definition paralleler Ebenen entspricht seiner Definition paralleler Linien: Parallele Ebenen heißen solche, die niemals zusammentreffen.[27] Beachtenswert ist, daß EUKLID die planimetrische Definition zweier paralleler Geraden nicht auf Raumgerade überträgt; er denkt sich stets, wenn er zwei parallele Geraden im Raume betrachtet, die durch sie hindurchgehende Ebene hinzu, da er sich wohl bewußt ist, daß im Raum zwei gerade Linien (sich kreuzende Geraden), auch ohne parallel zu sein, sich nicht zu treffen brauchen. Die Untersuchung dieser Art von Geraden übergeht EUKLID; daher sucht man auch vergebens bei ihm nach der Erklärung des Abstandes zweier sich nicht schneidender Raumgeraden. Der gleichen Unterlassung machen sich aber auch die meisten späteren Lehrbücher bis zum Ende des achtzehnten Jahrhunderts schuldig. Eine befriedigende Behandlung findet man erst in LEGENDRES Elementen (1794).[28]

---

25 *Élémens de géométrie*[IV 364], V, 4; CRELLES Übersetzung, 2. Aufl., 1833, S. 140 bis 141. — 26 J. rein. ang. Math. 45, 1853, S. 35, Nr. 40. — 27 EUKLID, XI, def. 8, ed. HEIBERG 4[II 542], S. 4: *Παράλληλα ἐπίπεδά ἐστι τὰ ἀσύμπτωτα.* — 28 Note 6 zu LEGENDRES Elementen[IV 364].

Die Sätze 14—19 sind der gegenseitigen Lage mehrerer Ebenen zueinander gewidmet. Dabei faßt EUKLID sein Thema sehr eng; er spricht nur von der parallelen und senkrechten Lage und beschränkt sich im übrigen auf die beiden Definitionen der Neigung einer Geraden zu einer Ebene (Erkl. 5) und zweier Geraden zueinander (Erkl. 6). Satz 14: „Ebenen, auf denen eine und dieselbe gerade Linie senkrecht steht, sind parallel" ist einer von denjenigen, deren Vorhandensein vor Abfassung der Elemente EUKLIDs bestimmt nachzuweisen ist. Ihn benutzte nämlich schon AUTOLYKOS (um 330 v. Chr.), dem wir, wie oben erzählt, das älteste vollkommen erhaltene mathematische Schriftstück verdanken.[29] Auch die Definition des Winkels zweier Ebenen war AUTOLYKOS nicht fremd.[30]

Satz 15 bezieht sich auf zwei Winkel, deren Schenkel parallel sind. Es wird bewiesen, daß die durch die Winkel bestimmten Ebenen parallel sind. Satz 16: „Werden zwei parallele Ebenen von einer dritten geschnitten, so sind auch die Durchschnittsgeraden parallel" ist wiederum ein Satz, den AUTOLYKOS kennt und verwendet.[30]

Bis auf den Beginn des vierten Jahrhunderts v. Chr. kann man die Sätze 18 und 19 EUKLIDs verfolgen. Der Inhalt dieser Sätze ist der, daß alle Ebenen, die durch ein Lot zu einer festen Ebene hindurchgehen, auf dieser Ebene senkrecht stehen, und umgekehrt: Die Schnittgerade zweier, zu einer dritten Ebene senkrecht stehender Ebenen ist ein Lot dieser dritten Ebene. Nicht nur AUTOLYKOS kannte diese Beziehung,[31] sondern auch ARCHYTAS VON TARENT (430—365 v. Chr.) setzte sie schon bei Gelegenheit einer Lösung der Würfelverdoppelungsaufgabe voraus.[32]

Ebenso wie wir auf voreuklidische Sätze aufmerksam machen konnten, läßt sich auch eine Reihe elementar-stereometrischer Theoreme anführen, die sich erst bei nacheuklidischen Schriftstellern finden, ohne daß freilich bei allen von vornherein behauptet werden kann, EUKLID habe sie noch nicht gekannt. Wir haben in der Geschichte der Planimetrie mehrere Beispiele für Sätze gefunden, von denen EUKLID sicher Kenntnis gehabt haben muß, die er in seinen Elementen aber nicht verwendete (vgl. Bd. IV, S. 8, 164). Eine Durchsicht der Werke des ARCHIMEDES liefert folgende hierher gehörige Sätze, die in seinen Untersuchungen als bekannt angenommen

29 AUTOLYCUS, *De sphaera*, prop. 5, Beweis, ed. HULTSCH[IV 478], S. 14—15. — 30 Daselbst prop. 8, Beweis; ed. HULTSCH, S. 28—29. — 31 Daselbst, prop. 7, Beweis; ed. HULTSCH, S. 26—27. — 32 ARCHIMEDES, ed. HEIBERG[17], 3², S. 84 ff.

werden:[33] 1. Eine durch zwei von drei parallelen Geraden gelegte Ebene wird entweder die dritte enthalten oder ihr parallel sein.[34] 2. Eine Ebene, die auf der einen von zwei parallelen Ebenen senkrecht steht, steht auch auf der anderen senkrecht.[35] 3. Eine Ebene, die einer anderen, auf einer dritten senkrecht stehenden Ebene parallel ist, steht selbst auf der dritten senkrecht.[36] 4. Durch eine nicht senkrechte Gerade kann nur e i n e Ebene auf eine andere senkrecht gelegt werden.[37]

Die räumlichen Figuren, die wir heute Flächenwinkel (so bereits KLÜGEL 1808[38]) nennen (*angle dièdre*; *coin* = Keil, auch *onglet sphérique*[39]), an der man Seiten oder Flächen (*ἕδρα*, *face*) und Kanten (*πλευρά*, *latus*, *côté*; *acies*,[40] *arête*[41]) unterscheidet, betrachtete EUKLID in seinen Elementen nicht — und nach ihm auch nicht die Mathematiker fast bis zum Ende des achtzehnten Jahrhunderts —; EUKLID geht sofort zu der Lehre von der Ecke über. Sein Kunstausdruck *στερεὰ γωνία*[42] wird im Lateinischen zu *angulus solidus*; das deutsche Wort „körperlicher Winkel" erscheint zuerst 1539 bei SCHMID.[43] SACROBOSCO († 1256) spricht kurz von Winkeln (*angulus*) des Würfels, wenn er die Ecke meint.[44] DÜRER (1525) unterscheidet sprachrichtig zwischen Winkel und Ecke eines Körpers, je nachdem er die konkave oder konvexe Seite betrachtet.[45] Die Bezeichnung „Ecke" beginnt in der zweiten Hälfte des achtzehnten Jahrhunderts üblich zu werden. Zunächst sagte man noch solide Ecke (*angulus solidus*); SEGNER (1747) beschränkt sich zuerst auf das einfache kurze Wort Ecke.[46]

33 Nach HEIBERG, Z. Math. Phys. 24, 1879, Lit.-hist. Abt., S. 181—182. — 34 ARCHIMEDES, *Περὶ κωνοειδ. κ. σφαιρ.*, 15, ed. HEIBERG[17], 1[2], S. 322, Z. 13 bis 14. — 35 Daselbst cap. 16, 1[2], S. 328, Z. 8. — 36 Daselbst cap. 22, S. 356, Z. 8 ff. — 37 Daselbst cap. 16, S. 328, Z. 4 ff. — 38 *Math. Wörterbuch*[II 143], III, 1. — 39 LEGENDRE, *Géom.*[IV 364], V, 17. — 40 Nach EULER, Nov. comm. Ac. Petrop. 4, 1752—1753 (1758), S. 110: *Elementa doctrinae solidorum.* — 41 LEGENDRE, *Géom.*[IV 364]. — 42 EUKLID, Buch XI, Erkl. 11, ed. HEIBERG 4[II 542], S. 4, Z. 10—15: *Στερεὰ γωνία ἐστὶν ἡ ὑπὸ πλειόνων ἢ δύο γραμμῶν ἁπτομένων ἀλλήλων καὶ μὴ ἐν τῇ αὐτῇ ἐπιφανείᾳ οὐσῶν πρὸς πάσαις ταῖς γραμμαῖς κλίσις. Ἄλλως· στερεὰ γωνία ἐστὶν ἡ ὑπὸ πλειόνων ἢ δύο γωνιῶν ἐπιπέδων περιεχομένη μὴ οὐσῶν ἐν τῷ αὐτῷ ἐπιπέδῳ πρὸς ἑνὶ σημείῳ συνισταμένων* (Ein körperlicher Winkel ist die Neigung von mehr als zwei einander treffenden, nicht in einer Ebene liegenden Geraden. Oder: Ein körperlicher Winkel wird von mehr als zwei ebenen Winkeln, die nicht in derselben Ebene liegen, aber von e i n e m Punkte ausgehen, gebildet). — 43 Das erst Buch der Geometria, Nürnberg 1539[III 86], S. 10. — 44 *Algorismus*, ed. CURTZE[I 19], S. 15: *Est autem cubus quoddam corpus sex habens superficies, octo a n g u l o s et duodecim latera.* — 45 Vnderweysung[II 334], Bl. C 1b: Wenn du aussen auf die scherpf siehst, so heist es eyn eck, siehstu aber innen in die tyfe, so heist es eyn winckel. — 46 *Vorlesungen über Rechenkunst und Geometrie*, 1747[I 270 b], Abschn. XII, § 40, S. 603: . . . *so*

KÄSTNER benutzt es 1764 in seinen Anfangsgründen noch ganz beiläufig.[47] In KARSTENS Lehrbuch (1768) kommt es schon als Fachausdruck vor.[48] THIBAUT[II 84] (1801) benutzt körperliche Ecke, LACROIX (1796)[IV 298] *angle solide, angle trièdre, tetraèdre* usw. CRELLE beansprucht in seinen Elementen von 1827[49] das Wort Raumecke für den aus zwei Ebenen gebildeten Flächenwinkel und führt für die dreikantige Ecke das Kunstwort Raumdreieck — ähnlich wie gelegentlich KARSTEN (1768)[50] körperliches Dreieck — ein, findet aber keinen Anklang; auch seine Bezeichnung Polardreieck[51] statt Polarecke muß Mißverständnisse bereiten. Die Benutzung von Ecke wird immer allgemeiner. IDELER, der 1828 LACROIX' Anfangsgründe zum zweitenmal übersetzt, verwirft ausdrücklich die Bezeichnung ‚körperliches Dreieck' bei seinem Vorgänger (HAHN, 1808[IV 1395]) und wählt das moderne ‚dreikantige Ecke'.[52]

Kante, früher Seite, wird erst seit KLÜGELS Wörterbuch (1808) häufiger.[53] Vorher kommt es nur vereinzelt vor, wie bei BUGGE-TOBIESEN (1800).[54] DÜRER (1525)[II 384] sagt z. B. vom Tetraeder, es habe ‚sechs gleyche scharpfe seyten'. Noch SEGNER (1747)[I 270b] braucht Seite in dreifacher Bedeutung: 1. als Seite eines Polygons, 2. als Seitenfläche von Prismen, Pyramiden und regelmäßigen Körpern, 3. als Seite des Kegels.

Neigungswinkel (PIRKENSTEIN, 1694[55]) ist die wörtliche Übersetzung des EUKLIDschen γωνία κλίσεως (XI, Def. 7);[56] *angulus inclinationis,*[55] *l'angle de l'inclinaison.*[57]

Die Definition eines körperlichen Winkels ist bei EUKLID eine doppelte.[42] Erstens erklärt er ihn als Neigung dreier, nicht in einer Ebene gelegenen, von einem Punkte ausgehender Geraden, zweitens denkt er ihn sich durch Aneinanderlegen von drei ebenen Winkeln entstanden. Von diesen drei Winkeln behauptet Satz 20, daß immer je zwei zusammen größer als der dritte sind; Satz 21, daß ihre Summe nicht vier Rechte überschreitet. Satz 22 und 23 lehren

entstehet das, was man ... eine solide Ecke zu nennen pflegt. Wir haben aber diesen Zusatz im Teutschen nicht nöthig, weil die Benennung einer Ecke dieselbe genugsam von einem Winkel unterscheidet. — 47 *Anfangsgründe*, 2. Aufl., 1764, S. 284[I 259a]. — 48 *Lehrbegriff*, 2, Greifswald 1768[I 209], Überschrift des XXIII. Abschnittes *Von den körperlichen Winkeln oder Ecken.* — 49 *Lehrb. d. Elem.*[II 485], II, § 440, S. 546. — 50 *Lehrbegriff*[I 209], 2, § 504. — 51 Daselbst § 463, S. 568. — 52 S. FR. LACROIX, *Lehrbuch*[IV 298], S. 163 Anm. — 53 *Math. Wörterbuch*[II 143], III, 1. — 54 § 238[I 715]. Seitenlinien oder Kanten des Kubus (*latera cubi*). — 55 Teutschredender Euclides[IV 54], S. 277. — 56 *Opera*, ed. HEIBERG 4[II 542], S. 4, Z. 3. — 57 LAMY, *Nouv. Élém. d. géom.*[IV 504], 1692, IV, 1. Theor., 16. Scholie.

die Konstruktion eines körperlichen Winkels, wenn die drei Seitenwinkel unter Beachtung der vorher aufgestellten Bedingungen gegeben sind. Hieraufbeschränkt sich EUKLID.

Auf die Übereinstimmung der Eigenschaften der Ecke und des sphärischen Dreiecks macht DE OPPEL (1746) am Eingang seiner *Analysis triangulorum*[58] eindringlich aufmerksam.

Die weiteren Sätze von der Ecke können wir übergehen, da sie sich mit den bereits besprochenen Sätzen von den sphärischen Dreiecken decken (vgl. Bd. V, S. 121 f.).

2. Die Volumen- und Oberflächenberechnungen.

a) Allgemeines.[59]

Das Wort Volumen befestigt sich erst mit Beginn des neunzehnten Jahrhunderts, obgleich es WOLFF 1716 in seinem *Math. Lexicon*[I 63] schon erwähnt hat.[60] EUKLID kannte kein entsprechendes Fachwort: *πυραμίς, σφαῖρα* waren bei ihm nicht bloß die Körper selbst, sondern auch ihr Volumen. Bei HERON (100 v. Chr.) heißt es aber schon *εὑρεῖν τὸ στερεὸν τοῦ πρίσματος*[61] = zu finden das Räumliche des Prismas. THEON VON SMYRNA (um 120 n. Chr.) sagt genauer *στερεὸν σῶμα*,[62] die römischen Agrimensoren *capacitas*;[63] ihnen schließen sich GERBERT (940—1003),[64] ROBERTUS ANGLICUS (1271), der außerdem noch *grossicies* kennt,[65] und Spätere an. LEONARDO VON PISA hat kein besonderes Wort, er sagt kurz *corpora* oder *embadum solidorum* (Inhalt, eigentlich Flächeninhalt). Auch *crassitudo, soliditas*,[66] *magnitudo corporis*,[67] *moles solidi*[68] kommen vor, eine Mannigfaltigkeit, aus der sich infolge der geringeren Beschäftigung mit stereometrischen Berechnungen kein Fachwort aus-

---

58 II, § 22[II 58]. — 59 Über die moderne Auffassung des Volumenbegriffes vgl. M. ZACHARIAS, *Encykl. d. math. Wissenschaften*[II 998], III, A B 9, Leipzig 1914, S. 949. Vorzeichenbestimmung daselbst S. 955—958. — 60 1806, HAHN, Übersetzung von LACROIX' Anfangsgründen[IV 1395], S. XC; 1832, GRUNERT, *Lehrbuch der Math.* II[II 1100]. Stereometrie § 231 (ganz selten); 1837, L. M. LAUBER, *Unterricht in der reinen Elementarmathematik*, Berlin, S. 229. Verbreitet seit KAMBLY IV_1, 1853[IV 52], § 51 ff. — 61 *Metrica*, ed. SCHÖNE[I 205], S. 100, Z. 11. — 62 Ed. HILLER[I 637], S. 112, Z. 3. — 63 *Röm. Feldmesser*[I 303], I, S. 367, Z. 9; 371, Z. 6 u. a. — 64 Ed. BUBNOW[I 57], S. 55, Z. 15. — 65 *Tractatus quadrantis*, ed. TANNERY[IV 225], S. 631. — 66 Brief von ADELBOLD an GERBERT um 1000 n. Chr., ed. CURTZE, Abh. Gesch. Math. 7, 1895, S. 133, Z. 52, 78. — 67 GERHARD VON CREMONA (1114—1187) in der Übersetzung des *Liber trium fratrum*, ed. CURTZE[I 179], S. 116. — 68 Abh. aus der Mitte des 15. Jahrh., ed. CURTZE, Abh. Gesch. Math. 8, 1898, S. 33, Z. 6, 22.

kristallisierte. Noch Clavius (1537—1602, Bamberg), dessen *Geometria practica* lange vorbildlich blieb, griff zu dem Flächenwort *area* (selten *soliditas*) für Volumen.[69] Deutsche Übersetzungsversuche, wie durch Simon Jakob (1565)[II 962]: *körperlicher Inhalt*, Kepler (1616)[I 723]: *Fülle, Raum, Leib*,[70] L. Sturm (1707)[I 366]: *kubischer Inhalt*, fanden keinen Anklang.

Die theoretische Einführung körperlicher Gebilde wurde in älteren Zeiten selten so klar vorgenommen wie bei Gerbert, der von feldmesserischem Standpunkt aus rein praktisch seinem Leser die neuen Begriffe faßlich zu machen sucht. Die dritte Dimension nennt er (neben *longitudo* und *latitudo*) *crassitudo, altitudo, spissitudo, profunditas*. Körper sei alles, was mit Gesicht oder Gefühl wahrgenommen werden kann (*sicuti est quidquid visu tactuve comprehendi potest*).[71] Gerbert unterscheidet, wie vor ihm die römischen Feldmesser, als Längenmaß den *pes linearis* von dem Flächenmaß *pes constratus* oder *planus* und dem Raummaß *pes solidus*. Die beiden letzteren nennt er quadratisch (*aequaliter longitudine, latitudine altitudineque distensus et quadratus*,[72] gleichmäßig in Länge, Breite, Höhe erstreckt und gequadert; vgl. Bd. IV, S. 93). Auch bei Balbus (um 100 n. Chr., röm. Feldmesser) heißt *pes quadratus* noch Kubikfuß.[73] Gerbert sagt ausdrücklich: *pes quadratus, per quem solida metiuntur corpora, forma videlicet cubi vel tesserae retinens* (der quadratische Fuß, durch den körperliche Inhalte gemessen werden, von der Form eines Würfels). Wenn das Wort *cubicus* schon gebräuchlich gewesen wäre, hätte es Gerbert hier, wo er von dem *cubus* spricht, benutzt. Gerbert macht weiter darauf aufmerksam, daß die drei Maßarten auf eine, nämlich auf die Längenmaße zurückgeführt werden können.[74] An dem kleinsten Längenmaß, dem *digitus*, hebt er hervor, es sei nicht die Breite der Finger eines Menschen gemeint, die sehr ungleich sei, sondern eine mittlere Fingerbreite: *spatium quod latitudo digiti alicuius mediocris illius temporis hominum transversim occupabat*.

Weniger ausführlich hatte Heron (um 100 v. Chr.) die Maße besprochen; er geht mehr darauf ein, warum gerade ein Quadrat (πῆχυς ἐμβαδός, Quadrat-Elle) und ein Würfel (ein Fachwort für Kubik-Elle führt Heron leider nicht an) als Grundmaß gewählt werden.[75]

69 *Opera*[1432], II, Moguntiae 1612, S. 131 ff. — 70 Vgl. Felix Müller, Z. Math. Phys, Suppl. 1899, S. 330—331. — 71 Ed. Bubnow[157], S. 52. — 72 Ed. Bubnow[157], S. 56, Z. 7. — 73 *Röm. Feldmesser*[1308], S. 97, Z. 10. — 74 Ed. Bubnow[157], S. 56, Z. 17 f. — 75 *Opera* 3, *Metrica*, ed. Schöne[1205], S. 4—6.

Die griechischen Fachwörter für die einzelnen Körperarten wurden von der lateinischen Sprache glatt als Fremdwörter übernommen, zum Teil schon in klassischer Zeit. *Pyramis, conus, cylindrus, sphaera* bringt CICERO, *cubus* VITRUVIUS, *prisma, octaëdrus* MARTIANUS CAPELLA.[I 440] Sie sind durch das mittelalterliche Latein unverändert (bis auf *conus* und *sphaera*) in die deutsche Sprache eingewandert.

Über Grundfläche vgl. Bd. IV, S. 37 f.

Als mechanische Ausmessungsmethode für den Inhalt beliebiger Körper wird in den Lehrbüchern des achtzehnten Jahrhunderts mit Vorliebe empfohlen, den zu messenden Körper in einen Zylinder oder ein Prisma, das zum Teil mit Wasser gefüllt ist, zu werfen. Die Differenz des Wasserstandes vor und nach dem Hineinwerfen läßt das unbekannte Volumen berechnen. Man findet diesen Vorschlag bei PIERRE VARIGNON (1654—1722, Paris) in seinem hinterlassenen Werk *Élémens de mathématique* von 1731, dann in J. FR. PENTHERS *Praxis Geometriae* 1732.[76] Nach rückwärts läßt sich dieses Verfahren bis zur ersten Auflage der WOLFFschen *Anfangsgründe* 1710[I 15] und dem *Kurtzen Begriff der gesambten Mathesis* von L. STURM 1707[I 366] verfolgen. In älteren Büchern selten erwähnt, hängt es mittelbar zusammen mit Aufgaben, die LEONARDO VON PISA im *Liber abaci* 1228 vorrechnet, in denen ein Würfel, eine Säule, eine Kugel usw. in ein ganz mit Wasser angefülltes zylinderförmiges Gefäß geworfen und nun die Menge des überfließenden Wassers berechnet wird.[77]

Denselben Vorschlag wie LEONARDO macht schon HERON (100 v. Chr.) und führt ihn sogar auf ARCHIMEDES zurück.[78] Für nicht transportable Körper (Wurzeln, Felsstücke usw.) schlägt HERON vor, sie so mit Lehm (oder Wachs) zu umhüllen, daß rechteckige Formen entstehen, die man messen könne. Den Lehm solle man dann wieder abnehmen und nun auch in rechtwinklige Formen pressen. Das Volumen dieses Lehmkörpers müsse von dem zuerst gefundenen Volumen abgezogen werden.

b) Parallelepipedon und Prisma.

Das griechische Wort *κύβος* hat keineswegs von vornherein die einheitliche Bedeutung Würfel gehabt. Bei EUKLID (XI, Erkl. 25) ist *κύβος* freilich nur als ein von sechs Quadraten begrenzter

76 CANTOR, 3², S. 528. — 77 LEONARDO PISANO, ed. BONCOMPAGNI, 1[I 17], S. 403 bis 404. — 78 *Metrica*, ed. SCHÖNE[I 205], S. 138—139.

Körper definiert.[79] HERONS Geometrie (Erkl. 104) beginnt mit derselben Erklärung, fügt nur noch hinzu, daß man solchen Körper auch noch *ἑξάεδρον* (Sechsflach) nenne.[80] Unmittelbar darauf aber (Erkl. 111)[81] beschreibt HERON *κύβος* allgemein als einen von parallelseitigen, rechtwinkligen Vierecken umschlossenen Körper; ja an einer weiteren Stelle[82] wird *κύβος* von ihm im Sinne von Raumvolumen gebraucht, wie *δύναμις* im Sinne von Flächengröße. HERONS Stereometrie kennt auch die algebraische Bedeutung von *κύβος* (= dritte Potenz);[83] in Beispielen findet sich dann abermals die allgemeine stereometrische Auffassung als Quader mit drei verschiedenen Dimensionen.[84]

Vielleicht ist diese wechselnde Bedeutung in HERONS Schriften ähnlich zu erklären wie bei dem Worte *τραπέζιον* (vgl. Bd. IV, S. 94 f.). Die praktische Mathematik sah in *κύβος* in Anlehnung an die ägyptische Mathematik den allgemeinen Quader, der griechische Theoretiker (und so EUKLID) beschränkte das Wort auf den Würfel. Auch HERON gebraucht in der theoretischer gehaltenen Vermessungslehre (*Metrica*$^{IV\,1008}$) *κύβος* nur im Sinne von Würfel. Bei späteren Mathematikern, wie etwa PAPPOS (Ende des dritten Jahrhunderts n. Chr.), ist EUKLIDS Autorität durchaus maßgebend. Für die Quader hatte schon THEON VON SMYRNA (um 130 n. Chr.) besondere Fachwörter im Gebrauch. Rechtwinklige Parallelepipeda mit quadratischer Basis nannte er, wenn die Höhe kleiner als die Quadratseite ist, *πλινθίδες* (Ziegel, Tafel), im anderen Falle *δοκίδες* (Balken); allgemeine rechtwinklige Parallelepipeda hießen *σκαληνά*.[85]

Im Lateinischen wird für Würfel *cubus* und *tessera*, beides bei VITRUV, gebraucht. GERHARD VON CREMONA bildet *quadratum corporale*;[86] weiter tritt auf *corpus quadratum aequilaterum* in mittelalterlichen Handschriften,[87] für Quader in denselben *corpus quadratum oblongum*, für Prismen *columnae aequilaterae*. Das deutsche Wort Würfel erscheint sofort bei deutsch geschriebenen Abhandlungen (GRAMMATEUS$^{I\,43}$, DÜRER$^{II\,334}$, KEPLER$^{I\,783}$). KEPLER verwendet für

79 EUKLID, XI, def. 25, ed. HEIBERG, $4^{II\,542}$, S. 8, Z. 1—2: *Κύβος ἐστὶ σχῆμα στερεὸν ὑπὸ ἓξ τετραγώνων ἴσων περιεχόμενον.* — 80 Ed. HEIBERG, $4^{I\,483}$, S. 64, Z. 3: ... *καλεῖται δὲ τὸ σχῆμα τοῦτο καὶ ἑξάεδρον.* — 81 Daselbst S. 68, Z. 17 bis 18: *Κύβος δέ ἐστι τῶν παραλληλοπλεύρων ὀρθογωνίων, ὃ προείρηται σχῆμα.* — 82 *Geom.*, cap. 3, § 21; ed. HEIBERG, 4, S. 180, Z. 10. — 83 *Stereom.* I, cap. 1, ed. HEIBERG, $5^{II\,456}$, S. 2, Z. 14. — 84 *Stereom.* I, 24, ed. HEIBERG, 5, S. 22, Z. 24. Der Würfel heißt hier *κύβος τετράγωνος ἰσόπλευρος* (cap. 23). — 85 Ed. HILLER$^{I\,687}$, S. 113, Z. 5—8. — 86 Übersetzung des *Liber trium fratrum*, ed. CURTZE$^{I\,179}$, S. 118. — 87 M. CURTZE, Bibl. math. 8_3, 1894, S. 112, Z. 28.

ein rechtwinkliges Parallelepipedon *Quaderstück*[88] und schafft so unser Wort Quader.

Das Wort Parallelepipedon ist vor EUKLID nicht nachzuweisen. Dieser führt es genau so wie Parallelogramm (vgl. Bd. IV, S. 92) ohne besondere Definition ein.[89] Neuere Bezeichnungen sind *Parallelflach* und *Spat* (H. GRASSMANN).

Prisma (*πρίσμα*) ist abgeleitet von *πρίειν* = sägen; bei EUKLID findet es sich schon in genau derselben Bedeutung wie bei uns.[90] Das Mittelalter versuchte das Fremdwort durch *Ecksäule* (PIRKENSTEIN 1694, Euklidübersetzung[III 92]; J. CHR. STURM 1670, Archimedesübersetzung[I 423]) oder *drei-*, *viereckige Säule* (DÜRER 1525[II 334], W. SCHMID 1539[III 86], L. CHR. STURM 1707[I 366, II]) zu ersetzen.

Die Lehre vom Parallelepipedon wird von EUKLID in den Sätzen 24—34 des elften Buches abgehandelt. Sie gipfelt in dem Nachweis, daß Parallelepipeda von gleicher Höhe und Grundfläche volumengleich sind (Satz 31),[91] daß gleich hohe Parallelepipeda sich wie ihre Grundflächen verhalten (Satz 32), daß sich bei volumengleichen Parallelepipeden die Grundflächen umgekehrt wie die Höhen verhalten und daß, wenn dies Verhältnis besteht, umgekehrt die Volumina gleich sind (Satz 34). Die entsprechenden Prismensätze sind von EUKLID nicht besonders aufgenommen.

Wirkliche Aufstellung von Berechnungsvorschriften und durchgeführte Berechnungen darf man bei EUKLID nicht suchen. EUKLID ist ein Vertreter der reinen, theoretischen Mathematik und verschmäht es als solcher, metrische Beziehungen in sein Werk aufzunehmen (vgl. B. IV, S. 129), wenngleich ihm diese sicher bekannt und geläufig waren. Von Werken praktisch-technischer Mathematik, die enger an die altägyptische Wissenschaft anknüpften, sind allein Schriften von HERON (erstes Jahrhundert v. Chr.) erhalten. In ihnen finden wir die vermißten Berechnungen vorgenommen, sowohl für das allgemeine Prisma als auch für Würfel, Quader[92] und andere Sonderformen (*σφηνίσκος*, Keil; *ὄνυξ*, Huf; *μείουρον*, Mäuseschwanz; *πλινθίον*, Ziegel), deren Gestalt aus dem Text nicht klar hervorgeht.

---

88 Messekunst, 1616[I 783], S. 23, Z. 18. — 89 Zuerst Buch XI, Satz 25. — 90 XI, def. 13, ed. HEIBERG, 4[II 542], S. 4, Z. 18—20: *Πρίσμα ἐστὶ σχῆμα στερεὸν ἐπιπέδοις περιεχόμενον, ὧν δύο τὰ ἀπεναντίον ἴσα τε καὶ ὅμοιά ἐστι καὶ παράλληλα, τὰ δὲ λοιπὰ παραλληλόγραμμα* (Prisma ist ein Körper von Ebenen begrenzt, von denen zwei einander gegenüberliegende kongruent und parallel, die anderen Parallelogramme sind). — 91 EUKLID, XI, 31, ed. HEIBERG, 4[II 542], S. 92, Z. 1—3: *Τὰ ἐπὶ ἴσων βάσεων ὄντα στερεὰ παραλληλεπίπεδα καὶ ὑπὸ τὸ αὐτὸ ὕψος ἴσα ἀλλήλοις ἐστίν.* — 92 *Stereom.* I, cap. 22—24; ed. HEIBERG, 5[II 456], S. 22. *Op.* 3, *Metrica*, II, ed. SCHÖNE[1205], S. 94 ff.

Auch eine Zusammenfassung der Volumenregeln für alle geraden und schiefen, allgemeinen prismatischen und zylindrischen Körper bringt bereits HERON (um 100 v. Chr.) in der Vermessungslehre (Metrica),[93] dann erst wieder im Mittelalter SAVASORDA (um 1100 n. Chr.; Barcelona, jüdischer Gelehrter).[94]

Neuere Ausgrabungen und Entzifferungen von Keilschrifttafeln weisen nach, daß bereits die Altbabylonier Berechnungen von Würfeln und rechtwinkligen Parallelepipeden,[95] ferner von einem prismaähnlichen Wall vornahmen (S. 5).

Die Berechnung der Diagonale eines rechtwinkligen Parallelepipeds aus den drei ungleichen Kanten a, b, c:

$$d = \sqrt{a^2 + b^2 + c^2}$$

haben natürlich die Alten auch ausführen können. Doch ist über diese Aufgabe nichts überliefert. Erst in der Mitte des zwölften Jahrhunderts begegnen wir ihr im *Liber embadorum* des SAVASORDA (1145);[96] er nennt die Diagonale *diameter totius corporis*; aus ihm schöpft LEONARDO VON PISA (1220, *Practica geometriae*[97]). ALBERT GIRARD führt in der Übersetzung der Geometrie des MAROLOYS (1628) die Bezeichnung *superdiagonalis* ein.[98]

Ein ungleich schief abgeschnittenes dreikantiges Prisma wird heute Prismenhuf (*ungula, onglet*) genannt. Sein Volumen wird vielfach in neueren Lehrbüchern so berechnet, daß man eine Seitenfläche als Grundfläche, die gegenüberliegende Kante als Deckfläche mit der Ausdehnung Null auffaßt und nun die SIMPSONsche Regel von den Körperstumpfen anwendet. LEGENDRE (1794), in dessen Elementen gerade die stereometrischen Kapitel eine hervorragende Darstellung zeigen, bewies den neuen Satz, daß das schief abgeschnittene Prisma gleich der Summe dreier Pyramiden ist, die das eine Grenzdreieck als gemeinschaftliche Grundfläche haben und deren Spitzen die drei Ecken des anderen Grenzdreiecks sind.[99] Bezeichnet man mit MEIER HIRSCH[100] als Schwerkante diejenige Gerade, die

93 Ed. SCHÖNE[I 205], S. 94—96. — 94 *Liber embadorum*, ed. CURTZE[I 822b], S. 164, Nr. 12: *Si basis vel summitatis cuius libet istarum figurarum embadum inveneris, et illud in altitudinis summam multiplicaveris, totius corporis aream reperies* (Wenn du den Inhalt irgendeiner Grundfläche oder Deckfläche jener Körper gefunden hast und ihn mit der Größe der Höhe multiplizierst, wirst du das Volumen des ganzen Körpers erhalten). Es folgt Nr. 13 die entsprechende Regel für Pyramiden und Kegel. — 95 HILPRECHT[I 1], S. 38. — 96 Ed. CURTZE[I 822b], S. 162, Nr. 7. — 97 LEONARDO PISANO 2[I 489], S. 163. — 98 S. 133, Nr. 15[IV 884]. — 99 *Élémens de géom.*[IV 364], VI, 22. — 100 MEIER HIRSCH, *Geometr. Aufgaben*, 1805—1817[IV 925], Bd. II, § 162, 163.

parallel zu den Seitenkanten durch den Schwerpunkt des Umfangs, bzw. der Fläche eines Normalschnitts gezogen werden kann, so läßt sich der Mantel des Prismenhufes durch das Produkt aus dem Umfang des Normalschnittes und der zum Normalschnittumfang gehörigen Schwerkante, das Volumen durch das Produkt aus der Fläche des Normalschnitts und der zur Normalschnittfläche gehörigen Schwerkante berechnen. Steht das eine Grunddreieck mit dem Inhalt Δ senkrecht zu den drei Seitenkanten s_1, s_2, s_3, so faßt GRUNERT (1832)[101] diesen Satz in die kurze Volumenformel:

$$V = \frac{s_1 + s_2 + s_3}{3}\,\Delta.$$

c) Die Pyramide.

Das Wort πυραμίς hatten die Griechen aus dem Ägyptischen entlehnt. Im Rechenbuche des AHMES bedeutet *piremus* eine gewisse Abmessung an der Pyramide, deren Lage und Richtung uns nicht ganz klar ist; vielleicht bedeutet es die Kantenlänge.[102] Dies Wort für eine besondere Größe haben nun die Griechen, wohl aus Mißverständnis, zum Namen des ganzen Körpers gemacht. Man weist auch darauf hin,[103] daß gewisse kleine Brötchen bei den Griechen πυραμίδες genannt wurden (von πυρός = Weizen). Es liegt nahe, einen ähnlichen Sprachvorgang anzunehmen wie bei dem arabischen Wort *gaib* (= Sinus) für das indische *jyā* (vgl. Bd. V, S. 32): das ägyptische Fremdwort *piremus* wird durch ein ähnlich klingendes heimisches Wort πυραμίς ersetzt; vielleicht erleichterte auch die Form der Brötchen den Wortumtausch. In späterer Zeit ließ die Unkenntnis des Ursprungs sehr gewagte Vermutungen über die Bildung von πυραμίς entstehen; man glaubte an einen Zusammenhang mit πῦρ (= Feuer) und wurde hierin durch die platonische Symbolik bestärkt, die den Naturelementen bestimmte Körperformen zuwies und insbesondere dem Feuer das Tetraeder weihte. Nur so ist es zu verstehen, wenn frühere Mathematiker bei ihren Verdeutschungsversuchen auf die Bezeichnung *feuerförmige Cörper* verfielen (W. SCHMID, 1539[III 86]). Einer allgemeinen Anerkennung wäre die Übersetzung *Spitzsäule* (PIRKENSTEIN, 1694[III 92]; J. CHR. STURM, 1670[I 423]; schon KEPLER, 1616[I 783]: *zugespitzte Säule*) wert gewesen; doch hat der Gebrauch das Fremdwort Pyramide bis auf den heutigen Tag beibehalten. Sehr merkwürdig ist, daß H. HOFFMANN (1653) dem Wort Pyramide das männliche Geschlecht gibt;[104] er unterscheidet ‚ein gerader Pyramis'

101 *Lehrb. d. Math. f. ob. Klassen*[II 1100], § 236. — 102 EISENLOHR[1481], S. 134. — 103 Vgl. EVA SACHS[9], S. 85 Anm., nach H. DIELS. — 104 Teutscher Euklides[IV 93].

und ‚ein schlimmer Pyramis‘ (das ist schiefer); ähnlich T. Beutel, 1660.[105]

Die Definition der Pyramide gibt Euklid am Anfang des elften Buches;[106] im zwölften Buch sind die wichtigsten Sätze zusammengestellt. Nach Erledigung einiger Hilfssätze wird gezeigt, daß sich dreiseitige (Satz 5) und auch vielseitige (Satz 6) Pyramiden von gleicher Höhe wie ihre Grundflächen verhalten. Satz 7 lehrt die wichtige Zerlegung eines dreikantigen Prismas in drei dreiseitige, untereinander volumengleiche Pyramiden. Der Euklidische Beweis ist derselbe, nach dem noch heute im Schulunterricht verfahren wird. Die Entdeckung des Satzes, daß eine Pyramide gleich dem dritten Teile eines Prismas von gleicher Grundlinie und Höhe ist, muß nach dem Berichte des Archimedes[107] dem Demokritos (460 bis 370 v. Chr.) zugeschrieben werden; einen vollgültigen Beweis gab aber erst Eudoxos von Knidos (408—355 v. Chr.; Schüler des Archytas und Platon; vgl. S. 7). Archimedes erzählt ferner, daß sowohl bei diesem Satze, als auch bei dem entsprechenden für den Kegel und Zylinder die Exhaustionsmethode (vgl. Bd. IV, S. 199) angewendet worden sei. Ein derartiger Beweis findet sich nun in der Tat in Euklids Elementen XII, 10 für Kegel und Zylinder vor, nicht aber für Prisma und Pyramide. Dadurch ist die Vermutung gerechtfertigt, daß der Satz 7 (Zerlegung eines Prismas in drei Pyramiden) eine selbständige Verbesserung Euklids ist.[108]

Euklid faßt den Fundamentalsatz der Exhaustionsmethode in X, 1 folgendermaßen: Nimmt man von der größeren von zwei ungleichen Größen mehr als die Hälfte weg, von dem Rest wieder mehr als die Hälfte usw., so kommt man einmal auf einen Rest, der kleiner als die kleinere Größe ist. Der Unterschied der Exhaustionsmethode in antiker und moderner Auffassung (seit Gregorius, 1647[IV 1494]) besteht darin, daß die letztere den Grenzwert durch eine unendliche konvergierende Reihe festlegt, jene aber die Reihe im Endlichen, genügend fortgesetzt, abbricht und durch einen indirekten Beweis zeigt, daß der Restbetrag außer Betracht bleiben kann.[109]

105 Geometr. Lustgärtlein[IV 809], S. 303: einen Pyramiden aufzureissen. — 106 Euklid, XI, def. 12, ed. Heiberg, 4[II 542], S. 4, Z. 16—17: *Πυραμίς ἐστι σχῆμα στερεὸν ἐπιπέδοις περιεχόμενον, ἀπὸ ἑνὸς ἐπιπέδου πρὸς ἑνὶ σημείῳ συνεστώς* (Eine Pyramide ist ein von Ebenen begrenzter Körper, der von einer Ebene aus nach einem Punkte hin zusammengestellt ist). — 107 Archimedes, *Opera*[I 7], 1^2, S. 4, Z. 5—9; Nizze, S. 42; Bibl. math. 7_3, 1906—1907, S. 323, Z. 33. — 108 Heiberg, *Euklidstudien*[IV 15], S. 34. — 109 Vgl. M. Zacharias, *Encykl. d. math. Wiss.*[II 998], III, A B 9, S. 942—943.

Ein Zusatz zu XII, 7 überträgt den für dreikantige Pyramiden gefundenen Satz sofort auf vielkantige. In Satz 9 wird von Euklid abgeleitet, daß bei volumengleichen Pyramiden die Grundflächen im umgekehrten Verhältnis der Höhen stehen und daß, wenn die Grundflächen in umgekehrtem Verhältnis der Höhen stehen, die Volumina gleich sind. Nach diesem allgemeinen Satz kann Euklid den in heutigen Lehrbüchern vorangestellten Satz: „Pyramiden von gleicher Grundfläche und Höhe sind volumengleich", fortlassen;[110] ihn spricht erst Borelli 1658 gesondert aus.[111]

Für diese letztere Beziehung hat man sich vergeblich bemüht, einen Beweis durch wirkliche Zerlegung der beiden Pyramiden zu finden, so daß je einem Stück der einen Pyramide je ein kongruentes Stück der anderen Pyramide entspricht In der Planimetrie ist diese Zerlegungsmethode flächengleicher Figuren bekanntlich allgemein gültig (vgl. Bd. IV, S. 151). Erst neuerdings hat M. Dehn (1900) gezeigt, daß es unmöglich ist, einen solchen Zerlegungsbeweis für Prisma und Pyramide zu führen; [112] vielmehr kann das Infinitesimale hierbei nicht vermieden werden.

Den Satz, daß durch einen zur Grundfläche parallelen Schnitt eine ähnliche Pyramide abgeschnitten wird und der Querschnitt der Grundfläche ähnlich ist, holt ebenfalls Borelli 1658 im *Euclides restitutus* nach.[113]

Wirkliche Berechnungen treffen wir wieder erst bei Heron (erstes Jahrhundert v. Chr.) an. Neben Beispielen für vollständige Pyramiden finden sich auch solche für abgestumpfte. Die Grundflächen sind bald Quadrate, bald rechtwinklige oder gleichseitige Dreiecke, bald regelmäßige Vielecke.[114] Auch der allgemeine Satz Euklids wird erwähnt.[115]

So selten die indischen Mathematiker in der Stereometrie zu nennen waren, hier sind sie zu erwähnen, da von ihnen eine grundfalsche Formel für die Berechnung des Volumens einer Pyramide benutzt wird. Āryabhaṭa (geb. 476 n. Chr.) sucht dieses Volumen durch das halbe Produkt aus Grundfläche und Höhe zu

[110] Einen sehr fein geführten Beweis gibt Legendre, *Elemente*[IV 364], VI, 17. — [111] *Euclides restitutus*[IV 105]. VI, 23—25, S. 280—281. — [112] Gött. Nachr. 3, 1900, S. 345—354; Math. Ann. 55, 1902, S. 465—478, Genaue Literatur bei M. Zacharias, *Encykl. der math. Wiss.*[II 998], III A B 9, S. 946—949. — [113] VI, 16, S. 270[IV 105]. — [114] An verschiedenen Stellen der *Stereometrica*, *Mensurae* und *Metrica*. — [115] *Stereometrica*, II, cap. 68, ed. Heiberg, 5[II 456], S. 158, Z. 16—17, *Metrica*, *Opera* 3, ed. Schöne[I 205], S. 103, Z. 9—11.

berechnen.[116] Vielleicht liegt hierin die Erinnerung an eine ägyptisch-griechische Überlieferung vor, die ja in der indischen Mathematik öfters durchleuchtet. Als ägyptische Praxis lernten wir S. 5 das Verfahren kennen, bei zylinderähnlichen Körpern das Produkt des Mittelschnittes mit der Höhe für das Volumen zu setzen; auch im Abendlande wurde später zuweilen so verfahren.[117] Bei einem sich langsam verjüngenden Baumstamm wird der Mittelkreis das arithmetische Mittel der oberen und unteren Grundfläche sein. Wird bei einer Pyramide die obere Grundfläche als Null angenommen, so ergibt sich auf diesem Wege die indische Formel.

Heron besitzt für die abgestumpfte Pyramide[117a] (*πυραμὶς κόλουρος*, auch *π. τεϑραυσμένη*) eine durchaus richtige Vorschrift. Er führt mehrere Beispiele durch, so u. a. auch für einen Stumpf mit quadratischer Basis. Ist die Seite des Grundquadrates a_1, die des Deckquadrates a_2, die Höhe des Stumpfes H, die Kante k, so rechnet Heron in einer Anordnung, die wir durch die Formeln

$$H = \sqrt{k^2 - \tfrac{1}{2}(a_1 - a_2)^2},$$

$$\text{Vol.} = H\left[\left(\frac{a_1 + a_2}{2}\right)^2 + \frac{1}{3}\left(\frac{a_1 - a_2}{2}\right)^2\right]$$

ausdrücken können.[118] Ein Beweis findet sich in den *Metrica*;[119] er ist durchgeführt für den Fall eines dreikantigen Pyramidenstumpfes. Die daselbst aufgestellte Rechenvorschrift besagt, daß, wenn a, b, c, die Seiten des Grunddreiecks, a', b' c' die des Deckdreiecks ($a' = m \cdot a$, $b' = m \cdot b$, $c' = m \cdot c$) und H die Höhe des Stumpfes sind, der Inhalt eines Dreiecks mit den Seiten $\frac{a+a'}{2}$, $\frac{b+b'}{2}$, $\frac{c+c'}{2}$ um $\frac{1}{12}$ eines Dreiecks mit den Seiten $a - a'$, $b - b'$, $c - c'$ zu vermehren und das Resultat mit der

116 Āryabhaṭa, ed. Rodet[188], Strophe XXI, S. 401, 423—424. — 117 Vgl. die lateinische Geometrie des Frater Fridericus im Münchener Sammelband 14908[II 626], geschrieben zwischen 1455 und 1464, ed. Curtze S. 112, Z. 35 ff. Leonardo de Antoniis Cremonese (erste Hälfte des fünfzehnten Jahrhunderts) sieht sich veranlaßt, besonders zu beweisen, daß diese Formel falsch ist (*Practica geometriae*, ed. Curtze, Abh. Gesch. Math. 13, 1902, S. 403). — 117a L. C. Karpinski hat in *School Science and Mathematics* XXIII, 1923, S. 56 Fußnote mitgeteilt, daß R. C. Archibald 1922 auf einer Versammlung der Math. Assoc. of America bekannt gab, es sei in einer russischen Zeitschrift vor einigen Jahren eine Übersetzung einer frühen ägyptischen Urkunde erschienen mit der Formel für den Pyramidenstumpf. Genaueres konnte nicht festgestellt werden. — 118 *Stereom.*, I, cap. 32, 33, ed. Heiberg[II 456], 5, S. 31—35. — 119 *Opera* 3, ed. Schöne[I 205], II, § VI, S. 104—109.

Höhe zu multiplizieren ist. Diese Regel läßt sich ohne weiteres mit der modernen Formel

$$\text{Vol.} = \frac{H}{3}\left(G + \sqrt{G\,G'} + G'\right),$$

wo G und G' die Flächen der beiden Grenzdreiecke bedeuten, in Übereinstimmung bringen. Da die Seiten der beiden Heronischen Hilfsdreiecke sich zu den Seiten des Grunddreiecks wie $1 : \frac{1+m}{2}$, bzw. wie $1 : (1-m)$ verhalten, so sind ihre Flächen gleich $G\left(\frac{1+m}{2}\right)^2$, bzw. $G(1-m)^2$, so daß Heron setzt:

$$\text{Vol.} = \left[G\left(\frac{1+m}{2}\right)^2 + \frac{1}{12}\,G(1-m)^2\right] H.$$

Dies ist umzuwandeln in

$$\text{Vol.} = \frac{G\,H}{3}(1 + m + m^2)$$

oder, da:

$$G : G' = 1 : m^2,$$

in

$$\text{Vol.} = \frac{H}{3}\left(G + \sqrt{G \cdot G'} + G'\right).$$

In den *Metrica*, II, § VII, zeigt Heron die Berechnung schiefer Pyramidenstümpfe.

Ausführlicher spricht sich der Inder Brahmagupta (geb. 598 n. Chr.) über die Volumenberechnung des Pyramidenstumpfes aus.[120] Er kennt in dem Falle einer quadratischen Grundfläche drei Rechenverfahren von steigender Genauigkeit. In der Praxis ziehe man die Benutzung des Produkts aus der Höhe und dem Quadrat, dessen Seite das arithmetische Mittel zwischen den Seiten der Grund- und Deckfläche bildet, vor; besser sei es, statt dieses Quadrates das zu nehmen, dessen Fläche das arithmetische Mittel zwischen den beiden Grundflächen ist. Zu einem genauen Resultat aber gelange man, wenn man das auf dem ersten Wege erhaltene Resultat (V_1) um ein Drittel des Unterschiedes zwischen diesem (V_1) und dem zu zweit berechneten (V_2) vermehrte, d. h. wenn:

$$V_3 = V_1 + \frac{V_2 - V_1}{3}.$$

120 Brahmagupta, *Gaṇita*, ch. XII, sect. V, 45—46, ed. Colebrooke[185], S. 312 bis 313.

Diese Vorschrift stimmt in der Tat. Ist in moderner Symbolik:

$$V_1 = H\left(\frac{a_1 + a_2}{2}\right)^2 \quad \text{und} \quad V_2 = H\frac{a_1^2 + a_2^2}{2},$$

so wird:

$$V_3 = H\left(\frac{a_1 + a_2}{2}\right)^2 + \frac{1}{3}H\left[\frac{a_1^2 + a_2^2}{2} - \left(\frac{a_1 + a_2}{2}\right)^2\right]$$

$$= H\left(\frac{a_1^2}{4} + \frac{a_1 a_2}{2} + \frac{a_2^2}{4} + \frac{1}{6}a_1^2 + \frac{1}{6}a_2^2 - \frac{1}{12}a_1^2 - \frac{1}{6}a_1 a_2 - \frac{1}{12}a_2^2\right)$$

$$= \frac{1}{3}H(a_1^2 + a_1 \cdot a_2 + a_2^2),$$

und dieses ist die richtige Volumenformel.

Eine in arabischen Schriften auftretende Pyramidenstumpfberechnung — in der *Algebra* des MUḤAMMAD IBN MŪSĀ ALḪWĀRAZMĪ (um 820 n. Chr.; Damaskus)[121] — läßt nicht erkennen, ob indische oder griechische Quellen vorliegen. Aus arabischen Schriften schöpfte LEONARDO VON PISA; in seiner *Practica geometriae* (1220)[122] treffen wir inhaltlich zum erstenmal auf die heutige Formel:

$$V = \tfrac{1}{3}H\left(G_1 + \sqrt{G_1 G_2} + G_2\right),$$

natürlich nicht in Buchstabenform. G_1 bedeute die Grund-, G_2 die Deckfläche.

Hierdurch war diese Berechnungsvorschrift dem Abendland gewonnen und erscheint nun hin und wieder in eingehenderen Werken, so bei CLAVIUS 1606 in der *Geometria practica,*[123] bei ADRIAN METIUS 1626[124] u. a. Die Lehrbücher bis zum neunzehnten Jahrhundert bringen die Berechnungsvorschrift selten, noch seltener den Beweis.

Die Ableitung, die die moderne Schulmathematik wählt, ohne Benutzung der SIMPSONschen Regel, rührt von W. OUGHTRED her (1574—1660; Pfarrer in einem englischen Landort), der sie

---

121 Ed. ROSEN[1834], S. 84, Beispiel: $a_1 = 4$, $a_2 = 2$, $H = 10$. Vgl. auch Annali di matematica pura ed applicata, Bd. VII, Rom 1865, S. 279—280. — 122 LEONARDO PISANO, 2[1489], S. 174, Z. 4 f.: *Embadum curtae pyramidis provenis ex ductu tertiae partis altitudinis ipsius in summam arearum basis et capitis illius et superficiei, que est in proportione media inter superficiem basis et superficiem capitis* (Das Volumen der abgestumpften Pyramide ergibt sich aus dem Produkt des dritten Teiles der Höhe in die Summe der Inhalte der Grundfläche und der Kopffläche und derjenigen Fläche, die die mittlere Proportionale zwischen der Grund- und Kopffläche ist). — 123 Lib. V, cap. 3[IV 1237]; *Opera* 1611[1432], II, S. 132, Nr. 3—4. — 124 *Arith. libri II, geom., libri VI*[IV 266], S. 194, Nr. 6.

1631 in seiner *Clavis mathematicae*[125] nur mit Hilfe der allgemeinen Pyramidenformel entwickelte. Verbreitung fand sie durch JAKOB BERNOULLI I (1664—1705, Basel)[126] und hauptsächlich durch die *Sammlung geometrischer Aufgaben* von MEIER HIRSCH (1807).[127]

LEGENDRE versucht in seinen Elementen einen geometrischen Beweis.[128] CRELLE geht aber in einer Anmerkung seiner Übersetzung der LEGENDREschen Elemente auf den algebraischen Beweis wieder zurück.[129]

Der Fachausdruck *abgestumpfte* Pyramide bürgert sich erst in der ersten Hälfte des neunzehnten Jahrhunderts ein; vorher pflegte man *abgekürzte* Pyramide zu sagen. In der deutschen Übersetzung, die IDELER 1828 von LACROIX' Elementen[IV 298] herstellt, kommen beide Bezeichnungen vor, in der älteren Übersetzung 1806 von HAHN[IV 1395] wird nur *abgekürzt* benutzt. TELLKAMPF (1829)[I 295] sagt nur *abgestumpft*. Lateinische Ausdrücke waren *curtae pyramides* (1145, SAVASORDA[I 322b]), *decurtatae pyramides* (1220, LEONARDO VON PISA[I 489]), später allgemeiner *pyramides truncatae*.

Die Bedeutung, die das Dreieck für die Ebene besitzt, kommt im dreidimensionalen Raume der dreiseitigen Pyramide, dem unregelmäßigen Tetraeder, zu. Es hat sich, besonders im neunzehnten Jahrhundert, allmählich eine Tetraederlehre[130] gebildet, die in vielen Sätzen sehr schöne Verallgemeinerungen der Lehre vom ebenen Dreieck enthält. Wir müssen uns im folgenden auf einige wenige Einzelheiten beschränken, da fast der gesamte Gegenstand außerhalb des Schulpensums fällt.[131]

Als der erste nahm N. TARTAGLIA (1499?—1557, Venedig) die Berechnung des Volumens aus den sechs Seitenkanten in Angriff.[131] Einen, allerdings sehr umständlichen, Ausdruck gibt WOLDEGK WELAND 1640;[132] über ein Jahrhundert später (1746) griff DE OPPEL

125 1. Ausg. 1631[I 476a], cap. XX, § 15, S. 77 f.; Abdruck in *Opuscula math.* 1676[I 792], cap. XIX, prop. XXI, S. 98 f. — 126 JAK. BERNOULLI I, *Opera*, Genevae 1744[II 170], Bd. I, S. 311—312, Nr. V, Beweis in der Anmerkung c. — 127 II[IV 925], § 101, S. 113. — 128 VI, 21[IV 364]. — 129 2. Aufl. der Übersetzung 1833[IV 364], S. 180. — 130 Einen Überblick gewährt M. ZACHARIAS in der *Encykl. der math. Wiss.*[II 398], III A B 9, Leipzig 1921, S. 1054—1067. Vgl. auch BALTZER, *Elemente*, 2[IV 581], Buch V, § 6, Nr. 8 ff., 8. Aufl., Leipzig 1870, S. 204 ff. — 131 *General trattato*[I 44], II, 1560 Venetiis, Teil IV, Buch II, S. 35 r⁰ u. v⁰. — 132 *Strena mathematica*[IV 910], 1640, S. 9 f., wohl nach Anleitung seines Lehrers JOACHIM JUNGE (1567—1657; Lübeck, Hamburg), der selbst auch den Radius der umgeschriebenen Kugel berechnet hat. Vgl. G. ED. GUHRAUER, *Joachim Jungius und sein Zeitalter*, Stuttgart und Tübingen 1850, S. 297.

die Aufgabe wieder auf,[133] erzielte aber für das Volumen und auch den Radius der umgeschriebenen Kugel nicht viel handlichere Ausdrücke. EULER (1707—1783) war glücklicher. Stoßen in einer Ecke die drei Seiten a, b, c unter den Winkeln p, q, r zusammen, so stellte er für das Tetraedervolumen die Formel auf:[134]

$$V = \frac{2}{3} a b c \sqrt{\sin\frac{p+q+r}{2}\,\sin\frac{p+q-r}{2}\,\sin\frac{p+r-q}{2}\,\sin\frac{q+r-p}{2}}\,.$$

Ein unmittelbar vorher von EULER abgeleiteter Volumenausdruck, der nur die sechs Kanten enthält, läßt allerdings an Übersichtlichkeit auch noch sehr viel zu wünschen übrig,[135] besonders wenn man ihn mit der modernen Determinantenformel[136] vergleicht.

Die Formel von MEIER HIRSCH (1807):[137]

$$V = \tfrac{1}{3} a b c \sqrt{1 - (\cos p)^2 - (\cos q)^2 - (\cos r)^2 + 2 \cos p \cos q \cos r}$$

hängt mit der EULERschen durch die goniometrische Beziehung zusammen:

$$\begin{aligned} &1 - (\cos p)^2 - (\cos q)^2 - (\cos r)^2 + 2 \cos p \cos q \cos r \\ &= 4 \sin\frac{p+q+r}{2}\,\sin\frac{p+q-r}{2}\,\sin\frac{p-q+r}{2}\,\sin\frac{-p+q+r}{2}\,. \end{aligned}$$

Gelegentlich dieser Formel hebt JACOBI 1827 hervor,[138] daß für den Wurzelausdruck die Einführung eines besonderen Namens erwünscht sei. CHR. VON STAUDT nannte ihn dann 1842 *Sinus des Dreikants* (*der Raumecke*) mit der Bezeichnung $\sin(x\,y\,z)$[139] und definierte also:

$$\begin{aligned} &\sin(x\,y\,z) \\ &= \pm \sqrt{1 - (\cos y\,x)^2 - (\cos z\,x)^2 - (\cos x\,y)^2 + 2 \cos y\,z \cos z\,x \cos x\,y}\,. \end{aligned}$$

Es ist dann weiter abzuleiten, daß

$$\begin{aligned} \sin(x\,y\,z) &= \sin x\,y \cdot \sin(x\,y,\, z), \\ &= \sin y\,z \cdot \sin(y\,z,\, x), \\ &= \sin z\,x \cdot \sin(z\,x,\, y), \end{aligned}$$ [140]

wo $x\,y,\, z$ den Neigungswinkel der Kante z gegen die Ebene $x\,y$ bedeuten soll.[141]

133 *Analysis triangulorum*[II 56], II, § 110ff., 130. — 134 Novi comm. Ac. Petrop. 4, 1752—1753 (1758), S. 158—160. Vgl. auch LEGENDRES *Elemente*[IV 364], Note 5, Satz 6. — 135 Vgl. auch LEGENDRES *Elemente*, Note 5, Satz 7. — 136 F. JOACHIMSTHAL, J. rein. ang. Math. 40, 1885, S. 23, *Applications des déterminantes à la géométrie.* — 137 *Sammlung geom. Aufgaben*[IV 925], II, § 99, S. 111. — 138 J. rein. ang. Math. 2, 1827, S. 228. — 139 J. rein. ang. Math. 24, 1842, S. 255, Nr. 8. — 140 Éc. Polyt. 14, 1808, S. 190. — 141 Weitere Formeln für das Tetraedervolumen bei M. ZACHARIAS, *Encykl. f. d. math. Wiss.*[II 998], III A B 9, S. 1056.

MOEBIUS (1790—1868, Leipzig) machte darauf aufmerksam,[142] daß, entsprechend den Betrachtungen am ebenen Dreieck, das Volumen eines Tetraeders mit verschiedenen Vorzeichen zu nehmen sei, je nach dem Sinne, in dem die Oberfläche des Tetraeders durchlaufen wird.

Formeln von überraschender Ähnlichkeit mit bekannten planimetrischen Ausdrücken ergeben sich für das Tetraedervolumen, wenn man die Radien der ein-, bzw. angeschriebenen Kugeln verwertet. Sind A, B, C, D die vier Seitenflächen, ϱ_A der Radius derjenigen Kugel, die der Seitenfläche A angeschrieben ist, so hat man (LAGRANGE 1773):[143]

$$V = \tfrac{1}{3}(A + B + C + D)\varrho,$$
$$= \tfrac{1}{3}(-A + B + C + D)\varrho_A,$$
$$= \tfrac{1}{3}(A - B + C + D)\varrho_B \quad \text{usw.}$$

Für die Radien gilt dabei die Beziehung:[144]

$$\frac{2}{\varrho} = \frac{1}{\varrho_A} + \frac{1}{\varrho_B} + \frac{1}{\varrho_C} + \frac{1}{\varrho_D}.$$

Unter den Transversalensätzen ist der von den Schwerpunktstransversalen der älteste. Ihn stellte bereits der im sechzehnten Jahrhundert lebende COMMANDINUS (1509—1575), der fruchtbarste Übersetzer und Herausgeber alter mathematischer Schriftsteller, in einem selbständigen Werke, *De centro gravitatis solidorum*,[145] (1565) auf.

Dem Satz von den Winkelhalbierenden im Dreieck ist zugeordnet, daß eine Ebene, die einen Flächenwinkel halbiert, die gegenüberliegende Fläche im Verhältnis der anliegenden Flächen teilt (GERGONNE, 1812);[146] alle sechs Ebenen gehen durch einen Punkt, den Mittelpunkt der eingeschriebenen Kugel.

Wie die Mittellote eines Dreiecks gehen die Mittelnormalebenen eines Tetraeders durch einen Punkt, den Mittelpunkt der umgeschriebenen Kugel. Auch die sechs durch die Mitte einer Kante senkrecht zu der Gegenkante gezogenen Ebenen schneiden sich in einem Punkte. Der Schwerpunkt des Tetraeders halbiert die Ent-

142 MOEBIUS, *Der barycentrische Calcul*, Leipzig 1827, Abschn. I, cap. 2, § 19; *Ges. Werke*[IV 278], Bd. I, S. 41. — 143 Nouv. Mém. Ac. Berlin 1773 (1775), *Solutions analytiques de quelques problèmes sur les pyramides triangulaires*, § 24, S. 167; LAGRANGES Werke, ed. SERRET[1575], 3, Paris 1869. — 144 STEINER, J. rein. ang. Math. 2, 1827, S. 98 und GERGONNE, Ann. math. p. appl. 19, 1828—1829, S. 94. — 145 Bononiae 1565, prop. 17 u. 22, S. 22 u. 28. — 146 GERGONNE, Ann. math. p. appl. 3, Nismes 1812—1813, S. 317—318.

fernung zwischen diesem Punkte und dem Mittelpunkte der umgeschriebenen Kugel (MONGE 1809).[147]

Ganz anders als man es aus der Analogie erwartet, verhalten sich die Höhen; sie gehen nicht durch einen Punkt, sondern liegen auf einem durch drei von ihnen bestimmten geradlinigen Hyperboloid (STEINER 1827).[148] Auf demselben Hyperboloid liegen auch die Lote, die in den Höhenpunkten der einzelnen Seitendreiecke zu errichten sind (JOACHIMSTHAL, 1859).[149]

Hat ein Tetraeder an einer Ecke drei rechte Winkel (rechtwinkliges Tetraeder), so ergibt sich als Verallgemeinerung des ebenen Pythagoreischen Lehrsatzes:

$$D^2 = A^2 + B^2 + C^2,$$

wo die Fläche D der betreffenden Ecke gegenüberliegt. Diesen Satz hat JOH. FAULHABER (1580—1635, Ulm) gefunden; er gibt ihn zunächst an einem Zahlenbeispiel in den *Miracula arithmetica* (1622, Augsburg);[150] dann erfaßt er ihn aber auch allgemein. DESCARTES (1596—1650), der ihn wahrscheinlich von FAULHABER kennen lernte, gibt die Fassung (um 1620): *In tetraedro rectangulo, basis potentia aequalis est potentijs trium facierum simul,* löst zugleich auch die Aufgabe, aus den gegebenen Grundkanten des Tetraeders die Seitenkante und den Inhalt zu berechnen.[151]

Im allgemeinen Tetraeder gilt:

$$A^2+B^2+C^2+D^2 = 2\,AB\cos(AB)+2\,AC\cos(AC)+2\,BC\cos(BC)$$
$$+\,2\,CD\cos(CD)+2\,BD\cos(BD)+2\,AD\cos(AD),$$

wenn (AB) den Flächenwinkel zwischen den Seitenflächen A und B usw. bedeutet (TINSEAU 1780, DE GUA 1783).[152]

d) Zylinder und Kegel.

Das Wort Zylinder (*κυλινδρός; columna*[153]) hängt mit dem griechischen Verbum *κυλίειν, κυλίνδειν* (= wälzen) zusammen. Die

147 MONGE, Corresp. sur l'École polyt., 2, Paris 1813, *Sur la pyramide triangulaire* (Januar 1809), S. 263. — 148 J. rein. ang. Math. 2, Berlin 1827, S. 97. — 149 GRUNERTS Archiv 32, Greifswald 1859, S. 109. — 150 Kap. 45, S. 73—75. Vgl. H. WIELEITNER, Z. math. nat. Unterr. 49, 1918, S. 322. — 151 *Cogitationes privatae*, DESCARTES, *Œuvres* 10, éd. ADAM et TANNERY II 69, S. 246—248. Der Satz findet sich noch bei J. P. DE GUA DE MALVES, Hist. Mém. math. phys. Ac. sc. Paris 1783 (1786), S. 375 und bei L. N. M. CARNOT, *Géom. de position* IV 279, S. 409 ff. — 152 Vgl. *Elemente der Geometrie*, VAN SWINDEN-JACOBI, 1833 II 942, S. 450 Aufg. 940 wird auf TINSEAU und DE GUA, der den Satz noch vor dem ersteren entdeckt haben will, hingewiesen. — 153 LEONARDO VON PISA, 1220, *Practica Geom.*, *Scritti* 2 1489, S. 168.

mittelalterlichen Verdeutschungsversuche: *Säule* oder *Rundsäule* (Handschrift von 1477,[154] DÜRER 1525,[II 334] W. SCHMID 1539,[155] SIMON JACOB 1565,[II 962] KEPLER 1616,[I 783] J. CHR. STURM 1670 Archimedesübersetzung,[II 535] L. STURM 1707[I 366]), *Walze* (PIRKENSTEIN 1694,[IV 54] Euklidübersetzung; KEPLER 1616), *Welle* (KEPLER 1616) sind nur zum Teil üblich geworden.

Das Wort Kegel (*κῶνος* = Zapfen; *conus*) hat das Fremdwort *conus* seit DÜRER 1525[156] in deutschen Lehrbüchern sehr schnell verdrängt. Abweichende Verdeutschungen sind selten, wie *Rundspitz* (HARSDÖRFFER 1651[IV 860]), *Spitzsäule* (J. CHR. STURM 1670[II 835]), *runde Feuerform* (W. SCHMID 1539;[157] vgl. S. 20).

Andere Kunstausdrücke in der Lehre vom Zylinder und Kegel sind Mantel, Achse, Kegelseite. Mantel ist ein ganz moderner Kunstausdruck. Noch BUGGE-TOBIESEN (1800)[I 715] sagt *zylindrische*, bzw. *konische Oberfläche.* Zuerst erscheint das Wort in GRÜSONs *Grundriß* 1800;[158] KLÜGELs Wörterbuch 1808[II 143] kennt es noch nicht. Nach und nach wird es häufiger, so 1811 LEONHARDI,[159] 1820 LEHMUS,[160] 1827 CRELLE.[161] Tonangebend wird 1853 KAMBLY.[162] Für Mantel sagte DÜRER (1525)[II 334] *bogene Ebene,* J. CHR. STURM (1670)[II 535] *Rundfläche* und *Kegelfläche,* KEPLER (1616)[I 783] *äußerlich Feld, Rock, Rinde, Rohr* (für den Zylinder), *rundes Dach* (für den Kegel). Das griechische *κυλινδρικὴ*, bzw. *κωνικὴ ἐπιφάνεια* bedeutete — im Gegensatz zu der Pyramide und dem Prisma, wo *ἐπιφάνεια* für die Gesamtoberfläche gebraucht wird[163] — nur den Mantel, ja kann auch zuweilen nur einen Teil des Mantels bezeichnen.[164]

Für Achse (vgl. Bd. V, S. 116) schlägt KEPLER (1616) *Axlinie* oder *innerer Graat* vor.[165] Bei den griechischen Mathematikern heißt sie stets *ἄξων*.

Für die Kegelseite hatte weder EUKLID noch ARCHIMEDES einen besonderen Fachausdruck; ARCHIMEDES z. B. sagte einfach *πλευρὰ*

---

154 Übers. des *Tractatus quadrantis* von ROBERTUS ANGLICUS, ed. CURTZE[I 182], S. 56. — 155 Das erst buch der Geometrie[III 86], S. 24, Z. 1: columnere corpus / ein Saul in Deutsch / ist entweder Rund oder Eckicht. — 156 Vnderweysung[II 334], G 1b. — 157 W. SCHMID, Das erst buch der Geometrie[III 86], S. 26, Z. 1: Pyramidale corpus / heist in deutsch ein Feuerförmiger Körper / hat die form eines Kegels / vnd das corpus ist Rund oder Eckicht. — 158 II, S. 149[IV 1104a]. — 159 *Vorlesungen* II[IV 110], S. 129. — 160 *Lehrb. d. Geometrie*[IV 51], S. 180. — 161 *Lehrb. d. Elemente* II[II 485], § 660, S. 799. — 162 1853, *Elementarmathematik*[IV 52], IV, 1. — 163 ARCHIMEDES, ed. HEIBERG[I 7], 1^2, S. 24, Z. 2, 9 u. ö. (Pyramide), 1^2, S. 52, Z. 14 (Prisma). — 164 Daselbst 1^2, S. 40, Z. 13 (Zylinder), 1^2, S. 30, Z. 21 (Kegel) u. ö. — 165 Messekunst S. 36[I 783].

τοῦ κώνου.[166] Erst bei Heron stellt sich ein eigenes Wort, *κλίμα* (= Neigung, Gefälle), ein.[167]

Zwei Kegel auf gemeinsamer Basis nannte Archimedes[168] *ῥόμβος στερεός* (vgl. Bd. IV, S. 93). Eine eigene Bezeichnung für Kegelstumpf ist bei Archimedes nicht zu finden; Heron hat *κῶνος κόλουρος.*[169] Kepler (1616)[I 783] spricht von *Kegeltrum* und *Kegelstock*, J. Chr. Sturm (1670)[II 535] von *Kegelrumpf* und *Kegelstück*, Naudé (1706)[IV 189] von *Stückkegel.* Über das Wort abgestumpft vgl. bei der Pyramide S. 26.

Euklids Definitionen von Zylinder und Kegel sind genetisch;[170] sie sind vielleicht sein Eigentum, da Aristoteles sie an keiner seiner vielen mathematischen Stellen erwähnt, ihm auch das Wort *ἄξων* im mathematischen Sinne nicht geläufig ist.[171] Ein Zylinder wird von einem rechtwinkligen Parallelogramm beschrieben, das sich um eine fest gedachte Seite dreht, ein Kegel durch ein rechtwinkliges Dreieck, das sich um eine Kathete dreht. Ist bei diesem Dreieck die feste Kathete ebenso groß wie die andere, so entsteht ein rechtwinkliger Kegel (*κῶνος ὀρθογώνιος*); ist sie kleiner, bzw. größer, so heißt der gebildete Kegel stumpfwinklig, bzw. spitzwinklig (*ἀμβλυγώνιος, ὀξυγώνιος*).

Die zweite Definition eines Kegels, nach der eine gerade Linie, die einen festen Punkt besitzt, einem gegebenen Kreis entlang ge-

166 Archimedes, ed. Heiberg 1^2, S. 26, Z. 18. — 167 Heron, *Stereom.* I, cap. 14, § 1, cap. 17, § 1; ed. Heiberg, 5[II 456], S. 12, Z. 15, S. 16, Z. 1 u. ö.; für die Pyramide häufiger. — 168 Archimedes, ed. Heiberg, 1^2, S. 6, Z. 25. — 169 *Definitiones* 92, ed. Heiberg[I 483], 4, S. 58, Z. 15 u. ö. — 170 Vgl. Heiberg, *Aristoteles*[IV 17], S. 15. — 171 Euklid, XI, def. 18, ed. Heiberg, 4[II 542], S. 6, Z. 6—11: *Κῶνός ἐστιν, ὅταν ὀρθογωνίου τριγώνου μενούσης μιᾶς πλευρᾶς τῶν περὶ τὴν ὀρθὴν γωνίαν, περιενεχθὲν τὸ τρίγωνον εἰς τὸ αὐτὸ πάλιν ἀποκατασταθῇ, ὅθεν ἤρξατο φέρεσθαι, τὸ περιληφθὲν σχῆμα. Κἂν μὲν ἡ μένουσα εὐθεῖα ἴση ᾖ τῇ λοιπῇ τῇ περὶ τὴν ὀρθὴν περιφερομένῃ, ὀρθογώνιος ἔσται ὁ κῶνος· ἐὰν δὲ ἐλάττων, ἀμβλυγώνιος· ἐὰν δὲ μείζων, ὀξυγώνιος* (Kegel ist der Körper, der dadurch entsteht, daß ein rechtwinkliges Dreieck um eine der den rechten Winkel einschließenden Seiten, die fest bleibt, gedreht wird, und zwar bis in die Lage, von der die Drehung ausging. Ist die feste Seite gleich der andern Seite am rechten Winkel, so wird der Kegel rechtwinklig, ist sie kleiner, stumpfwinklig, ist sie größer, spitzwinklig). Euklid XI, def. 21, ed. Heiberg, 4, S. 6, Z. 16—20: *Κυλινδρός ἐστιν, ὅταν ὀρθογωνίου παραλληλογράμμου μενούσης μιᾶς πλευρᾶς τῶν περὶ τὴν ὀρθὴν γωνίαν περιενεχθὲν τὸ παραλληλόγραμμον εἰς τὸ αὐτὸ πάλιν ἀποκατασταθῇ, ὅθεν ἤρξατο φέρεσθαι, τὸ περιληφθὲν σχῆμα* (Zylinder ist der Körper, der dadurch entsteht, daß ein rechtwinkliges Parallelogramm um eine . . . festbleibende Seite gedreht wird, und zwar bis zu der Lage, von der die Drehung ausging).

führt wird, rührt von Apollonios[IV 812] (zwischen 250 und 200 v. Chr. in Alexandria, dann in Pergamum) her. Von ihm entnahm sie Heron.[172] Eng zusammen hängt mit dieser Erklärung die Betrachtung des Scheitelkegels, die wir ebenfalls zuerst bei Apollonios finden. Die entsprechende Definition eines Zylinders wird von Apollonios, dessen Werk nur den Kegelschnitten gewidmet war, nicht aufgestellt; demnach fehlt sie auch bei Heron.

In XI, Erkl. 19 u. 22 definiert Euklid den Begriff Achse. In seinen Lehrsätzen wird aber nirgends das Wort Achse gebraucht; er spricht immer nur von Zylindern und Kegeln gleicher Höhe. Man kann hieraus vermuten, daß Euklid auch schiefe Zylinder und Kegel gekannt hat. Bei Archimedes ist dieser Unterschied sicher vorhanden, da er den geraden Kegel oft *κ. ὀρθός*, bzw. *ἰσοσκελής* nannte. Den schiefen Kegel bezeichnete Apollonios mit *κ. σκαληνός*.

Daß auch im schiefen Kegel mit kreisförmiger Grundfläche die parallelen Querschnitte wiederum Kreise gegeben, war natürlich im Altertum längst bekannt; ein besonderer Beweis wird erst in der arabischen Schrift *Buch der drei Brüder* (erste Hälfte des neunten Jahrhunderts) geführt.[173]

Die Ausmessung des Zylindervolumens wird bei Euklid, dem Charakter seines Werkes (vgl. S. 18) entsprechend, nicht gelehrt. Erst bei Heron sehen wir einige solche Beispiele vorgerechnet,[174] wie sie wahrscheinlich von den Ägyptern bereits in ziemlich früher Zeit behandelt worden waren. Auch Hohlzylinder wertete Heron aus, wie ein Beispiel zeigt, in dem die Größe eines Mauerwerks bei einem runden Turm berechnet wird.[175]

Die Berechnungsvorschrift für allgemeine gerade zylindrische Körper wurde zugleich mit der für solche prismatische Körper ausgesprochen (vgl. S. 19). Die älteste deutsche Fassung für die Volumenberechnung eines Zylinders gibt die Übersetzung (1477) des *Tractatus quadrantis*[I 182] des Robertus Anglicus (um 1240—1270): Die hoſſtat (d. i. Grundfläche) ſoll gemert (multipliziert) werden mit der höche des faſes, vnd was dauon kompt, das gibt ſein begrifung.

An die Spitze der Sätze vom Zylinder und Kegel stellte Euklid jenen Satz des Eudoxos (vgl. S. 7, 21), daß jeder Kegel der dritte Teil eines Zylinders ist, der mit ihm gleiche Grundfläche und gleiche

172 *Definitiones* 83, ed. Heiberg[I 483], 4, S. 56, Z. 1—4. — 173 *Liber trium fratrum*, ed. Curtze[I 179], S. 139, X. — 174 *Stereom.*, I, cap. 19, 20, ed. Heiberg, 5[II 456], S. 18—21. — 175 *Mensurae*, cap. 15, ed. Heiberg, 5, S. 170; schiefe Zylinder in Herons *Metrica*, II, *Op.* 3, ed. Schöne[I 205], S. 98—99.

Höhe besitzt (XII, Satz 10). Die Anwendung der Exhaustionsmethode verrät, daß der beigebrachte Beweis der des EUDOXOS ist. Es wurde bereits bei der Pyramide (vgl. S. 21) erwähnt, daß der Satz nach dem Zeugnis des ARCHIMEDES schon vor EUDOXOS durch DEMOKRIT entdeckt worden war; allerdings hatte dieser ihn nicht mit der gewünschten Strenge zu beweisen vermocht. Als weitere Sätze folgen im zwölften Buch EUKLIDs, daß sich Kegel und Zylinder von gleicher Höhe wie ihre Grundflächen verhalten (Satz 11) und solche von gleicher Grundfläche wie ihre Höhen (Satz 14), während sich bei volumengleichen Kegeln und Zylindern die Grundflächen umgekehrt wie die Höhen verhalten, und wenn dies der Fall ist, die Volumina gleich sind (Satz 15). Beispiele für Kegelberechnung gab erst wieder HERON, und zwar wird einmal von ihm Grundkreisradius und Höhe,[176] ein andermal Grundkreisradius und Seite als bekannt angenommen.[177]

Die Berechnung des Mantels lehrte bei einem geraden Zylinder HERON.[178] Bei einem geraden Kegel vollführte sie ARCHIMEDES[179] wahrscheinlich zum erstenmal; frühere Belege sind wenigstens nicht zu finden. Im Mittelalter tritt gelegentlich die falsche Berechnungsvorschrift, halbes Produkt von Grundkreisumfang und Höhe, auf.[180] Bei einem schiefen Kegel ist dieselbe Aufgabe außerordentlich viel schwerer; für ihre Lösung reichten weder die Mittel des Altertums noch die des Mittelalters aus. Eine Bestimmung versuchte VARIGNON 1727.[181] Eine endgültige Erledigung des Problems gelang erst EULER, der es 1747 mit algebraischen Kurven,[182] 1785 mit Integralrechnung[183] behandelte.

Die Volumen- und Oberflächenbestimmung schief abgeschnittener Zylinder (Zylinderhufe) wurde durch GREGORIUS VON ST. VINCENTIUS in seinem *Opus geometricum* von 1647 ausgeführt.[184]

---

176 *Stereom.*, I, cap. 12, ed. HEIBERG, 5, S. 10; Vol. = $\frac{1}{3}$ *G H.* Schiefe Kegel in HERONs *Metrica*[I 205], II, § I; ed. SCHÖNE, S. 96—97. — 177 *Stereom.*, I, cap. 14, ed. HEIBERG, 5, S. 12. — 178 *Metrica*, I, 36, ed. SCHÖNE[I 205], S. 84. — 179 ARCHIMEDES, ed. HEIBERG[I 7], 1², S. 62 f.; NIZZE, S. 58; HERON, *Mensurae*, cap. 43, ed. HEIBERG, 5, S. 198, *Metrica*, I, 37, ed. SCHÖNE[I 205], S. 86. — 180 Anonyme Abhandlung aus der ersten Hälfte des fünfzehnten Jahrhunderts, vgl. CURTZE, Abh. Gesch. Math. 8, 1898, S. 50, 66. — 181 Miscell. Berol., 3, Berlin 1727, S. 280—284: *De dimensione superficiei coni ad basim circularem obliqui.* — 182 Nov. comm. Ac. Petrop. 1, 1747—1748 (1750), S. 3 ff.: *De superficie conorum scalenorum aliorumque corporum conicorum.* — 183 Nov. acta Ac. Petrop. 3, 1785 (1788), S. 69 ff.: *De superficie coni scaleni.* — 184 *Opus geometricum* 1647[II 1134], lib. IX, pars I, S. 957 ff.

Die jüngst aufgefundene Schrift des ARCHIMEDES (um 275—212 v. Chr., Syrakus) *'Εφοδικόν* (Methodenlehre)[185] zeigt indes, daß diesem schon die erste Volumenbestimmung des Zylinderhufes zuzuschreiben ist, ja, daß es ihm sogar gelungen ist, solche Berechnungen an dem gekreuzten Zylindergewölbe vorzunehmen[186] (vgl. FRANCESCHI S. 52). Entsprechende Übungsbeispiele gibt HERON in seiner Vermessungslehre.[187]

Bei einem geraden Kegelstumpf[117a] kannte HERON neben einer Näherungsformel, die das Produkt aus Höhe und Mittelkreis benutzt[188] und wahrscheinlich ägyptischen Ursprungs ist, auch schon die genaue Vorschrift:

$$\frac{1}{12}\pi H(d_1^2 + d_2^2 + d_1 d_2),$$

in der d_1 und d_2 die Durchmesser der beiden begrenzenden Kreise sind.[189] Die Mantelberechnung des abgestumpften Kegels führt ARCHIMEDES[190] durch; er findet die Mantelfläche als Inhalt eines Kreises, dessen Radius die mittlere Proportionale zwischen der Seite und der Summe der Grundkreisradien ist:

$$\pi\left(\sqrt{s(r+\varrho)}\right)^2.$$

In neueren Lehrbüchern bis zum achtzehnten Jahrhundert wird sie verhältnismäßig selten erwähnt (CLAVIUS 1606,[191] KEPLER 1616[192]).

185 J. L. HEIBERG[249] u. H. G. ZEUTHEN, Bibl. math. 7_3, 1906—1907, S. 322, Nr. 1. — 186 Daselbst S. 322, Nr. 2: Wenn in einen Würfel ein Zylinder eingeschrieben wird, der die Grundflächen in den gegenüberliegenden Quadraten hat und mit der Zylinderfläche die übrigen vier Ebenen berührt, und ferner in denselben Würfel ein zweiter Zylinder eingeschrieben wird, der die Grundflächen in zwei anderen Quadraten hat und mit der Zylinderfläche die vier übrigen Ebenen berührt, so wird der von den Zylinderflächen eingeschlossene Körper, der in beiden Zylindern enthalten ist, $^2/_3$ des ganzen Würfels sein. — 187 *Metrica*, ed. SCHÖNE[I 205], S. 130—132. — 188 *Stereom.*, I, cap. 15, ed. HEIBERG[II 456], 5, S. 11—15. — 189 *Stereom.*, I, cap. 16—17, ed. HEIBERG, 5, S. 14—17. Genau lautet HERONS Formel, deren Ableitung sich in den *Metrica*, Buch II, § IX, ed. SCHÖNE[I 205], S. 116—119, findet:

$$\text{Vol.} = \left[\left(\frac{d_1+d_2}{2}\right)^2 + \frac{1}{3}\left(\frac{d_1-d_2}{2}\right)^2\right]\frac{\pi}{4}H.$$

— 190 *Sph. et cyl.* I, 17; ARCHIMEDES, *Opera*[17], 1[2], S. 70 f.; NIZZE, S. 61. — 191 *Practica geom.*[IV 1287], V, 3, Nr. 5; *Opera*[1482], II, S. 132. — 192 Meßkunst[I 783], S. 41, Nr. 51.

e) Die Kugel und die allgemeinen Rotationskörper.

Das Wort Kugel (vgl. Bd. V, S. 114 f.) hat in den deutschen Lehrbüchern den Gebrauch von Fremdwörtern wie *Spheer* (Dürer) überhaupt nicht aufkommen lassen. Im Gegensatz dazu ist leider heute noch Kugelsegment üblich, wofür schon Dürer (1525)[II 334] und Kepler (1616)[I 783] *Kugelschnitz*, J. Chr. Sturm (1670, Archimedesübersetzung[II|535]) *Kugelschnitt* vorschlugen. Ebensowenig ließ sich Kugelsektor durch *Kugelteil* (J. Chr. Sturm 1670) oder *Kugelzahn* (Kepler 1616) ersetzen.

In der ersten Hälfte des achtzehnten Jahrhunderts brachte eine Umbenennung der Kugelteile große Verwirrung. Man unterschied vier Arten von Kugelstücken, je nachdem sie von einem Teil der Kugelfläche und 1. einer Ebene (jetzt Kugelsegment, Kugelabschnitt) oder 2. zwei parallelen Ebenen (jetzt Kugelschicht), 3. zwei in einem Durchmesser sich schneidenden Ebenen (jetzt Kugelkeil), 4. einer Kegelfläche, deren Spitze im Kugelmittelpunkt steht (jetzt Kugelsektor, Kugelausschnitt), begrenzt sind. Unsere Benennungen 1. Kugelsegment und 4. Kugelsektor stützen sich, wie auch die gleichbedeutenden Ausdrücke der griechischen Mathematik, *τμῆμα σφαίρας* (Heron),[193] *τομεὺς σφαίρας* (Archimedes),[194] darauf, daß beide Kugelstücke durch Drehung der entsprechenden Kreisstücke entstehen. Den dritten Körper nennt schon Karsten (1768) keilförmigen Ausschnitt,[195] Legendre (1794) *coin* oder *onglet.*[196] Fischer (1824)[197] und Crelle (1827)[198] wollen aber den Sektorbegriff am Kreise so verallgemeinern, daß sie bei der Kugel statt der zwei Geraden des Kreissektors nun zwei Ebenen, die durch den Mittelpunkt gehen, setzen, danach also das Wort Kugelausschnitt für 3., den Kugelkeil, nehmen; als Kugelabschnitt wird 1. und 2. zusammengefaßt, für 4. wird auf eine ältere Bezeichnung Karstens (1768),[199] kegelförmiger Ausschnitt, zurückgegriffen und Kugelkegel gewählt. Diese Neubezeichnungen drückten sich aber nicht durch.

Das Wort Kugelzone wird (1706) von Naudé,[200] wohl nach französischem Muster, benutzt, dann von Wolff (1716),[201] Karsten (1768)[202] u. v. a. Das deutsche Wort Kappe geht wohl auch auf

193 *Metrica*, ed. Schöne[I 205], S. 122, Z. 14. — 194 *De sph. et cyl.* I, 44. Archimedes, *Opera*[I 7], 1^2,S. 160, S. 13. — 195 *Lehrbegriff*[I 209], II, § 627. — 196 *Élémens*[IV 364], VII, Déf. 10. — 197 *Lehrbuch der Elementarmathematik*[I 296], III, 1824, S. 275. — 198 *Lehrbuch*[II 485], II, 1827, § 700, 702, 722. — 199 *Lehrbegriff*[I 209], II, § 629. — 200 *Gründe der Meßkunst*[IV 189], S. 198, § 523. — 201 *Math. Lexikon*[I 68], 1488f.: Zona, ein Streiffen. *Zona sphaerae*, ein Kugelstreifen. — 202 *Lehrbegriff*[I 209], II, § 622.

NAUDÉ (1706)[200] zurück; JACOBI-SWINDENS Elemente (1833)[203] suchen vergeblich das aus Frankreich eingedrungene *Calotte* (Diminutivform von *cale*) durch *Kugelmütze* zu ersetzen. Über Kugelzweiecke vgl. Bd. V, S. 116. Für Kugelschicht sagt HERON[204] *λουτήρ* (= Badewanne); eine Muschel (*κόγχη*) berechnet er an derselben Stelle als Hälfte einer Halbkugel oder eines Segmentes. Das Wort Kugelschicht selbst erscheint sehr spät, erst 1851 bei J. H. TR. MÜLLER;[205] durch KAMBLY (1855)[206] ist es Allgemeingut geworden.

Für Kalotte hatte KEPLER (1616) das *Hütlein*, für Zone *Riemen* oder *Gürtel*[207] vorgeschlagen, ohne Nachahmung zu finden.

Die Geschichte der Kugellehre ist zum größten Teil in dem Kapitel über Sphärik und sphärische Trigonometrie vorgeführt. Wir haben es hier nur noch mit der Ausmessung des Volumens und der Oberfläche der ganzen Kugel, bzw. ihrer Teile zu tun.

Die Definition EUKLIDS (vgl. Bd. V, S. 114) erfolgt wie bei dem Kegel und dem Zylinder durch Drehung. Die Kugel wird von einem Halbkreis beschrieben, der sich um seinen festen Durchmesser ringsum dreht (XI, def. 14). Es folgen in XI, def. 15, 16, 17 die Definitionen von Achse, Mittelpunkt und Durchmesser.

Der einzige Satz, den EUKLID, nach Erledigung dazu gehöriger Hilfssätze (XII, 16, 17), von der Kugel ausspricht, lautet:[208] „Kugeln sind im dreifachen Verhältnis ihrer Durchmesser" (XII, 18). Wir würden ihm heute die Form geben: „Kugeln verhalten sich wie die Kuben ihrer Durchmesser." Nach dem schon einmal erwähnten Bericht des ARCHIMEDES (vgl. S. 21) ist dieser Satz auf EUDOXOS VON KNIDOS (408—355 v. Chr.) zurückzuführen. Da im Euklidischen Beweis die Exhaustionsmethode, von der ARCHIMEDES dabei ausdrücklich redet, nicht benutzt ist, scheinen die Darlegungen EUKLIDS in XII, 18 dessen Eigentum zu sein.

Die wirkliche Berechnung des Kugelvolumens ist mit diesem Satz noch nicht durchgeführt; sie war zur Zeit EUKLIDS auch noch nicht bekannt gewesen und ist eine der vielen hervorragenden Leistungen, die ARCHIMEDES (287—212 v. Chr.) in der Mathematik zu verzeichnen hat. Sowohl den Volumensatz als auch den Oberflächensatz spricht ARCHIMEDES in zweifacher Form aus. Das eine Mal gibt er beide

203 Aufl. von 1834[II 942], S. 413. — 204 *Metrica, Op.* 3, ed. SCHÖNE[I 205], S. 124, Z. 14. — 205 *Lehrbuch*[IV 205], II, 2. Abt., Halle 1851, S. XIII, 62, § 984. — 206 IV[IV 52], § 65, Zusatz 4, S. 49. — 207 Messekunst[I 783], S. 21, 36. — 208 Ed. HEIBERG, 4[II 542], S. 242, Z. 14—15: *Αἱ σφαῖραι πρὸς ἀλλήλας ἐν τριπλασίονι λόγῳ εἰσὶ τῶν ἰδιῶν διαμέτρων.*

Sätze in der Zusammenfassung, daß sich der einer Kugel umgeschriebene Zylinder im Volumen und in der Oberfläche zur Kugel wie 3 : 2 verhält.[209] Der Beweis wird in einem späteren Teil der Abhandlung ausgeführt.[210] Zweitens spricht er aus, daß das Kugelvolumen viermal so groß ist, wie das eines Kegels, der als Grundfläche einen größten Kreis der Kugel und als Höhe ihren Radius hat,[211] und daß die Kugeloberfläche ebenfalls viermal so groß wie ein größter Kreis ist.[212] Es ist bekannt, daß die Hauptfigur des Archimedischen Beweises, eine Kugel mit dem umgeschriebenen Zylinder, auf dem Grabdenkmal des Archimedes eingemeißelt war. Cicero erkannte (75 v. Chr.) hieran die alte Grabstätte wieder und sorgte für ihre Erneuerung.[213] Auch Münzen der Stadt Syrakus gab es, denen dieselbe Figur zur Erinnerung an den großen Mitbürger aufgeprägt war.

Heron (erstes Jahrhundert v. Chr.; Alexandria) kannte die Untersuchungen des Archimedes genau; wir finden sie in mehreren seiner Schriften verwertet. Für die Oberfläche der Kugel erscheint bei ihm die neue Vorschrift, daß man sie auch durch das Produkt des Umfangs und des Durchmessers eines größten Kreises finden könne.[214]

In der Form $V = r\frac{O}{3}$ wird der Volumensatz im *Buch der drei Brüder* (erste Hälfte des neunten Jahrhunderts, Bagdad) gefaßt.[215]

Im heutigen Schulunterricht wird ein Beweisgang gewählt, der die Vergleichung gleich hoher Schnitte einer Halbkugel, eines Zylinders und eines umgekehrten Kegels von derselben Grundfläche und Höhe verwertet. In seiner Anordnung ist er zurückzuführen auf ein Verfahren, das Chr. von Wolff in seinen *Elementa* (1717)[216]

---

209 Archimedes, *Περὶ σφαίρας καὶ κυλ.*, I, praef., ed. Heiberg[I 7], 1^2, S. 2, Z. 15 f.: *Ὁ κύλινδρος ὁ βάσιν ἔχων ἴσην τῷ μεγίστῳ κύκλῳ τῶν ἐν τῇ σφαίρᾳ ὕψος δὲ ἴσον τῇ διαμέτρῳ τῆς σφαίρας αὐτός τε ἡμιόλιός ἐστιν τῆς σφαίρας, καὶ ἡ ἐπιφάνεια αὐτοῦ τῆς ἐπιφανείας τῆς σφαίρας . . .*, Nizze, S. 42. — 210 Daselbst I, 34, *πόρισμα*, ed. Heiberg[I 7], 1^2, S. 130, Z. 5 ff.; Nizze, S. 76. — 211 Daselbst I, 34, ed. Heiberg[I 7], 1^2, S. 124, Z. 15—17: *Πᾶσα σφαῖρα τετραπλασία ἐστὶ κώνου τοῦ βάσιν μὲν ἔχοντος ἴσην τῷ μεγίστῳ κύκλῳ τῶν ἐν τῇ σφαίρᾳ, ὕψος δὲ τὴν ἐκ τοῦ κέντρου τῆς σφαίρας.* Nizze, S. 36. — 212 *Περὶ σφ. κ. κ.*, praef., ed. Heirberg, 1^2, S. 2, Z. 9—10: *Πάσης σφαίρας ἡ ἐπιφάνεια τετραπλασία ἐστὶν τοῦ μεγίστου κύκλου τῶν ἐν αὐτῇ.* Nizze, S. 42. Beweis: I, 33, ed. Heiberg, 1, S. 136, Z. 6 ff., Nizze, S. 73, Satz 35. — 213 Cicero, *Tuscul. Disput.*, V, 23, § 64—66, ed. Klotz, Leipzig 1863, S. 391 bis 392. — 214 *Mensurae*, cap. 37, ed. Heiberg[II 456], 5, S. 192; nach Archimedes verfährt Heron in den *Metrica*, I, 38, ed. Schöne[I 205], Leipzig 1903, S. 86—88. — 215 Ed. Curtze[I 179], Nr. XI, S. 149. — 216 *Elementa*[II 373], I, Halle 1717, § 490, S. 199, Fig. X, 169.

in Anlehnung an Cavalieris Indivisibilien (1635)[217] entwickelt hat; ihm folgte Segner (1747) u. a.[218] Weiteste Verbreitung brachten Baltzers Elemente (1860).[219]

Die Oberfläche einer Kalotte nahm Archimedes so groß an wie die Fläche eines Kreises, der die Entfernung d des Scheitelpunktes der Kalotte bis zu einem Peripheriepunkte ihres Grundkreises zum Radius hat.[220] Diese Angabe läßt sich leicht auf die heute übliche Form zurückführen, da $d^2 = 2rh$, also $\pi d^2 = 2r\pi h$ ist. Die unwesentliche Umwandlung zur Formel $2\pi rh$ wird erst in neuerer Zeit vorgenommen, so bei Meier Hirsch (1807),[221] der ihre Gültigkeit auch für die Mantelfläche einer Kugelschicht, der Kugelzone, erkennt.

Das Volumen eines Kugelsegments ist, wieder nach Archimedes,[222] gleich dem eines Kegels von gleicher Grundfläche, dessen Höhe H der Proportion genügt:

$$H:h = \big(r + (2r - h)\big):(2r - h).$$

Danach verfährt auch Heron in seiner Vermessungslehre sowohl bei der Berechnung eines einfachen Segments als bei der einer Kugelschicht (Badewanne, λουτήρ), die er durch Subtraktion zweier Segmente bestimmt.[223] Unter Benutzung von $\varrho^2 = h(2r - h)$ liefert die Archimedische Regel unsere bekannte Formel:

$$\text{Segment} = \frac{1}{3}\pi\varrho^2\,\frac{h(3r - h)}{2r - h} = \frac{1}{3}\pi h^2(3r - h).$$

In dieser Schlußform findet sich der Segmentensatz erst im achtzehnten Jahrhundert, so bei Karsten (1768).[224]

Die Formel für das Volumen einer Kugelschicht:

$$\frac{1}{6}\pi h(3\varrho_1{}^2 + 3\varrho_2{}^2 + h^2)$$

217 *Geom. indiv.*[251], III, prop. 5 und 34, cor. V, S. 10—11, 86—87. Ähnlich auch Luca Valerio, *De centro gravitatis solidorum*, Bononiae 1661, I, 11, S. 23 f., II, 12, S. 83 f. — 218 Segner, *Vorlesungen über Rechenkunst und Geometrie*[I 270b], 1747, Abschnitt XI, § 82 ff., S. 561 ff.; auch *Anfangsgründe*[II 1091], 2. Aufl. 1773, S. 307, § 581. — 219 § 9, Nr. 1[III 192]. — 220 Archimedes, *Περὶ σφαίρ. κ. κυλ.*, I, praef.; ed. Heiberg[I 7], 1², S. 2, Z. 10—14; Nizze, S. 42. Beweis: I, 42, 43, ed. Heiberg, 1, S. 176 ff., Nizze, S. 83—84, Satz 48, 49. Danach verfährt Heron, *Metrica*, I, 39, ed. Schöne[I 205], S. 88. — 221 *Sammlung geom. Aufgaben*[IV 925], § 167, S. 220. — 222 Archimedes, *Περὶ σφαιρ. κ. κυλ.*, II, 2; ed. Heiberg[I 7], 1², S. 174—183; Nizze, Satz 3, S. 88—91. Der Satz: S. 174, Z. 6—9. — 223 *Metrica*, lib. II, § 12, ed. Schöne[I 205], S. 122—125. — 224 *Lehrbegriff*[I 209], II, § 625, S. 518, Z. 4.

leitet LEGENDRE (1724) in seinen Elementen ab;[225] aus ihr erhält er dann durch $\varrho_1 = 0$ den Sonderfall des vollen Segments. Ist die Wölbung des Kugelsegments gering, also h im Verhältnis zu r klein, so multipliziert KEPLER (1616)[226] die Kalottenoberfläche mit der halben Höhe des Segments, um dessen Volumen zu erhalten, d. h. $2\pi r h \cdot \frac{h}{2} = r\pi h^2$. Diesen Wert kann man auch aus der modernen Segmentformel ableiten, wenn man in $3r - h$ die Größe h vernachlässigt. KEPLER berechnet eine ganze Tafel für die Kugelsegmentwerte.[227]

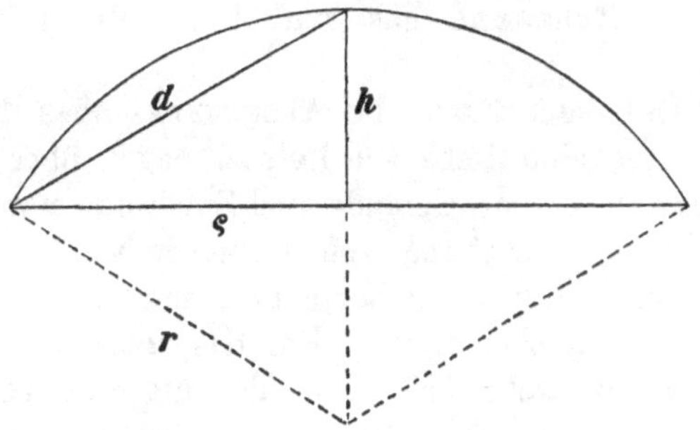

Fig. 1.

Auch die Berechnung des Kugelsektors kennt ARCHIMEDES; er bestimmt dessen Volumen als das eines Kegels, dessen Grundfläche ebenso groß ist wie die Oberfläche der zugehörigen Kalotte und dessen Höhe der Radius ist:[228]

$$\text{Sektor} = \frac{1}{3}(2r\pi h)\, r = \frac{2}{3} r^2 \pi h.$$

KEPLER (1616) hat zwei Vorschriften[229] für den Kugelsektor, die den Formeln entsprechen: $\frac{Vh}{2r}$, wo V das Kugelvolumen bedeutet, und $\frac{2h}{3} r^2\pi$, die natürlich beide für uns sofort auf $\frac{2}{3} r^2 \pi h$ hinauslaufen. LEGENDRE (1794)[230] nimmt in seinen Elementen die Archimedische Regel $\frac{1}{3}$ Kalotte · Radius wieder auf, die dann in CRELLES

225 VIII, S. 18[IV 364], danach CRELLE im *Lehrbuch der Elemente*[II 485], 1827, II, § 726. — 226 Meßkunst[I 783], Nr. 37, S. 33, Z. 17 ff. — 227 Meßkunst[I 783], S. 34. — 228 ARCHIMEDES, *Περὶ σφαίρ. κ. κυλ.*, I, 44; ed. HEIBERG, 1², S. 160 ff.; NIZZE, S. 84—85, Satz 50. Der Satz: S. 180, Z. 24—27. — 229 Meßkunst[I 783], Nr. 36, S. 32. — 230 VIII, 15[IV 364].

Lehrbuch (1827)[231] die moderne Gestalt $\frac{2}{3}\pi r^2 h$ erhält. Vorher hatten auch schon Karsten (1768)[232] und Meier Hirsch (1807)[233] diese Formel aufgeführt.

Das Haupttheorem, mit dem Archimedes die Verbindung zwischen den angeführten Volumen- und Oberflächensätzen herleitet, verdient hier angeführt zu werden. Es lautet in etwas modernisierter Fassung:[234] Wenn ein Dreieck ABC um eine beliebig geneigte, durch A hindurchgehende feste Achse AE rotiert, so ist das Volumen des durch ABC gebildeten Rotationskörpers ebenso groß wie das Volumen eines Kegels, der die von BC beschriebene Rotationsfläche als Grundfläche und das von A auf BC gefällte Lot als Höhe besitzt.

Aus den Untersuchungen, die Archimedes über die Kugel anstellte, entsprangen eine Reihe von Betrachtungen über allgemeinere Rotationskörper, die er Konoide und Sphäroide nannte.[235] Diese Körper, die durch Umdrehung von Kegelschnitten entstehen, zerlegte er, um ihr Volumen zu berechnen, senkrecht zur Rotationsachse in Scheiben gleicher Dicke. Für das einzelne Körperelement wurde nun der eingeschriebene und der umgeschriebene Zylinder konstruiert und berechnet. Die reihenweise Summierung dieser Zylinder gab eine untere und eine obere Grenze für das gesuchte Gesamtvolumen. Die erhaltenen Grenzwerte nähern sich, je enger die Schnitte vollzogen werden, um so mehr dem wirklichen Volumenwert. Auch hier ist es die Exhaustionsmethode, durch die Archimedes zum Ziele gelangt und die sich gerade bei diesen Ableitungen auf der höchsten Stufe antiker Entwicklung befindet.

Von Heron (um 100 v. Chr.)[236] wird das Volumen eines ringförmigen Körpers berechnet, der durch Rotation eines Kreises um eine in seiner Ebene gelegene Achse entsteht. Heron beruft sich dabei auf eine Schrift des Dionysodoros, der auch seinen übrigen Leistungen nach ein unmittelbarer Schüler des Archimedes gewesen sein dürfte; in dieser sei die Kubatur dieses Ringkörpers, *σπεῖρα* genannt, vollzogen. Ein vereinfachender Zusatz von Heron selbst scheint zu sein, daß man diesen Rotationskörper zu einem Zylinder ausstrecken könne, dessen Grundfläche der erzeugende Kreis und dessen Höhe der Umfang desjenigen Kreises ist, den

231 II, § 724, Nr. 8 II 485. — 232 *Lehrbegriff* I 209, § 630. — 233 *Samml. geom. Aufg.* IV 925, § 168. — 234 *Περὶ σφαίρ. κ. κυλ.*, I, 18; ed. Heiberg, 1^2, S. 80 ff.; Nizze, Satz 20, S. 63 ff. — 235 Archimedes, *Περὶ κωνοειδέων καὶ σφαιροειδέων*; ed. Heiberg, 1_1, S. 274—499; Nizze, S. 151—208. — 236 *Metrica*, ed. Schöne I 205, S. 126—131.

der Mittelpunkt des gegebenen Kreises bei seiner Rotation um die Achse beschreibt.[237] Es stellt diese Vorschrift einen besonderen Fall des sog. GULDINschen Theorems dar.

Erst 500 Jahre nach ARCHIMEDES wurde die Untersuchung von Rotationskörpern weiter fortgeführt. Es gelang PAPPOS (Ende des dritten Jahrhunderts n. Chr.; Alexandria),[238] einen ganz allgemeinen Satz aufzustellen, der freilich das Schicksal hatte, sehr bald in Vergessenheit zu geraten, um erst im sechzehnten Jahrhundert von neuem entdeckt zu werden. Es ist die eben erwähnte GULDINsche Regel, nach der das Volumen eines Rotationskörpers durch das Produkt aus dem Normalschnitt und von dem von seinem Schwerpunkt beschriebenen Kreisweg berechnet werden kann.

Nach PAPPOS ruhte das Thema wiederum, und zwar diesmal mehr als ein Jahrtausend. Durch die Beschäftigung mit den Archimedischen Schriften angeregt, wandte sich KEPLER (1571—1630) der Volumenberechnung von Rotationskörpern zu. Sein Erfolg war bedeutend. Für eine große Reihe solcher Körper gelang ihm die Kubatur, darunter für einen Ring, der durch Umdrehung eines Kreises um eine außerhalb gelegene Achse entsteht. Einen anderen Körper, dessen Volumen er berechnete, nannte er „Apfel"; er bildete ihn durch Drehung eines Kreissegmentes, das größer als ein Halbkreis war, um die begrenzende Sehne. War das Kreissegment kleiner als der Halbkreis, so wählte er den Namen „Zitrone".[239] Seine Berechnungsvorschriften sind sämtlich Unterfälle der von PAPPOS gefundenen Regel; spricht KEPLER diese auch an keiner Stelle allgemein aus, so muß man bei ihm doch ihre Kenntnis annehmen. Es war ja damals vielfach Sitte, allgemeine Sätze nur an Beispielen nachzuweisen und dem Leser die Übertragung auf andere Fälle zu überlassen. Von PAPPOS hat KEPLER das Theorem nicht entlehnt. Die *Συναγωγή* des alten Alexandriners wurde allerdings gerade damals eingehender studiert und ist auch von KEPLER an anderem Orte gelegentlich zitiert.[240] Aber weder dieser noch GULDIN noch andere, die bald darauf um das Prioritätsrecht solcher Volumenbestimmungen in Streit kamen,[241] sind darauf aufmerksam geworden, daß PAPPOS das ältere Anrecht hatte. PAUL GULDIN (1577—1643;

237 Daselbst S. 130, Z. 3—11. — 238 PAPPUS, *Συναγωγή*, lib. VII, § 42 (bei Besprechung der *Conica* des APOLLONIOS), ed. HULTSCH[18], II, S. 682, Z. 7ff. — 239 KEPLER, *Stereometria doliorum*[II 329], 1615 (1616 volkstümliche Übersetzung: Außzug auß der vralten Messe-Kunst Archimedis[I 783]), Zusatz zu Teil I, *Supplementum ad Archimedem*, Satz 18—22. *Opera Kepleri*, ed. FRISCH, 4[I 171], S. 582ff. — 240 *Opera Kepleri*, 4[I 171], S. 607. — 241 CANTOR, 2[2], S. 843.

Jesuit, Professor der Mathematik in Rom und Graz) ist demnach erst der dritte Erfinder der nach ihm benannten Regel. Er gelangte zu ihrer Aufstellung bei Berechnung von Schwerpunktsorten für die mannigfachsten Körper.[242] Seine Begründung des neuen Satzes ruht auf recht schwachen Füßen; ein allgemeiner Beweis gelang ihm nicht in einwandfreier Weise. Die angeführten Beispiele sind die bereits von Kepler betrachteten Rotationskörper.

Die Regel des Pappos ist von neueren Mathematikern weiter verallgemeinert worden. Leibniz (1646—1716) bemerkte, daß sie auch Gültigkeit habe, wenn die erzeugende ebene Figur längs irgendeines Weges, nur immer senkrecht zu ihm gestellt, bewegt wird.[243] Euler nahm (1778) diesen Gedanken auf und stellte genauere analytische Untersuchungen darüber an.[244] Für das Pensum der heutigen Schule hat Meier Hirsch eine Reihe hierher gehöriger Aufgaben zusammengestellt.[245] Keplers Versuche, brauchbare Näherungsformeln für den Inhalt von Fässern zu geben, nahmen J. H. Lambert (1765)[246] und J. A. Grunert (1853/1854)[247] mit gutem Erfolg wieder auf.

f) Allgemeine Körper. Das Cavalierische Prinzip. Die Simpsonsche Regel.

In der Verwendung dünner, durch eine Schar paralleler Ebenen erzeugter Schnitte, deren Volumina einzeln berechnet und dann summiert werden, um das Gesamtvolumen des untersuchten Körpers zu finden, muß man den ersten Keim der modernen Integralrechnung sehen. In diesem Sinne kann man Archimedes als Vorläufer eines Newton und Leibniz bezeichnen.[248] Besonders ist es die neuaufgefundene[249] Schrift des Archimedes Ἐφοδικὸν (Methodenlehre), die uns einen Einblick in seine Arbeitsweise gewährt. Parabelsegmente und Dreiecke werden durch Parallele in Streifen zer-

242 *Centrobaryca*, Buch II, 1640; vgl. Cantor, 2^2, S. 841 ff. — 243 Acta Eruditorum, Leipzig 1695, S. 493—495: *De novo usu centri gravitatis ad dimensiones et speciatim pro areis inter curvas parallelas descriptas seu rectangulis curvilineis; ubi et de parallelis in universum.* *Ges. Werke*, ed. Gerhardt, 3. Folge, 7, Halle 1863 $^{III\,49}$, S. 337—339. — 244 Nova acta Ac. Petrop. 12, 1794 (1801), S. 91—100: *De corporibus cylindricis incurvatis* (vorgelegt am 21. IX. 1778). — 245 Meier Hirsch, *Geometrische Aufgaben* $^{IV\,925}$, § 169 ff., 192 ff. — 246 *Beyträge*, $1^{IV\,486}$, S. 314—368. — 247 Arch. Math. Phys. 20, 1853, S. 301—320; 23, 1854, S. 207—216. — 248 Vgl. E. Hoppe, *Mathematik und Astronomie im klassischen Altertum* $^{I\,189}$, S. 275. — 249 Durch J. L. Heiberg in Konstantinopel. Vgl. Bibl. math. 7_3, 1907, S. 321—363.

schnitten und diese untereinander verglichen. Ähnlich werden Rotationskörper aus parallelen Schichten aufgebaut und daraus Schlüsse auf ihren Rauminhalt gezogen. Die so erhaltenen Resultate hält aber ARCHIMEDES auf diesem Wege nicht für einwandfrei bewiesen; erst der nachträglich einsetzende Exhaustionsbeweis gibt ihm die erforderliche Sicherheit.

HERON (um 100 v. Chr.), der sich viel an ARCHIMEDES anlehnt, bringt in seiner Darstellung der Volumenberechnung gerader und schiefer prismatischer und zylindrischer Körper Betrachtungen, die geradezu mit dem CAVALIERIschen Prinzip zusammenfallen.[250]

Den Anschauungen des ARCHIMEDES folgte KEPLER (vgl. S. 41), vor allem der italienische Mathematiker BONAVENTURA CAVALIERI (1591?—1647, Bologna). Um den Flächeninhalt einer ebenen Figur zu erhalten, ließ CAVALIERI eine Gerade, immer parallel der Anfangslage, durch die Figur hindurchgleiten (*fluere*); die Gesamtheit aller der Strecken, die innerhalb der gegebenen Umgrenzung liegen, der *Indivisibeln*, faßte er als Inhalt auf. Ähnlich verfuhr er bei einem Körper, indem er die Gerade durch eine Ebene ersetzte. „Ebene Figuren", so lautet sein Hauptsatz,[251] „oder auch Körper stehen in demselben Verhältnis wie die Gesamtheiten ihrer Geraden, bzw. ihrer Ebenen, die nach irgendeiner festen Anfangslage genommen sind." Nach diesem neuen Prinzip rechnet CAVALIERI eine ganze Reihe bekannter Beispiele vor; eine weitere Anzahl übersteigt bereits das Gebiet der Elementarmathematik. Eine andere besondere Form gibt CAVALIERI seinem Satze im siebenten Buche, dem letzten seines Werkes; sie ist es, die wir heute vorzugsweise als CAVALIERIsches Prinzip bezeichnen: „Raumgebilde der Ebene, wie des Raumes sind inhaltgleich, wenn die in gleicher Höhe geführten Schnitte gleiche

250 *Metrica*, ed. SCHÖNE I[205], S. 94—97; z. B. S. 95, Z. 25 ff.: *Aber auch wenn die Achse des Körpers nicht im rechten Winkel zur Basis steht, sondern geneigt ist, der Körper jedoch so beschaffen ist, daß er durch Schnitte mit einer der Basis parallelen Ebene Schnittflächen, die der Basis gleich sind, liefert, und wenn die Höhe von seiner Spitze auf die Basis gegeben ist, wird der Körper auf dieselbe Weise bestimmt: man muß nämlich den Inhalt seiner Basis bestimmen, ihn mit der genannten Höhe multiplizieren und so groß den Körper angeben.* Zur weiteren Erläuteruug läßt HERON die Basis längs der Achse, immer parallel mit sich, entlang gleiten. — 251 CAVALIERI, *Geometria indivisibilibus continuorum nova quadam ratione promoto*, Bononiae 1635 (erste Niederschrift 1626; verbesserte Auflage 1653), lib II, prop. III, S. 20 f.: *Figurae planae habent inter se eandem rationem, quam eorum omnes lineae juxta quamvis regulam assumptae; et figurae solidae, quam eorum omnia plana juxta quamvis regulam assumpta.*

Strecken, bzw. Flächen ergeben."[252] Deutlichere Darstellung seiner Indivisibelnmethode, die von Zeitgenossen vielfach Angriffe erfuhr, gibt CAVALIERI später in den *Exercitationes geometricae.*[253]

In den Lehrbüchern der nachfolgenden Zeit wurde das CAVALIERIsche Prinzip nicht entsprechend gewürdigt. Es geriet gänzlich in Vergessenheit, bis 1756 SEGNER (1704—1777; Halle, Göttingen) es von neuem als Grundlage der Volumenberechnungen aufstellte;[254] in der nächsten Zeit wurde es geradezu nach SEGNER benannt.

Die neuartige Methode CAVALIERIs wurde von der Mathematik nicht wieder verlassen, sondern allmählich zu der Infinitesimalrechnung vervollkommnet. Führer sind NEWTON und LEIBNIZ; der letztere schuf eine wunderbar geeignete Symbolik. Der Analysis wurde nunmehr auch die Volumenbestimmung ganz allgemeiner Körper unterworfen.

Nicht zu jeder Flächen- oder Körperberechnung wird eine absolute Genauigkeit erfordert. Sind Annäherungen gestattet, so kann man sich in der Zahl der parallelen Schnitte beschränken und mit einer geringeren Anzahl von Rechtecken, bzw. Zylindern allgemeiner Form auskommen. Diesen Weg betrat zuerst JAMES GREGORY (1638—1675, Edinburg); in einem Kapitel seiner *Exercitationes geometricae* von 1668[255] führte er seine Entwicklungen bis zur Aufstellung einer Formel, in der man bereits die SIMPSONsche Regel (vgl. S. 45) erkennen kann. Das gleiche Verfahren schlug auch NEWTON ein; er deutete es zunächst in einem Briefe an LEIBNIZ (24. Oktober 1676) an, setzte seine Ideen aber erst in den *Principia*[256] (1687) genauer auseinander.

Für die Quadratur einer ebenen Kurve wählte NEWTON die Abstände der Schnittgeraden gleich groß; durch die erhaltenen Kurvenschnittpunkte legte er eine neue Kurve, eine Parabel höherer Ordnung, die sich der gegebenen Linie möglichst eng anschließt und eine leichtere Quadratur zuläßt. Sehr erheblich wurde diese Methode später von GAUSS (1814) durch zweckentsprechendere Wahl

[252] Lib. II, Theor. I, S. 4. Vgl. CANTOR, 2^2, S. 840. — [253] Bologna 1647 [VI 444]. — [254] *Elementa arithmeticae, geometricae et calculi geometrici*, Halae 1756. Vgl. MEINERT, *Lehrbuch der Mathematik* 1790 [I 34], II, § 255 Anm., S. 250. — [255] Unter der Überschrift [II 92]: *Methodus componendi tabulas tangentium et secantium artificialium* ... Vgl. G. HEINRICH, Bibl. math. 1_3, 1900, S. 90—92. — [256] Liber III, Lemma V [II 694]. Vgl. v. BRAUNMÜHL, Bibl. math. 2_3, 1901, S. 87.

der in ungleichem Abstande angenommenen Schnittgeraden verfeinert (mechanische Quadratur).[257]

Ist die vorliegende Kurve eine einfache Parabel, so genügt die Einschaltung einer einzigen Zwischengeraden. Soll z. B. ein parabolisches Flächenstück, das zwischen der Kurve, der Abszissenstrecke $(x_2 - x_1)$ und den beiden Ordinaten y_1 und y_2 liegt, berechnet werden, so verläuft die Zwischenordinate y' gerade in der Mitte. Mit ihrer Hilfe kann man den gesuchten Flächeninhalt genau bestimmen und findet für ihn die Formel:

$$\frac{x_2 - x_1}{6}(y_1 + 4y' + y_2).$$

Diese Rechenvorschrift ist von THOMAS SIMPSON (1710—1761, Woolwich)[258] auf Volumenberechnungen übertragen worden. Sie nimmt, wenn H der Abstand zwischen den zwei parallelen Grenzflächen G_1 und G_2 und wenn M der Mittelschnitt, parallel zu G_1 und G_2, ist, die Gestalt an:

$$\frac{H}{6}(G_1 + 4M + G_2).$$

Körper, für die diese Formel genau zutrifft, sind von SIMPSON selbst, dann aber besonders von STEINER,[259] dem auch eine geometrische Ableitung gelang, aufgesucht worden. Zu ihnen gehören die sogenannten Körperstumpfe (Obelisken, Prismatoide, Pyramidoidenstumpfe); das moderne Schulpensum hat diese aufgenommen[260] und schließt sich dabei in den Beweisen an STEINER an. Einen besonderen Körper dieser Art behandelte bereits HERON (erstes Jahrhundert v. Chr.). In der Vermessungslehre[261] wird das Volumen eines Körpers bestimmt, der begrenzt ist von zwei parallelen Rechtecken mit den parallel laufenden Seiten a, b, bzw. a', b' und den ent-

257 *Methodus nova integralium valores per approximationem inveniendi.* Commentat. rec. soc. Gött. 3, 1816 (16. 9. 1814); GAUSS' Werke, 3[1642], S. 163—196. — 258 *Mathematical dissertations*, London 1743, S. 109—113: *Of the areas of curves etc. by approximations.* — 259 J. r. ang. Math. 23, Berlin 1842, S. 275 bis 284: *Über einige stereometrische Sätze.* — 260 Zum erstenmal 1848 in C. KOPPES *Anfangsgründen* II, 2. Aufl.[1822], 1846, S. 270, § 148, allerdings mit eigenem Beweis. Leider fehlt im heutigen Pensum die Verbindung mit der Kristallographie, die allerdings ganz neue Gesichtspunkte, besonders die der Symmetrie, zu bringen fordert, aber auch eine Fülle von Anwendungen verspricht. Was bisher an Aufgaben aus diesem Gebiete zuweilen geboten wird, ist oft sehr angreifbar. Vgl. J. RUSKA, Unterrichtsb. f. Math. u. Nat. 1916, Nr. 5; *Methodik des mineralogisch-geologischen Unterrichts*, Stuttgart 1920, S. 277 ff., besonders S. 289—290. — 261 *Metrica*, ed. SCHÖNE[1205], II, § VIII, S. 116—117.

sprechenden Seitentrapezen. Die durch einfache Zerlegungen abgeleitete Formel HERONS lautet:

$$\text{Vol.} = H\left(\frac{a+a'}{2}\,\frac{b+b'}{2} + \frac{1}{3}\,\frac{a-a'}{2}\,\frac{b-b'}{2}\right).$$

g) Der Satz von EULER. Die regelmäßigen Polyeder.

Die unter dem Namen EULERscher Polyedersatz bekannte Beziehung zwischen der Anzahl der Ecken e, der Flächen f und der Kanten k:

$$e + f = k + 2$$

ist vielleicht schon im Altertum dem ARCHIMEDES bekannt gewesen. Man kann sich sonst kaum erklären, wie von diesem großen Mathematiker die Reihe der halbregulären Polyeder so durchaus vollständig hat aufgezählt werden können. Ausgesprochen worden ist indes dieser Satz — zugleich mit der Winkelformel $w = 4(e - 2)$ — erst im Anfang des siebzehnten Jahrhunderts, und zwar von niemand Geringerem als DESCARTES (zwischen 1619 und 1621). Trotzdem blieb die Formel noch geraume Zeit der Öffentlichkeit vorenthalten. DESCARTES hatte seine Entdeckung in einer Abhandlung niedergelegt, die nur durch eine fragmentarische Abschrift LEIBNIZ' erhalten ist; dieser Auszug wurde nicht vor 1860 durch den Druck bekannt.[262] Daher kommt es, daß allgemein EULER als erster Entdecker gilt und die Formel seinen Namen trägt. Seiner eigenen Angabe nach hat EULER das Theorem durchaus selbständig gefunden;[263] bei der ersten Veröffentlichung (1752) gestand er ohne weiteres ein, daß er nur auf dem Wege der Induktion zu ihm gelangt sei, ein wirklicher Beweis ihm aber noch fehle. Kurz darauf holte er indes das Versäumte nach.[264] Eine ganze Reihe weiterer Beweise wurde durch spätere Mathematiker geliefert, unter anderen

262 *Œuvres inédites de Descartes*, par FOUCHER DE CAREIL V 499, S. 218; *Œuvres*, éd. ADAM et TANNERY, 10 II 69, S. 269, Z. 15—16: *Numerus versorum angulorum est* $2\varphi + 2\alpha - 4$ (Die Zahl der Polygonwinkel ist $2\varphi + 2\alpha - 4$). Mit φ bezeichnet DESCARTES die Anzahl der Flächen (*facies*), mit α die der Ecken (*anguli solidi*). Jedes Seitenpolygon hat ebensoviel Seiten wie Winkel; zwei Seiten stoßen an einer Kante zusammen, so daß die Summe der Polygonwinkel doppelt so groß ist wie die der Kanten. — 263 Novi comment. Ac. Petrop. 4, 1752—1753 (1758), S. 109—140; besonders S. 119: *Fateri equidem cogor, me huius theorematis demonstrationem firmam adhuc eruere non potuisse, interim tamen eius veritas pro omnibus solidorum generibus, ad quae examinabitur, non difficulter cognoscetur.* — 264 Novi comm. Ac. Petr. 4, S. 140—160: *Demonstratio nonnullarum insignium proprietatum, quibus solida hedris planis inclusa sunt praedita.*

von LEGENDRE in seinen Elementen von 1794;[265] durch besondere Einfachheit zeichnen sich die Darlegungen CAUCHYS (1813) aus.[266]

L'HUILIER machte 1812 zuerst[267] darauf aufmerksam, daß der EULERsche Satz nicht so allgemein und unbedingt für alle Polyeder gelte; J. F. CHR. HESSEL, der diesen Fall 1832 ebenfalls eingehend betrachtet, schlägt vor, alle Polyeder, in denen $e + f = k + 2$ ist, EULERsche Polyeder zu nennen.[268] Der Satz von EULER wird übrigens sofort von den Elementarlehrbüchern in ihren Stoff aufgenommen, so von KARSTEN (1768).[269]

Für die Geschichte der regelmäßigen Vielflache können wir bis in die älteste Zeit mathematischer Wissenschaft zurückgreifen. Allerdings nicht so weit, wie man bisher annahm. Neuere Untersuchungen[270] erweisen, daß die Überlieferung, PYTHAGORAS habe bereits die Konstruktion der fünf regelmäßigen Körper gekannt, falsch ist. Einwandfreies Pythagoreisches Gut ist nur der Satz, daß sechs regelmäßige Dreiecke, vier Quadrate, drei regelmäßige Sechsecke die Ebene um einen Punkt ausfüllen, wie PROKLOS überliefert.[271] Ein Scholion zu EUKLIDs 13. Buch,[272] das auf gute Quellen zurückgreift, berichtet: „In diesem Buche, dem 13., werden die sogenannten fünf Platonischen Körper konstruiert, die aber nicht von PLATON sind; sondern drei von den eben genannten fünf Körpern sind von den Pythagoreern, der Würfel und die Pyramide und das Dodekaeder, von THEÄTET aber das Oktaeder und das Ikosaeder. Die Namen erhielten sie nach PLATON, weil er sie im *Timaios* erwähnt. Den Namen des EUKLID trägt aber auch dieses Buch, weil er ihm seine Stellung innerhalb der Elemente gegeben hat.“ Eindeutig ist ferner eine Notiz des SUIDAS über THEÄTET: *Πρῶτος δὲ τὰ πέντε καλούμενα στερεὰ ἔγραψε* (Er hat zuerst die sogenannten fünf Körper konstruiert).[273] Alle anderen Überlieferungsstellen verbinden die regelmäßigen Körper mit der griechischen Elementenlehre, die von EMPEDOKLES (um 444 v. Chr.) begründet und von

[265] Lib. VII, Satz 25 IV 364, Übersetzung von CRELLE, 1833, S. 226. — [266] J. Éc. polyt. 16 (1813), S. 77, Abh. vom Februar 1811, *Recherches sur les polyèdres.* Ferner: L'HUILIER, Ann. math. p. appl. 3, Nismes 1812—1813, S. 169—189; STEINER, J. r. ang. Math., 1, Berlin 1826, S. 364—367; GRUNERT, J. r. ang. Math. 2, 1827, S. 367. — [267] Ann. math. p. et appl. 3, Nismes 1812—1813, S. 170 bis 171. — [268] L'HUILIER, a. a. O.[266] und J. F. CHR. HESSEL, J. r. ang. Math. 8, 1832, S. 13—20. — [269] *Lehrbegriff* I 209, II, § 585. — [270] EVA SACHS, *Die fünf platonischen Körper* 9, S. 76 ff. — [271] PROCLUS, ed. FRIEDLEIN, S. 304, Z. 23 ff. — [272] *Euclidis opera*, ed. HEIBERG, 5 IV 569, S. 654, Z. 1—10. — [273] *Suidae Lexicon*, ed. BERNHARDY, Berlin 1854, *Θεαίτητος* I_2, S. 1120, Z. 11.

PLATON im *Timaios* mathematisch ausgebaut ist, indem den vier Elementen Feuer, Wasser, Luft und Erde vier regelmäßige Körper, deren Ecken die Raumanordnung der Atome bei den einzelnen Elementen wiedergeben soll, zugeordnet werden (ohne Dodekaeder).[274] Seitdem bürgerte sich die Bezeichnung ‚kosmische oder Platonische Körper' ein. Da diese Elementenlehre sicher nicht Pythagoreisch ist,[275] darf die gesamte Überlieferung, die zugleich mit dieser Annahme die Kenntnis der regelmäßigen Körper der Pythagoreischen Schule zuweisen will, angezweifelt werden.

Die Pythagoreer kannten den Würfel und das Tetraeder; das letztere hat noch bei PLATON (und auch bei EUKLID) den einfachen volkstümlichen Namen *πυραμίς*. Man beschäftigte sich aber mathematisch nur mit den Zahlenverhältnissen der Ecken, Flächen und Kanten.[276] Das Dodekaeder verbindet eine anekdotenhafte Notiz des IAMBLICHOS[277] mit dem Namen des Pythagoreers HIPPASOS (um 400 v. Chr.). Und es ist gar nicht unwahrscheinlich, daß schon die älteren Pythagoreer das Dodekaeder gekannt haben. Seine Kenntnis ist bei den italischen Völkern bereits vor ihnen nachweisbar. Die Etrusker stellten sich künstlich Dodekaeder her, die sie der Kristallform des in Oberitalien besonders schön vorkommenden Schwefelkieses entnahmen, und versahen sie als Kultgegenstand mit eigenartigen Zeichen. Ein künstliches Specksteinexemplar (vom Monte Laffa) ist aufgefunden und eingehend studiert worden;[278] es stammt aus der ersten Eisenzeit, der La Tène-Periode (1000—900 v. Chr.). Etrusker oder Gallier mögen diese Kenntnis nach Süditalien, wo sie von den Pythagoreern aufgenommen wurde, gebracht haben. Entsprechend *κύβος* für den Würfel, *πυραμὶς* für das Tetraeder, trat für das Dodekaeder der Name *σφαῖρα ἡ ἐκ τῶν δώδεκα πενταγώνων* (Kugel aus 12 Fünfecken) auf, wie ihn IAMBLICHOS[277] überliefert hat.

Eine einheitliche mathematische Theorie der regelmäßigen Körper wird erst von THEÄTET,[278] dem 369 v. Chr. gefallenen Freunde PLATONs, etwa 370[279] gegeben.[280] Theoretische Vorarbeiten liegen höchstens für die Pyramide von DEMOKRITOS (vgl. S. 21), für den Würfel von ARCHYTAS (vgl. S. 11) vor. Er fand neu das Oktaeder und

274 Vgl. EVA SACHS[9], S. 46, 208. — 275 Vgl. EVA SACHS[9], S. 69—70. — 276 NICOMACHUS, ed. HOCHE[1515], S. 135, 14; EVA SACHS[9], S. 86. — 277 IAMBLICHUS, *De vita Pythagorica*, ed. KIESSLING, I, Leipzig 1815, Abschn. 88, S. 192. — 278 F. LINDEMANN, *Zur Geschichte der Polyeder und der Zahlzeichen*, Stzgsb. Ak. München, Math.-phys. Klasse, 26, 1896, S. 625—758. — 279 EVA SACHS[9], S. 160. — 280 EVA SACHS[9], S. 88—119.

Ikosaeder, stellte die Definition eines regelmäßigen Körpers überhaupt auf und bewies den berühmten Satz, daß es deren nur fünf geben könne. Die Schrift Theätets, die wohl den Titel *Περὶ τῶν πέντε σχημάτων* gehabt hat, ist verloren gegangen. Platon, in stolzer Freude über die neuesten, so wichtigen Ergebnisse seines Freundes, legte ihre Durcharbeitung seinen Hörern warm ans Herz: „Lest das Werk des Theätet über die regelmäßigen Körper, hier werden nämlich Fachkenntnisse verlangt",[281] entnimmt auch mehreres aus ihr, so die allgemeine Definition: *Εἶδος στερεόν, ὅλου περιφεροῦς διανεμητικὸν εἰς ἴσα μέρη καὶ ὅμοια* (Eine körperliche Form, die so beschaffen ist, daß sie die ganze Kugel in kongruente Stücke teilt)[282], und deutet seinen Beweis an, daß nur fünf Körper existieren können.[283]

Euklids (um 325 v. Chr.) 13. Buch der Elemente stützt sich auf Theätets Schrift. Eine etwa gleichzeitig entstandene Abhandlung Aristaios des Älteren (um 320 v. Chr.), auf die Hypsikles (um 190 v. Chr.) in dem sogenannten 14. Buch der Euklidischen Elemente mit Anführung des Titels *Σύγκρισις τῶν πέντε σχημάτων* (Vergleichung der fünf Körper) anspielt,[284] wird von Euklid noch nicht benutzt.[285]

Die ersten zwölf Sätze des Euklidischen 13. Buches sind planimetrisch, wie sie wohl Theätet vorausgeschickt hat; Satz 1—5 und Satz 8 scheinen dabei von ihm aus dem Werke des Eudoxos über die stetige Teilung (*τομή*) entnommen zu sein.[286] Satz 13—18 sind entschieden Theätets Eigentum.

Euklid gibt in diesen Sätzen immer zuerst die Konstruktion des betreffenden Körpers, führt dann den Nachweis für die Richtigkeit seiner Zeichnung und zeigt schließlich, daß der erhaltene Körper einer Kugel eingeschrieben ist. Bezeichnen wir die Kanten mit k_4, k_8, k_6 usw. und den Radius der umgeschriebenen Kugel mit r, so kennt Euklid folgende Beziehungen:

$$\text{Buch XIII, Satz 13:}\quad (2r)^2 = \tfrac{3}{2}k_4^2,$$
$$\text{Satz 14:}\quad (2r)^2 = 2k_8^2,$$
$$\text{Satz 15:}\quad (2r)^2 = 3k_6^2.$$

Satz 16 und 17 berechnen die Art der Irrationalität von k_{20} und k_{12}, und zwar in Bezeichnungen, die im zehnten Buche (Lehre von der

281 *Timaeus* 53c; vgl. Eva Sachs[9], S. 207. — 282 *Timaeus* 53c; vgl. Eva Sachs[9], S. 15. — 283 *Timaeus* 54e; vgl. Eva Sachs[9], S. 210. — 284 *Euclidis opera*, ed. Heiberg 5[IV 569], S. 6, Z. 22—23. — 285 Vgl. Eva Sachs[9], S. 107ff. — 286 Eva Sachs[9], S. 95ff.

Irrationalität) aufgestellt sind (vgl. Bd. II, S. 155). k_{20} wird als „kleinere Irrationale", k_{12} als „Apotome" gefunden. Setzt man diese Ausdrücke in die modernen Wurzelformen um, so ergeben sich die bekannten Formeln. Beim Dodekaeder fügt EUKLID hinzu, daß seine Seite (k_{12}) der größere Abschnitt der stetig geteilten Würfelkante (k_6) ist. Satz 18 enthält einfache Konstruktionen für die Seiten aller Polyeder aus dem Durchmesser der Kugel und schließt mit dem Beweis, daß es außer den fünf keinen weiteren regelmäßigen Körper geben könne,[287] ein Beweis, der seine endgültige Erledigung allerdings erst in der Neuzeit gefunden hat und zwar von A. M. LEGENDRE (1794) durch Betrachtung der Summe der Winkel zwischen den Kanten einer Ecke[288] und von S. L'HUILIER (1812) mit Hilfe des EULERschen Polyedersatzes.[289]

Besondere Namen benutzt EUKLID nach THEÄTETs Vorgang nur für vier der regelmäßigen Körper, *κύβος, ὀκτάεδρον, εἰκοσάεδρον, δωδεκάεδρον*; das Tetraeder nennt er kurz *πυραμίς*. Besondere deutsche Wörter haben sich nicht gebildet; das neuere *Vierflach* usw. hat allgemeinere Bedeutung. Die Fremdwörter treten seit W. SCHMID (1539)[290] unverändert in die deutsche Sprache ein.

HERON (um 100 v. Chr.) lehrt die Berechnung der regelmäßigen Körper aus ihrer Kante.[291] Bei ihm tritt auch erstmalig die Benennung „Platonische Körper" auf.[292]

Von weiteren Abhandlungen griechischer Mathematiker ist eine Schrift des APOLLONIOS (zwischen 250 und 200 v. Chr. in Alexandria, dann in Pergamon) über das derselben Kugel eingeschriebene Dodekaeder und Ikosaeder, ferner eine Abhandlung des HYPSIKLES VON ALEXANDRIA (um 190 v. Chr.) anzuführen. Die erste ist verloren gegangen; sie wird nur einmal von HYPSIKLES erwähnt.[293] Die zweite hatte die Ehre, schon in alten Handschriften als vierzehntes Buch den Elementen EUKLIDs angehängt zu werden. Sie ist uns deshalb genau bekannt; ihr Inhalt besteht aus einigen Sätzen,

---

287 *Euclidis opera*, ed. HEIBERG, 4 II 542, S. 336, Z. 15—18: *Λέγω δή, ὅτι παρὰ τὰ εἰρημένα πέντε σχήματα οὐ συσταθήσεται ἕτερον σχῆμα περιεχόμενον ὑπὸ ἰσοπλεύρων τε καὶ ἰσογωνίων ἴσων ἀλλήλοις.* — 288 *Élémens de géométrie* IV 364, an VIII, S. 257; Übersetzung von CRELLE, S. 232. — 289 Ann. math. p. appl. 3, Nismes 1812—1813, S. 180f., 233f. — 290 Das erst buch der Geometria III 36, S. 20, Z. 1 usw. Vgl. daselbst S. 22, Z. 5f.: Ich hab die namen der fünff Corpora nit gewißlich zu verdeutschen gewist / magst jhn derwegen ein deutsch deins gefallens / doch der sachen gemeß / geben. — 291 *Opera* 3, I 205, S. 132—139. — 292 Vgl. EVA SACHS 9, S. 92, Anm. 2. — 293 *Euclidis opera*, ed. HEIBERG, 5 IV 569, S. 6.

die Beziehungen für die Oberflächen und Volumina der einzelnen Körper aussprechen. Als Ziel seiner Schrift stellt HYPSIKLES[294] den Beweis des Satzes hin, als dessen Entdecker er den APOLLONIOS selbst nennt, daß die Volumina des Oktaeders und Ikosaeders, die derselben Kugel eingeschrieben sind, sich wie ihre eigenen Oberflächen verhalten. Nach einem Satze aus der Planimetrie:

$$\text{Buch XIV, Satz 1:}\quad \varrho_5 = \tfrac{1}{2}(r + s_{10})$$

(s_{10} Seite des Zehnecks, ϱ_5 Abstand des Kreismittelpunktes von der Seite des regelmäßigen Fünfecks) leitet er ab, daß das Oberflächendreieck des Ikosaeders und das Fünfeck des Dodekaeders demselben Kreise eingeschrieben sind. Satz 3 enthält die Formeln:

$$O_{12} = 30\,k_{12}\,\varrho_{12}\,,$$
$$O_{20} = 30\,k_{20}\,\varrho_{20}\,,$$

wo O die Oberfläche, ϱ der Abstand des Mittelpunktes einer Grenzfläche von der Kante k des Polyeders sind. Satz 4 beweist, daß:

$$O_{12} : O_{20} = k_6 : k_{20}\,,$$
$$V_{12} : V_{20} = k_6 : k_{20}$$

ist. Die Größe dieses Verhältnisses $k_6 : k_{20}$ wird in Satz 5 genauer untersucht.

Noch ein fünfzehntes Buch ist EUKLIDs Elementen seit alters her beigegeben; auch in ihm wird von regelmäßigen Körpern gehandelt. Man hat aber Anhaltspunkte, daß der Verfasser nicht HYPSIKLES, wie die Handschriften melden, sondern ein anderer unbekannter Mathematiker ist, der mehrere Jahrhunderte n. Chr. gelebt haben muß.[295] Die im fünfzehnten Buch zusammengestellten Sätze betreffen Einzeichnungen der regelmäßigen Körper ineinander. Satz 1 schreibt ein Tetraeder in ein Hexaeder ein, Satz 2 ein Oktaeder in ein Tetraeder, Satz 3 ein Oktaeder in ein Hexaeder, Satz 4 ein Hexaeder in ein Oktaeder, Satz 5 ein Dodekaeder in ein Ikosaeder. Satz 6 bestimmt die Zahl der Seiten und Ecken der fünf Körper, Satz 7 die Neigungen der Grenzflächen zueinander.

Auch PAPPOS (um 295 v. Chr., Alexandria) beschäftigte sich in seiner Sammlung mit den regulären Polyedern; er kommt in der

[294] Daselbst S. 6—7. — [295] Nach G. LORIA, *Le scienze esatte nell' antica Grecia* II, Modena 1895, S. 91—92 (2ª ed. Milano 1914, S. 277), ist das 15. Buch nicht von einem, sondern von drei verschiedenen Verfassern hergestellt; der letzte lebte im sechsten Jahrhundert n. Chr. (ENESTRÖM, Bibl. math. 7_3, 1903, S. 411).

vierten Abhandlung des dritten Buches auf ihre Konstruktion zu sprechen. Das Hauptgewicht legt er auf ihre Einzeichnung in eine gegebene Kugel und dabei auf die Bestimmung der Parallelkreise dieser Kugel, in denen die Begrenzungsflächen der verschiedenen Körper liegen.[296] Zugrunde zu liegen scheint die Arbeit des ARISTAIOS (vgl. S. 49).[297]

Bei den durch die Griechen gefundenen Resultaten blieb die Mathematik bis zur Mitte des zweiten Jahrtausends stehen. Von den Arabern wäre nur ABU'LWAFĀ (940—988, Bagdad) zu nennen, der in etwas selbständiger Weise das alte Thema von neuem behandelte; im wesentlichen schloß er sich an PAPPOS an und faßte nur seine Aufgabe so, daß er das vollständige Polygonnetz auf der Kugel zu konstruieren suchte, das den verschiedenen Körpern entspricht.[298]

Erst im fünfzehnten Jahrhundert bringt die Literatur neue Bearbeitungen des Stoffes. Die Tradition der Zwischenzeit ist im Dunkeln, aber im Kreise des Bauhandwerkes und der Architektur wird sich Interesse für Stereometrie gehalten und bei dem Aufschwung der Baukunst neu belebt haben; dies wirkte sich besonders bei den regelmäßigen Körpern aus. Der Maler und Architekt PIETRO FRANCESCHI verfaßte als Anhang zu seiner Perspektive einen *Libellus de corporibus regularibus,* der 1487 vollendet, aber von ihm selbst nicht veröffentlicht wurde. LUCA PACIOLI übernahm ohne Namensnennung seinen Inhalt in die *Divina proportio* von 1509.[299] FRANCESCHI berechnete die regelmäßigen Körper und einige andere äußerst genau; neben scharf durchgeführten planimetrischen Teilungsaufgaben behandelt er übrigens auch das Archimedische Klostergewölbe (vgl. S. 34), dessen Berechnung als Archimedisch uns erst die neueste Zeit hat erkennen lassen. Abhängig von der Veröffentlichung PACIOLIS ist wohl die Berechnung der regelmäßigen Körper bei ORONTIUS FINAEUS (1532)[300] und bei RAMUS (1569).[301] Genaue Werte der Oberfläche, des Volumens und des Radius der umgeschriebenen Kugel liefert 1624 H. BRIGGS in seiner *Arithmetica logarithmica.*[302]

Eine Erweiterung auf die halbregelmäßigen Polyeder mit gleichen Ecken hatte bereits ARCHIMEDES vorgenommen. Seine

296 PAPPUS, *Συναγωγή*, lib. III, prop. 43—58; ed. HULTSCH[18], I, S. 132—163. — 297 Vgl. EVA SACHS[9], S. 110 Anm. — 298 CANTOR, 1^3, S. 747. — 299 Venetiis 1509; verfaßt 1497. Die neueren Untersuchungen über FRANCESCHI sind von G. MANCINI (R. Acc. Linc. Ann. 312, 1915, ser. 5^a, vol. 14, fasc. VII^B). — 300 *Protomathesis*, Paris 1530—1532, 2, III, Bl. 950 v°—960. — 301 *Arithmeticae libri* 2, *geometriae* $27^{IV\,379}$, S. 163—168. — 302 Cap. XXXII, S. $86^{II\,994}$.

Resultate sind uns nur durch eine Mitteilung des Pappos bekannt.[303] Danach hatte Archimedes 13 neue Körper aufgestellt, deren Grenzflächen zwar auch regelmäßige Polygone sind, aber nicht sämtlich derselben Art zugehören. Bei drei seiner Polyeder treten drei Arten von Vielecken auf, bei den übrigen nur zwei; die Anzahl der Begrenzungsflächen schwankt zwischen 8 und 92. Folgende Tafel gibt eine Übersicht über seine Formen:

		Dreiecke	Sechsecke	Quadrate	Achtecke	Fünfecke	Zehnecke
8-Flach	1.	4	4				
14-Flach	2.	8		6			
	3.		8	6			
	4.	8			6		
26-Flach	5.	8		18			
	6.		8	12	6		
32-Flach	7.	20				12	
	8.		20			12	
	9.	20					12
38-Flach	10.	32		6			
62-Flach	11.	20		30		12	
	12.		20		30		12
92-Flach	13.	80				12	

Hinzu kommen noch zwei prismenartige Körper mit je einem n-Eck als Grund- und Deckfläche, deren einer als Mantel n Quadrate, deren anderer $2n$ abwechselnd geordnete Dreiecke besitzt.

Albrecht Dürer[304] suchte die Anfertigung der Körper 1.—6. durch die Konstruktion der zugehörigen ebenen Körpernetze, die wir bei ihm erstmalig finden, zu erleichtern. In einer Handschrift von A. Hürschvogel (1543)[305] findet sich außer den Dürerschen Netzen noch eines für den Körper 7. Dieses, und noch 8. 9. 10, bringt 1583 Stevin (1548—1620) hinzu.[306] Auch Stifel erwähnt 1544 in seiner *Arithmetica integra*[114] die Dürerschen Netze und zeichnet sie am Ende des Bandes ab. Ein Fortschritt in der systematischen

303 Pappos, Συναγωγή, lib. I, § 34—37; ed. Hultsch[18], S. 352 ff. — 304 Vnderweysung[II 334], 1525, Buch 4, Figur 29—43 (fälschlich 34 gedruckt). — 305 Berliner Staatsbibliothek, Hs. Germ. fol. 1004. 1, S. 7. — 306 *Problematum geometricorum libri V*, Antverpiae 1583, lib. III (Netz Nr. 7 dist. 18, Nr. 8 dist. 19, Nr. 9 dist. 17, Nr. 10 Appendix).

Aufstellung neuer Körper wurde durch JOH. KEPLER (1571—1630) erzielt, der die regelmäßigen Sternvielflache dem vorhandenen Bestand zufügte (in der *Harmonice mundi* von 1619).[307]

Der Elementargeometrie wurden die halbregelmäßigen Körper erst mit Beginn des neunzehnten Jahrhunderts durch MEIER HIRSCH (1807) eingegliedert, der eine Volumen- und Oberflächenberechnung für sie vornahm und beweist, daß es außer den 13 Archimedischen keine weiteren gibt.[308]

Der Ausdruck Vielflach scheint von R. WOLFF herzurühren.[309]

---

307 KEPLER, *Harmonice mundi*, Linz 1619, II, 29, *Werke*, ed. FRISCH[I 171], 5, S. 126. Abbildungen seiner neuen Sternvielflache hinter S. 120, der 13 Archimedischen Körper S. 123—126. — 308 MEIER HIRSCH, *Geometrische Aufgaben*[IV 925], II, S. 139 ff. Vgl. J. H. T. MÜLLER, *Trigonometrie* 1852[I 298], Abschnitt XII, 38—42, S. 345—347. Über den weiteren Ausbau der Lehre von den regelmäßigen Körpern vgl. M. ZACHARIAS, *Encykl. d. math. Wiss.*[II 998], III A B 9, Leipzig 1921, S. 1068 ff. — 309 *Handbuch der Mathematik*, 1869, I, 239, nach M. BRÜCKNER, *Vielecke und Vielflache*[IV 792], S. 46, Anm. 3.

Verzeichnis I.

Namen und Schriften.

Die römischen Zahlen bedeuten die Bände, Antiquaziffern die Seiten, Kursivziffern die Anmerkungen. Fettgedruckte Ziffern weisen auf die genaue Titelangabe der Schriften hin, die im Verzeichnis selbst nur kurz angedeutet ist.

Falls die Lebenszeiten der einzelnen Schriftsteller nicht festzustellen waren, ist das Erscheinungsjahr der im Text angeführten Schrift eingesetzt.

Druckfehler des Textes sind im Verzeichnis richtiggestellt.

J. = Jahrhundert, A. = Anfang, M. = Mitte, E. = Ende.

Die arabischen Eigennamen sind nach den von den deutschen Orientalisten angewandten Regeln umschrieben. Man merke sich besonders, daß z gleich einem stimmhaften s (franz. z), š = sch, ǵ = dsch, ḫ = ch (alemannisch), ṯ und ḏ gleich dem englischen stimmlosen, bzw. stimmhaften th (in thing und the) ist. Die übrigen Aussprachezeichen (ʿ ʾ ṭ ḍ ṣ ḥ ġ ẓ ḳ) können außer acht bleiben. Im Sanskrit lese man c = tsch, s = ś = sch, ḳh = ch (alem.), j = dsch.

Abbo von Fleury (945—1003) I 71, 78, *112*, *349*.
ʿAbd Albāqī, Muḥammad ibn ʿAbd A. (um 1100) II 67, 156, 157.
Abel, Henrik (1802—1829, Arendal) II 87, 127, *413*, *414*, *422*; III 94, 95; VI 42, 55, *220*, *294*; Œuvres VI ***220***, *294*.
Abraham bar Chijja, s. Savasorda.
Abraham Echellensis, 1661, VI 118.
Abū Ǵaʿfar Alḫāzin (E. 10. J.) III 68.
Abū Kāmil, s. Šoǵāʿ.
Abu'lḥasan ʿAlī (13. J., Marokko) V 176.
Abu'lwafāʾ (Perser, 940—998, Bagdad) II 6; III 65, 85, 104; IV 79, 88, 101, 115, 142, 194; V 8, 20, 25, 27, 29, 54, 106, 136, 167—169, 174, 177; VII 52.
— Geom. Konstr. III ***282***; IV *585*, ***646***, *757*, *903*, 1163, *1090*, *1462*; V 35, 36, 52, 57, 132, *160*.
Abū Naṣr ibn ʿIrāq († 1000 ~ 1020) V 8, 71, 72, 106, 109, 136.
Abū Zaqarijjā Alḥaṣṣār (12. J.) I 52, 129, *254*, *578*, *685*[a]; II 55, *295*,
Adam, Chr., s. Descartes, Œuvres.
Adam, J. C. (1819—1892, Cambridge) II 187, *1010*.
Adelbold († 1027) IV 210; VII *66*.
Adelung, J. Chr. (1734—1806, Dresden) IV 32, *123*.
Adler, A. (* 1863, Troppau) IV *639*.
Adriaen Anthoniszoon (1527—1607) IV 217.
Adriaen Metius (1571—1635) I 9; II 167; V 126.
— Doctr. sph. 1593, 1632, IV 109, ***357***, ***817***, *836*; V *711*.
— Pract. 1611, I 9, *30*; IV 217, ***1564***.
— Ar. 1612, I ***795***.
— Ar. et geom. 1626, I *795*; IV 43, 217, ***266***, *1565*; V 30, *120*; VI 37, *194*; VII *124*, 235.
— Manuale 1633, I 144, ***795***.
Adriaen van Roomen (1561—1615, Loewen) II 123, 153; III 116; IV 216; V 37, 45, 184.
— Ideae 1593, IV 216.
— Speculum 1606, V ***166***.
— Canon 1609, V 37, 111, 143, ***167***, *589*, *829*, *1014*.
Agatharchos (um 460 n. Chr.) VII 6.

Agostini, A. (* 1892, Bologna) VI *180*.
Ahmed ibn ʿAbdallāh, s. Alḥabaš.
Aḥmed ibn Jūsuf III *69*.
Aḥmed ibn Mūsā, s. Drei Brüder.
Ahmes (2000∼1700 v. Chr., Ägypt. Neueste Zeitfeststellung: 1788∼1580, nach älterer Vorlage von 1849∼1801 v. Chr.) I 89, 94, 111, 118, 119, 120, 171, 172, *425*, ***481***, *482*, *498*, *648*, *954*, *954*ᵃ; II 8, *11*, *12*, *13*, 134; III 20, 21, 27, 119, *122*, *123*; IV 4, 14, 83, 127, 155, 195, *3*, *29*, *745*, *1015*, *1175*, *1448*; V 4, 11, 23, *4*; VI 1, 2, 15, *1*, *75*; VII 3, 4, 20, *1*, *102*.
Ahn, F., 1838, I *910*.
Ahrens, W. (* 1872) I *3*.
Aischylos († 455 v. Chr.) VII 6.
Akhmim, Papyrus v. A. (7.—8. J. v. Chr.) I 120, *650*.
Albaġdādī, s. ʿAbd Albāqī.
Albattānī, Albategnius († 929 bei Bagdad) IV 51, 107; V *16*, 8, 10, 18, 24, 27, 31, 32, 33, *272*, 49, 52 60, 71, 105, 107, 132, 138, 147, 174, 177.
— ed. Schöner 1537 I ***214***, *800*; IV *354*, *817*; V ***18***, *51*, *90*, 33, *138*, *139*, *148*, *250*, *251*, *316*, *375*, *808*.
— ed. Nallino 1903 I ***156***; IV *354*; V *16*, *18*, *51*, *87*, *88*, *90*, *110*, *138*, *265*, *272*, *314*, *375*, *377*, *576*, *577*, *578*, *767—773*, *806*, *973*, *974*, *981*.
Albert von Sachsen († 1390) II 72; III *395*; IV *1539*, *1540*, 212.
Albīrūnī (Perser, † 1048 ?) IV *20*, *1121*, 147; V 8, 20, 54, 60, 71, 73, 76, 87, 88, 94, 95, 175, *315*, *403*, *404*, *464*, *468*, *528*; VI 16, 24, *82*.
— Qānūn Masʿūdī V 8, 20, 55, *21*, ***380***; VI 24.
Albrecht, C. Th. (* 1843, Potsdam) II 190, *1036*.
Alcuin (736—804, York, Tours) I 109, 172, 174, *595*ᵇ, *957*, *958*ᵃ; III 104, *480*.
d'Alembert, Jean le Rond (1717—1783, Paris) II 34, 35, 77, 85, 90, *433*, *490*; III 75, 96, *342*, *432*; V 128, *738*; VI 54, 74.
— Opuscules VI ***291***, *378*.
Alexander, Andreas (A. 16. J.) II *135*, 149; VI 35; vgl. Initius Algebras.
Alexander de Villa Dei (13. J.) I 25.
Alexander v. Aphrodisias (2. J. n. Chr.) I *242*.
Alfārābī (870—950, † Damascus) V 105.
Alfarġānī († 833∼844) I ***214***; V 26.
Alfazārī (um 780, Bagdad) I 19.
Alfons von Kastilien (1226—1284) I 42; V 177.
Alfonsinische Tafeln (1248∼1252) I 42, 43, *217*, *218*; II *687*, V 177.
Alfraganus, s. Alfarġānī.
Algorismus de minutiis, anonym (14. J.) I 137.
Algorithmus I 24.
Algorithmus demonstratus (13. J.), ed. J. Schöner 1534 I 9, **24—25**, 52, 76, 132, ***24***, *207*, *256*, *284*, *332*, *384*, *688*, *722*, *737*.
Alg. Ratisponensis (M. 15. J.) I ***267***.
Alg. rimatus (M. 15. J.) I 13, *73*.
Alḥabaš Alḥasīb, Aḥmed ibn ʿAbdallāh († 865∼875, 100 Jahr alt, Bagdad) V 7, 20, 24, 29, 31, 36, 52, 115, 132, 174, *16*, *87*, *249*ᵃ.
Alḫajjām, ʿOmar ibn Ibrāhīm A. (Perser, † 1123∼1124, Bagdad) I 32; II 139, 142; III *303*, 68, 85, 149, 150; VI 34.
— L'algèbre, ed. Woepcke 1851, II ***763***; III *303—307*, *387*, *388*; IV *632*.
Alhaiṭam, s. Ibn Alhaiṭam.
Alḥasan (Perser, um 1216) II 139, *763*ᵇ.
Alḥasan ibn Mūsā, s. Drei Brüder.
Alḥaṣṣār, s. Abū Zaqarijjā.
Alhazen, s. Ibn Alhaiṭam.
Alḫōğendī († um 1000) III 114; V 106, 109, 136.
Alḫwārazmī, Muhammad ibn Mūsā A. (A. 9. J., Bagdad) I 19, 24, 35, 52, 65, 67, 122, 130, 135, 137, 174; II 55, 106, 115, *294*, *388*, *595*; III 24, 28, 42, 120—123; V 7, 18; VI 98, 99; VII 25.
— Rechenbuch I 19, 24, 35, 52, 65, 70, 74, 81, 126; II 55, *294*; ed. Boncompagni 1, 1857, I *21*, *54*, ***99***, *178*, *253*, *323*, *338*, *344*, *428*, *676*; II *294*.
— ed. Boncompagni 2, 1858, (sog. Rechenbuch des Johannes von Sevilla) I *21*, *65*, ***98***, *131*, *323*, *339*, *345*, *619*, *661*, *677*, *739*, *752*ᵃ, *755*; II *17*, *597*, *799*, s. Johannes von Sevilla.
— Algebra, ed. Rosen 1831, I 151, ***834***, *961*; II ***240***, *294*, *532*, *832*, *914*; III 42, *210*; IV *732*, *1520*; V *142*, VI *464*, *474*; ed. Ruska, 1917, I *831*, *833*, *962*, II ***240***, *241*, *246*, *294*, *388*. *532*, *593*, *594*, *795*ᵃ; IV *816*; V *142*, Übersetzungen II ***240***, *388*, *602*; III 43.
— Tafeln (bearb. v. Maslama, † 1007) V 7, 25, 31, ***15***, *89*, *91*, *133*, *142*.
Alkarḫī (um 1010, Bagdad) I 172; II 56, 74, 106, 107, 131, 142, 157, 160 bis 164; III 31, 42, 104; IV 191; V 87.

Alkarḫī, Alkāfī fi'lḥisāb, ed. Hochheim I 59, 105, 151, 170, *276*, *277*, **573**, *835*, *949*; III *479*; IV 732, *1433*; V *467*.
— Alfaḫrī, ed. Woepcke II **302**, *412*, *737*, *788*, *874*, *891*, *899*, *915*; III *176*, *211*, *212*, *469*, *477*, *479*; VI *149*, *161*.
Alkāšī, Ǵijāṯ eddīn (um 1435) III 80; V 175—176; VI 29, *166*.
Alkūhī (um 975, Bagdad) III 68.
Almāhānī (um 860, Bagdad) III 67.
Alma'mūn (813—833, Kalif, Bagdad).
Almanṣūr (754—775, Kalif, Bagdad) I 19; V 18.
Almāridīnī, s. Sibt.
Alnairīzī, Alfaḍl ibn Ḥātim (Perser, † 922/23) II 67, 92, 157; IV 27, 54, 115, 117, 143, 149 185, 186; V 8, *953*, 106.
— ed. Curtze II *261*^{a}, **353**, *356*, *387*, *388*, *528*, *707*, *866*, *868*, *873*, *902*, *913*; IV *24*, *79*, *83*, *84*, *147*, *228*, *257*, *378*, *406*, *645*, *681*, *851*, *877*, *884*, *898*^{c}, *912*, *934*, *1060*, *1062*, *1091*, *1133*, *1135*, *1403*, *1409*; VII *21*.
Alnasawī (um 1030) I 126, 137, *677*^{a}, *756*; II 138, *762*^{a}, 139, *763*^{a}.
Alqalaṣādī (Andalusien, † 1486) I 68, 151, *332*, *341*, *836*; II 11, 12, 145, 165, *806*^{a}; III 11, 123; VI 76, *392*.
Alṣābī, s. Ǵābir.
Alšannī (vor 1036) V 87, 88, *464*.
Alsiǵzī (um 972) IV 86; VI 154, 163, *881*.
Alsted, J. H. A. (1588—1638; Weißenburg i. Siebenbürgen) I 79, *230*; IV 94.
Alzarqālī (um 1080; Toledo) V 10, 25, 26, 32, 33, 50, 52, 107, 176, 177, 178, **53**, *97*, *134*, *144*, *252*, *267*.
Ammonius († 250 n. Chr.) VI 64, *326*.
Anaritius, s. Alnairīzī.
Anaxagoras (um 500—428; Athen, Lampsakos) IV 197; VII 6.
Anderson, Alex. (* 1582; Paris) III, 79, *246*; s. Vieta.
Anderson, Rob., 1661, V 81.
Anthemios (Byzanz, † 534) VI 146, 151, 154.
Antiphon (um 430 v. Chr., Athen) IV 152, 189, 190, 198, 201, 221.
Antonius, Marcus (83—31 v. Chr.) I 35.
Āpastamba (ind. Astronom) IV *21*, 140.
Apianus (Bienewitz, Peter; 1495—1552, Ingolstadt) I 82; II 112; V 34, 36, 180; VI 36, 39.
— Vnderweysung, 1527, I 60, 69—72, 82, 83, 86, 141, 154, 158, 163, **289**^{a}, *357*, *431*, *464*, *511*, *772*, *773*, *868*, *876*, *913*, *959*; II 112, 117, 141, 170, *643*, *782*, *954*; III 106, 131; IV 96; VI 18, 35, *98*.
Apianus, Introductio 1533 V **149**, 180.
— s. Ǵābir.
Apollodoros (Rechenmeister, ?) IV 137.
Apollonios von Perge (um 265—170; zwischen 250 u. 200 v. Chr. in Alexandria und Pergamon; Ephesos) I 6, 20, 23, 73, *95*; II 40, 60; III 66, 68, 84, 85; IV 9, 46, 79, 82, 86, 93, 119, 167, 178, 206, *1274*; VI 85, 93, 96, 102, 104, 116, 119, 128, 131—135, 137—140, 142, 144—146, 148—150, 153, 154, 156—163, *662*, *687*, *698*, *699*, *745*; VII 32, 50, 51.
— ed. Memmius 1537, VI *687*.
— ed. Commandinus 1566, VI *557*, *561*, *687*, **735**.
— ed. Borelli 1661, VI **687**.
— ed. Halley 1710, IV *500*; VI *423*, **687**.
— ed. Heiberg 1890/93 IV *500*, **812**, *1362*, *1378*; VI *457*, *481*, *552*—*554*, *561*, *583*, **659**, *662*, *689*—*691*, *698*, *700*, *701*, *705*, *706*, *725*, *726*, *728*, *732*, *733*, *740*, *743*, *744*, *765*, *766*, *786*, *789*, *790*, *825*, *826*, *833*, *840*, *843*, *844*, *858*, *863*, *864*, *866*—*869*.
— deutsch v. Balsam, 1851, VI **659**, *687*.
Arbogast, L. F. A. (1759—1803, Straßburg) II 34, *152*.
Arcerianus, Codex (um 450 n. Chr.) I **395**; IV 42, 64 97, 106, 176; VI 9, 27, 28, *116*, *147*, *157*. Vgl. M. Cantor, Agrimensoren.
Archibald, R. C. (* 1876 Nova Scotia, Canada) IV *1161*; VII *117*^{a}.
Archimedes (um 287—212 v. Chr., Syrakus) I 5, 6, 11, 40, 73, 121, 170; II 60, 66, 136, 137; III 36, 37, 39, 64—67, *653*, 73, 84, 119; IV 9, 12, 26, 27, 63, 86, 95, 98, 111, 117, 124, 128, *1510*, 134, 147, 157, 163, 164, 167, 168, 190, 194, 201—206, 210, 211, 213, 214, 221, 234; V 13, 57, 86, 88, 123; VI 5, 19, 27, 30, 70, 85, 87, *426*, 93, 96, 97, 128 bis 135, 137, 139, 140, 143, 144, *661*, 145, 149—153, 156, 157, 162, 163; VII 8, 11, 12, 16, 21, 30—43, 46, 52, 53.
— Kreismessung I 73; IV 201f. u. ö.
— Sandrechnung I 5, 6, 40, *198*; II 59.
— Wahlsätze III 64, 65; IV 164, *1246*.
— 'Εφοδικόν (Methodenlehre) III 34, 42, 43, **185**, *186*, *249*.
— Grabdenkmal VII 37.

Archimedes, ed. Commandinus 1508, VI ***734***.
— ed. Torelli 1792, VI ***694***, *723*.
— ed. Heiberg 1910—1915, I ***7***, *198, 199, 368, 653, 657*, II *749, 887, 947*; III *274, 278, 289—300*; IV *77, 81, 462, 616, 623, 693, 734, 800, 812, 911, 931, 1047, 1177, 1182—1185, 1199, 1231, 1232, 1246, 1271, 1428, 1429, 1498, 1499, 1507, 1509, 1510, 1640*; V *632, 692*; VI *19, 104, 145, 430, 552, 661, 665, 668, 669—671, 674, 675, 678—686, 694, 704, 722* bis *724, 727, 729, 731, 739, 789, 790, 830—832, 863—866*; VII *32, 34—37, 107, 163, 164, 166, 168, 179, 190, 194, 209—212, 220, 222, 228, 234, 235*.
— deutsch v. J. Chr. Sturm 1670, II ***535*** u. o.
— deutsch v. E. Nizze 1827, I ***7*** u. o.
Archytas von Tarent (430—365 v. Chr.) II 60; III 5, 66; IV 83, 118, 156, 160, VI 128; VII 6, 7, 11, 48.
Ardüser, Joh. (1584—1665; Zürich) IV 49, 50, 60, 61, 109, 113, 123, 134, 135, 154, 166, 170, 192, ***332***, *339, 423, 883, 968, 1053, 1170, 1262, 1299, 1439*; V 89, *480*.
Argand, J. R. (1768—1822; Paris) II 86, 87, 90, *495, 499, 522*.
Aristaios (um 320 v. Chr.) IV 82; VI 131, 132, 145, 153; VII 49, 52.
Aristarchos von Samos (um 310—250 v. Chr.; Alexandria) I 39, 40, ***197***; II 136, V 4, 12, 103, ***5***.
Aristophanes (um 420 v. Chr.) IV 197.
Aristoteles (384 Stageira bis 322 v. Chr. Chalkis; Athen) I 47, 94—96, 108, ***2***, *8, 856*; II 39, 51, 54, 64, *251, 326*; III 7, 8, 15, 19, 119; IV 5, 8, 22, 30, 32, 34—38, 40, 51, 62, 63, 67, 68, 79, 86, 92, 93, 101, 102, 120, 129, 137, 139, 157, 158, 177, 199; V 114; VI 5, 63, 86, *426*, VII 7, 8, 31.
— ed. Bekker (Akademieausg.) I ***2***, *242, 499, 504, 517, 856*; II *190, 251, 281, 282, 340*; III *25—27, 58*; IV *61—66, 68, 69, 95, 112*, 112^{a}, *116, 139, 143, 152, 495, 496, 501, 588, 669, 673, 758, 764, 939, 1024, 1072, 1190, 1349, 1495*; V *617*; VI *8, 9, 426*; VII *15*.
Arldt, Th., 1912, I 115, *634*.
Arnauld, A. (1612 Paris bis 1694 Brüssel) I ***714***; II 52; III 31, 46; IV 114, 117, 135, 165, 185, *106, 296, 899, 916, 1154, 1405*; V 35.
Āryabhata (* 476, Indien) I 16, 150, *86, 675*; II 9, 50, 62, 138, 141; III 22, 31, 41, 100, 101, 102, 120; IV 10, 110, 131, 207, 209, *1514*; V 6, 16, 17, 54, 173; VI 9, 26, 27, 28, 56; VII 22.
— ed. Rodet 1879, I ***83***, *86, 675, 831, 862*; II *16, 761*; III *173, 207, 460, 468*; IV *815, 845, 1511, 1514*; V *45, 46*; VI *30, 31, 32, 118, 148, 158, 296*; VII *116*.
Aśoka-Inschrift (3. J. v. Chr.) I *122*.
Astius, Fr., s. Plato.
Atelhard von Bath (um 1120) I 19; IV 12, 20, 40, 94, ***220***, *682*; V 25, 31, *88, 91, 133, 985*.
Athenaios (A. 2. J. v. Chr.) IV 137.
August, E. F. (1795—1870, Berlin) I 149; II 193, ***1042***.
Augustinus (354—430) I *243*.
Augustus (63 v. Chr. bis 14 n. Chr.) I 32, 35.
Autolykos von Pitane (um 330 v. Chr.) V 102, 115, 118—121; VI 145; VII 7, 11.
— ed. Hultsch 1885, IV 65, ***478***, *799*; V *621, 629, 653, 665, 667, 669, 671, 675, 681, 683*, 119; VI *738*; VII *29* bis *31*.
Avicenna (Ibn Sīnā, 978—1036) I 58, 116.

Babbage, Ch. (1792—1871, London) II ***1038***.
Bachet, Cl. Gaspard Baron de Méziriac (1557—1638, Paris) III 106, 107, *489—492*.
Backenberg, F. H., 1812, IV *213*.
Baker, Th. (1625—1690, Devonshire) V 152.
Bakhsālī, Ind. Rechenbuch v. B. (12. J. n. Chr.) I 16, ***88***, *95*; II 10, 11, *23, 24*, 23, 74, *408*; III 11, 121, *40*; VI 9, *33*. vgl. Hoernle.
Balbus (um 100 n. Chr.) I 61, 90, *303*; IV 37, 38, 40, 42, 46—48, 58, 61, 106, 126, 127, *803*; VII 15.
Balsam, H. († 1881, Stettin) VI *659, 687*; vgl. Apollonius.
Baltzer, R. (1818—1887, Gießen) II *188*; IV 46, *391*; V 75.
— Elemente 1860, II ***149***; III ***192***; IV 77, 146, 222, *299*, ***581***, *1110, 1158, 1584*; V 116, 124, 127, 130, 163, *396, 640, 701, 731, 759, 845, 919, 931*; VI *277*; VII 38, *130, 219*.
— Anal. Geom. 1882, VI ***764***.
— s. Moebius.

Bamberger Rechenbuch 1483, I 10, 13, 26, 27, 55, 61, 69, 74, 86, 95, 129, 130, 132, 134, 152, 164, 168, 171, 175, *70a*, *250a*, ***266c***, *267*, *352*, *367*, *457b*, *459b*, *512*, *697*, *738*, *841a*, *938*, *938b*, *957*; II 19, *53a*; III 126; VI 12, 15, 17, *48*, *69*, *86*.
Banū Mūsā, s. Drei Brüder.
Barrow, Is. (1630—1677, London, Cambridge) II 219; IV 233; V 69, 121, *677*; VI 21, 34.
— Lect. opt. 1669, V ***370***; VI *211*; vgl. Theodosios.
Barth (E. 17. J.) I 167.
Bartholinus, Erasmus (1625—1698, Kopenhagen) II 21, 22, 103, *62*, ***63***, *70*, *586*; III 146; VI 107, ***502***.
Bartsch, J. (1600—1633, Straßburg) II 182, 190, 192, 193, ***1034***.
Basedow, Joh. Bernh. (1723—1790, Altona) I *582*.
Bates, Dav. (1781) II 188, *1020*.
Baudāyana (ind. Astr.) IV *21*.
Beau, O. (1905) I *174*.
Beaugrand, de, J., 1638, II 79.
Beaune, s. Debeaune.
Beda Venerabilis (672—735, England) I 47.
Behā eddīn (1547—1622, Persien) III 114.
— ed. Nesselmann 1843 I 76, 151, ***383a***, 957; II 56, *298*; III *527*; IV 148, *1125*.
Behr, s. Ursinus.
Bekker, Imm., s. Aristoteles.
Beldomandi, Prosdocimo de' († 1428, Padua) I 54, 59, 62, 71, 75, 85, 114, ***264a***, *286*, *309*, *316*, *332*, *374*, *454*; II 41, 56, 58, *300*, *317*; VI 11, 12, 13, 17, *44*, *45*, *46*, *84*.
Belger, Christian (1881) VI *745*.
Bellavitis, Giusto (1803—1880, Padua) V 113, *611*.
Beltrami, Eug. (1835—1900, Paris, Rom) IV *383*.
Beman, W. (* 1850 Southington) II *505*.
Benedetti, Giov. Batt. (1530—1590, Turin) IV 89, 123, 154, ***961***; V 96, ***538***; VI 99, 100, *475*.
Berger, H. (1869) VI *453*.
Bergh, P. (1886) VI *389*.
Berlet, B. (1855, 1860, 1892, Annaberg) I *957*; II ***620***, *623*, ***641***, *642*, *829*, *830*, III *234*, *236*.
Berliner Papyrus II 134, *748*; s. Schack-Schackenburg.
Bernegger, M. (1582—1640, Straßburg) VI 26, *138*.
Bernelinus (um 1020, Paris) I 22, 112, *116*.
Bernhard, Stiftschüler zu Hildesheim (1445) I *300*; s. Hildesheimer Rechenbuch.
Bernhardy, G., s. Suidas.
Bernoulli, Daniel I (1700—1782, Basel) III 84, *383*; V 44, *206*; VI 49, *255*, *287*.
Bernoulli, Jakob I (1654—1705, Basel) II 35, *157*, *170*, *681*; IV 154, *990*, *1172a*; V 55, 59, *307*; VI 23, 24, 26, 32, 43—45, 62, 68, 69, 73, 107, 119, *174*, *176*, *227*, *590*, *594*; VII 26.
— Ars conj. 1713, ed. Nikolaus I Bernoulli VI 73, ***124***, *130*, *143*, *174*, *228*, *243*, *351*, *353*, *359*, *361*, *362*; deutsch v. R. Haußner VI ***228***.
— Opera 1744, II ***170***; III *54*; VI *174*, *227*, *243*, *320*; VII *126*.
Bernoulli, Jakob II (1759—1789, Petersburg).
Bernoulli, Johann I (1667—1748, Basel) II 33—36, 73, 83, 85, 126, 127, 221, *147*, *156*, *160—162*, *173*, *174*, *402*, *474*, *702*, *704*, *1089*, *1155*; III 117; IV 173, 233, *32*, *393*; V 57, 59, 68, *295*, *306*, *310*, *311*; VI 47, 48, 49, 113—115, *253*, *540*, *541*, *543*.
— Opera, ed. G. Cramer 1742 II *147*, *173*, *174*, ***402***, *474*, *1155*; III *54*; IV *32*, *1324*; VI *253*, *544*.
Bernoulli, Johann II (1710—1790, Basel) I *555*.
Bernoulli, Johann III (1744—1807, Berlin) I 147—149; *814*, *816*.
Bernoulli, Nikolaus I (1687—1759, Basel, Padua) IV 233; VI 54, 73, *290*. s. Jakob I Bernoulli.
Bernoulli, Nikolaus II (1695—1716, Petersburg).
Bertrand, Joseph L. F. (1822—1900, Paris) I 97, *528*; II ***939***; IV 46, 55, 68, 77, 116, 146, 170, *297*, *384*, *579*, *1104*, *1305*; V 111, 112, *594*.
Bessel, F. W. (1784—1846, Königsberg) I 45, 99; II 87; IV *392*, *394*; V 97, 146, 171, *556*, *847*.
Bessy, s. Frénicle.
Besthorn, R., 1914, V *91*, *133*; s. Alḫwārazmī, Tafeln.
Beutel, Tobias, 1660, 1663, I 153; IV 47, ***309***; VII 21, *105*.
Bevan, B. († 1838) IV *1287a*.
Beyer, Joh. H. (1563—1625, Frankfurt a. M.) I 11, 79, 143, 144, 146, *61*, *410*, ***786—790***, 808, 809.

Bezold, C. (1859–1922, Heidelberg) I *191*; V *2*.
Bézout, Ét. (1730–1783, Paris) II 37, *179*; III 77, 89, 90, 93, *354*, *397*, *398*,
Bhāskara (* 1114, Indien) I 107, 151, 172; II 57, 80, 157, 159, 160, 164; III 41, 67, 85, 100, 101, 121; IV 10, 141, 147, 190, 207; V 6, 17, 54, 175; VI 64, 75, 98.
— (Līlāvatī, Vījagaṇita), ed. Colebrooke 1817, I **85**, *95*, *246*, *586*, *675*, *831*, *862*, *948*, *957*; II *18*, *19*, *20*, *308*, *309*, *409–411*, *457*, *798*, *875*, *890*, *922*; III *209*, *302*, *461*, *463*, *468*, *469*, *513*; IV *1039*, *1040*, *1085*, *1089*, *1118*, *1432*, *1512*, *1514*; V *463*, *464*; VI *30*, *80*, *148*, *160*, *329*, *385*, *463*.
Bianchini, Giov. (um 1458, † in Ferrara) II *612*, *617*, *811*; III 47, 70, 105, 122; IV 237; V 95; VI 56; s. Regiomontanus, Briefe.
Bibel I *854*; IV *1479*.
Bieberach, L. (1918) II *509*.
Bienaymé, I. J. (1796–1878, Paris) VI *10*.
Bienewitz, s. Apianus.
Bierens de Haan, D. (1822–1895, Leiden) I *14*; II *911*, *998*; s. Girard.
Biermann, G. H., 1791, I 48.
Biernatzki, K. L., 1856, III *470*; VI *184*.
Billeter, G., 1898, I *857*.
Binet, J. Ph. M. (1786–1856, Paris) II 38, *185*.
Björnbo, A. A. (1874–1911, Kopenhagen) II *240*; IV *27*; V *15*, *89*, *91*. *133*, *580*, *586*, *645*, *646*, *690*, *809*, *952*,
— Stud. über Menelaos 1902, IV ***1361***; V *11*, *12*, *568*, *689*, *804*, *951*, *955*, *957*, *960*.
— s. auch Johannes Werner.
Biot, Jean B. (1774–1862, Paris) V 51; VI 150, 158, 160, 164, 165, 168.
— Essai 1802 V ***264***; VI *788*, *841*, *854*, *876*, *897*, *898*.
— s. Commercium epistolicum.
Birckenstein, s. Pirkenstein.
Bittner, Adam († 1844, Prag) I 67, 160, *334*, *874*.
Blaise, P. (* 1717, Paris) II 166, *934*; IV 116, 146.
Blake, Fr. (1708–1780, Roy. Soc.) V 142, *819*.
Blater, J., 1887, I 115, *634*[a].
Blume, F., 1848, s. Feldmesser.
Bobbiense, fragmentum VI 146, *745*, *746*.
Bobillier, E. E. (1797–1832, Châlons s. M.) V *517*.
Bobynin, V., 1886, II *756*.
Böckler, G. A., 1661, I 144, *797*.
Bodenstedt, H., 1906, IV 125, *983*.
Boëtius, Anicius Manlius Torquatus Severinus (480? Rom bis 524 Pavia) I 62, 63, 66, 71, 77, 78, 84, 95, 96, 109, 112, *249*; II 51, 53, 55, 72, 97, *654*, 144; III 15, 18, 19, 120; IV 11, 12, 23, 31, 34, 37, 42, 46, 58, 81, 93, 106, 107, 111, 112, 128, 147; V 115; VI 9, 28, 64, 66, *327*; VII 8.
— Inst. arithm., ed. Friedlein 1867, I ***320***, *322*[a], *348*, *353*, *394*, *396*, *439*, *507*, *520*, *544*, *593*, *598*, *613*; II *254*, *276*, *290–292*, *386*, *540*, *796*, *797*; III 14, *9*, *56*, *63–65*, *99*, 103; IV *144*, *168*, *255*, *261*, *262*, *293*, *405*, *606*, *675*, *807*, *813*, *847*, *851*, *874*, *884*, *888*; V *627*; VI *17*, *21*, *34–36*, *155*.
— Euklidübersetzung, Inst. ar., ed. Friedlein S. 373–389, IV *293*, *405*, *606*, *807*, *813*, *847*, *874*, *884*, *888*.
— gefälschte Geometrie (Pseudoboëtius) ed. Friedlein S. 389f. I 22, 28, 76, *382*, *393*, 620[a]; II 55, *293*; IV 40, 42, 64, 66, 94, 147, 188, *180*, *217*, *428*, *471*, *484*, *814*, *877*, *1022*, *1060*, *1114*, *1117*, *1421*.
Böhm, F., s. Günther, F.
Bohn, F. (1878) I 163, *922*.
Bohn, G. Chr. (1789) I 162, 163, *903*, *904*, *917*.
Bolyai, J. (1802–1800, Klausenburg, Maros-Vásárhely) IV 57, *383*, *393*, *394*, *396*.
Bolyai, W. (1775–1856, Maros-Vásárhely) IV *392*, *394*.
Bombelli, Rafaello (1572, Bologna) II 18, 27, 80, 81, 122, 128, 140, 141, 148, ***49***, *111*, *112*, *462*, *463*, *666*, *710*, *776*, *780*, *822*, *909*; III 75, *87*, 116, 137, *340*, *357*, *390*; VI 77, 78, 80, *397*.
Bombelli, Rocco, 1876, I *111*.
Boncompagni, B. (1821–1894, Rom) I *25*[a], *266*; II *240*; s. Alḫwārazmī, Leonardo v. Pisa.
Bond, J. S. (1922) V *990*[a].
Bongo, P. († 1601, Bergamo) I 102.
Bonifacius IV I 34.
Bonne, R. (1727–1795, Paris) I 45.
Bonnycastle, J. († 1821, Woolwich) I 57.
Bonola, R. (1875–1911) IV *383*.
Bopp, K. (* 1877, Rastatt) I 203; II *1067*; IV *106*, *296*, *1254*; VI *794*; s. Arnauld.
Borchardt, C., s. Jacobi, C. G. J.
Borchardt, L. (* 1863, Berlin) V *28*, 563[a].

Borda, Chr. (1783—1799, Paris) II 187, 194, *1016*.
Borel, E. (* 1859, Avignon) II 168, ***944***; III *96a*; IV *525*.
Borelli, G. A. (1608—1679, Messina, Rom) VI 118, *687*; s. Apollonios,
— Eucl. rest. (1658) IV 31, 98, 99, 100, 102, 114, 115, 158, 159, ***105***, *740*, *741*, *769*, *904*, *1188*, *1195*; VII 22, *111*, *113*.
Borgi, Piero († nach 1494, Venedig) I 6, 39, 55, 140, ***266a***, *768*.
Bork, H., 1895, I 148, 149, ***820***, *824*, *825*.
Bortolotti, E. (* 1866, Bologna) II *777*; VI *396*.
Boscheneck, J., 1885, IV *1417*.
Böschensteyn, J. (1472—1532, Ingolstadt, Heidelberg) I 10, 26, 55, 86, *41*, ***146***, *332*, *467*, *841*; IV 80.
Boscovich, R. G. (1711—1787, Pavia, Paris) V 44, 51, 113, *209a*, *260*, *608*; VI 45, *246*.
Bosmans, H., 1910, 1923, (Brüssel) I *472*, *768*, *770*, *785*; II 71, 676; III *418*; V *166*.
Bossut, Ch. B. (1730—1814, Paris) V ***413***, ***476a***, ***738***; VI 121, *605*; s. Pascal.
Böttcher, J. E., 1921, IV *1096*.
Boettiger, K. A., 1838, I *107*.
Boucharlat, J.-L. (1775?—1848, Paris) VI 113, *532*.
Bourdin, P. (1595—1653, Paris) IV 134, *1049*.
Bourdon, P. L. M. (1779—1854, Paris) VI 113, 127, 158, ***534***, *651*, *842*.
Boutroux, P. (1880—1922; Paris) IV ***554***; s. Pascal.
Bouvelles, Ch. de (1470?—1553? Noyon) IV 49, 105, 112, 214, 215; IV *785*.
— Epitome 1507, IV 41, 49, 113, *232*, *325*, *785*, *878*, *886*.
Bradwardin, Th. (1290?—1349, Oxford, London) II 60, 72, 132, 134, *746a*; IV 104, ***781***; VI 87.
Brahe, Tycho (1546—1601, Hveen, Prag) V 62, 82, 109, 110, 140, ***585***, *586*.
Brahmagupta (* 598, Indien) I 16, 19, 126, 150, 151, 154, *95*, *675*; II 9, 10, 50, 57, 62, 74, 105, 138; III 22, 41, *500*, 100, 101, 112, 113, 120; IV 10, *733*, 122, *1020*, *1118*, *1519*, 208; V 7, 18, 54, 71, 87, 90, 95, *463*, *464*, *495*; VI 30, 160; VII 24.
— Brāhma-sphuṭa-siddhānta, ed. Colebrooke 1817 I ***85***, *87*, *675*, *831*, *862*; II *17*, *20*, *21*, *22*, *307*, *407*, *762*; III *206*, *461*, *462*, *468*, *469*, *500*, *513*; IV *733*, *1020*, *1118*, *1519*; V *463*, *464*, *495*, *535*; VI *30*, *80*, *148*, *160*; VII *120*.
Bramer, B. (1588—1649, Marburg) II 172, 173, *964*; V 182; VI ***567***.
— Quaestiones 1618, IV 97, 121, 123, 168, ***358***, *729*, *952*, *964—966*, *1277*; V 91, *501*.
Brandes, H., 1908, IV 144.
Braun, J., 1889, I *560*.
Braunmühl, A. v. (1853—1908, München) I *481*, *937*; V *12*, *167*, *171*, *190*, *222*, *448*, *604*, *707*, *881*; VII *256*.
— Nasir Eddin IV ***1319***; V ***24***, *390*.
— Vorles. I (1900) II ***935***; IV *776*, *1318*, *1542*; V *19*, *26*, *32*, *43*, *45*, *46*, *49*, *52*, *56*, *58*, *93*, *95*, *100*, *102*, *106*, *112*, *116*, *142*, *237*, *266*, *268*, *269*, *273*, *274*, *279*, *297*, *328*, *340*, *382*, *384*, *388*, *398*, *420*, *431*, *550*, *572*, *575*, *582*, *583*, *589*, *656*, *699*, *714*, *775*, *776*, *777*, *779—781*, *785*, *796*, *803*, *805*, *806*, *810*, *815*, *830*, *848*, *851*, *863*, *951*, *952*, *954*, *956*, *975*, *976*, *980*, *982*, *983*, *990—992*, *1004*, *1005*; VI *133*.
— Vorles. II (1903) II ***990***, *991*, *1122*; III *249*, *252*; IV *1543*, *1600*; V *291*, *303*, *322*, *352*, *353*, *359*, *366*, *367*, *370*, *413*, *428*, *750*, *787*, *843*, *862*, *870*, *872*, *915*, *1011*.
Bremiker, C. (1804—1877, Berlin) II 186, 193, *1007*, *1008*; s. Vega.
Bressieu, M. (1576?—1608, Paris) V 65, *340*.
Bretschneider, C. A. (1808—1878, Gotha) IV ***30***, *1070*, *1430*; V 96, 157, *548*, *900*.
Brianchon, Ch. J. (1785—1864, Paris) IV 87, 169, 175, 178, 179; V ***638***, *1287*, *1340*, ***1356***, *1369*.
Briggs, H. (1556—1630, Oxford) I 41; II 181—183, 185, 189, 190, 191, 195, 199—201; IV *1272*; V 83, 89, 91, 92, 96, 129, 153, 155; VI 25, 38, 40, 59; VII 52.
— Arithm. log. 1624 II 183, 200, 204, 205, 208, 212, *946*, ***994***, *1046*, *1059*, *1070*, *1082*, *1108*; IV *967*, *1131*, *1272*; V *436*, *478*, *502*, *513*, *542*; VI 59, *312*; VII *302*.
— Log. Chilias prim. 1617, II ***993***, 183.
— ed. Vlacq 1628, II ***996***, *1046*, *1050*, *1070*.
Brill, Alex. v. (* 1842, Tübingen) II *166*; VI *515*.

Brioschi, Fr. (1824—1897, Mailand) II 39, *187*.
Brodhagen, 1789, I *903*.
Brouncker, W. (1620?—1684, London) IV 223; VI 31, 33, 34, 80, *179*.
Brozek, J. (Brossius. 1652) V 129, *750*.
Brückner, M. (* 1860, Harthau) IV 105, *792*, 1453; VII *309*.
Bruhns, C. Chr. (1830—1881, Berlin) II 186, *1009*.
Brunschvicg, L., s. Pascal.
Bryson von Heraklea (E. 5. J. v. Chr.).
Bubnow, N., 1899, 1914, I **68**, *104*, *106*, *109*, *118*; s. Gerbert.
Buchner, J. P. (1701) I 115.
Buckley, W. († um 1550) VI 66.
Buée, A. Q., 1806, II 86, *496*.
Buffon, G. L. L. (1707—1788, Paris) I *3*.
Bugge, Th. (1740—1815, Kopenhagen) I 132, **715**; IV 60, 69, 73, 95, *494*; VI 61; VII 13, 30, *54*.
Bühler, G., 1896, I *20*, **89**, *91*, *92*.
Burckhardt, J. K. (1773—1825, Paris) I 117, 149, *643*.
Burg, A. von, (1797—1882, Wien) V 158.
Burgess, s. Sūrya Siddhānta.
Bürgi, Joost (1552—1632, Cassel, Prag) I 87, 142, 143, *783*; II 122, 172—176, 178, 180—182, 189—191, 196, 197, 205, 206, 211, 219, *964—968*; III 26, 81, 82; V 20, 62, 63, 110, 140, 182; VI 25, 59.
— Progreß-Tabulen II 173—176, 190, 206, **966**; s. Gieswald.
Bürk, A., 1901, IV 141, *21*, *22*, *1076*, *1077*, *1079—1081*.
Burkhardt, H., 1879, III *412*.
Burmester, L. (* 1840, München) IV *1677*,
Bürja, A. (1752—1816, Berlin) I *332*, II 202, 203, 210, *1062*, *1065*, *1095*.
Büschel, C., 1912, I *660*; II *530*.
Busse, Fr. G. von (1756—1835, Freiberg) I 48, *244*ª.
Bußler, Fr., 1897, III *4*; V *623*.
Butéon, J. (1492—1572) I 11, **54**, *332*, *957*; *959*, II 18; III 26, 34, 136, *164*, *188*; VI 67, 77, *342*.
— Quadr. circ., 1559, IV 214, **1520**, *1549*, *1550*.
Buzengeiger, K. H. J. (1771—1835. Freiburg, Schweiz) V 135, *795*, *967*,

Caecilius Africanus (3. J. n. Chr.) I 174.
Cagnoli, A. (1743—1816, Verona, Mailand) III 90, *400*.
— Traité, éd. Chompré 1786 II 20, **59**; III 53, 79, *254*, *360*; V 21, 44, 46, 61, 65, 67, 70, 76, 79, 85, 134, 143, 144, 146, 156, 171, *68*, *236*, *242*, *324—326*, *343*, *356*, *397*, *418*, *454*, *792*, *823*, *835*, *843*, *890*, *968*.
Cajori, Fl. (* 1859 Graubünden; Berkeley, Calif.) II *72*, *89*, *90*, *106*, *363*, *556*, *963*, *970*; III *374*, *380*ª; V *156*, *209*; VI *210*.
— W. Oughtred 1916 III **47**, *54*; IV *1632*; V *184*, *185*, *186*.
— History 1919 V **156**.
Calandri, Philippo, 1491, I 9, 82, *26*, *428*ª; II 59.
Calchus, Wilh. von, 1629, IV 62, *439*.
Callet, Fr. (1744—1798, Paris) I 42; II 186, 187, *1006*; IV 220.
Campanus, Johannes v. Novara (um 1270) III 65; IV 40, 94, 104, 186, 212, *220*, **226**, 1537; V 26; s. Euklidausgaben.
Campbell, G., 1728, II 84, *478*.
Campori, G., 1904, s. Galilei.
Camus, Ch. (1699—1768, Paris) V 89, **476**.
Canacci, R. (14. J., Florenz) II 50.
Cantor, Georg (1845—1918, Halle) II 60, 70, 71, *374*, *376*, *382*.
Cantor, Moritz (1829—1920, Heidelberg) I *16*, *249*, *649*, *664*, *972*; II 114, 197; III *78*, *327*; IV *1480*; VI 7.
— Vorlesungen, s. I Vorwort *1*.
— Vorl. 1³ (1907) I *65*, *104*, *111*, *115* bis *117*, *121*, *151*, *193*, *212*, *240*, *241*, *243*, *251*, *252*, *274*, *337*, *381*, *425*, *427*, *481*, *485*, *486*, *577*, *591*, *605*, *636*, *668*, *670*, *678*, *836*, *929*, *946*, *947*, *957*, *958*; II *189*, *297*, *310*, *337*, *351*, *411*, *596*, *599*, *747*, *749*, *761*, *875*, *925*; III *41*, *173*, *174*, *175*ª, *176*, *198*, *200*, *304—307*, *459*, *467*, *469*, *470*, *472*, *526*; IV *23*, *26*, *180*, *746*, *901*, *1074*, *1075*, *1116*, *1174*, *1422*, *1483*, *1505*, *1517*, *1520*, *1523*; V *3*, *29*, *45*, *49*, *50*, *95*, *567*, *570*, *574*; VI *21*, *37*, *147*, *157*, *324*, *326*, *386* bis *388*, *390*, *422*, *456*, *688*, *811*, *873*; VII *298*.
— Vorl. 2² (1900) I *3*, *10*, *39*, *78*, *133*, *140*, *210*, *332*, *343*, *471*, *552*, *625*, *631*, *664*, *753*, *762*, *764*, *766*, *784*, *838*, *938*ª, *951*; II *51*, *117*, *200*, *243*, *303*, *327*, *368*, *419*, *421*, *422*, *548*, *649*, *669*, *683*, *691*, *743*, *769*, *933*, *969*, *973*, *1052*; III *177*, *178*, *182*, *320*, *333*, *334*, *340*, *355*, *356*, *358*, *366—368*, *371*, *372*, *392*, IV *586*, *647*, *763*, *784*, *1465*, *1537—1539*, *1541*, *1542*, *1544*, *1545*, *1547*, *1548*,

1551, 1560, 1561, 1563, 1568—1570; V *27, 103, 154, 363, 392, 579, 784, 991, 999*; VI *48, 86, 116, 117, 335, 363, 369, 393, 431, 439, 716*; VII *241, 242, 252*.
Cantor, Moritz, Vorl. 3^2 (1901) I *565, 931, 934, 935*; II *165, 433, 474, 772, 884, 1119, 1155*; III *448, 493*; V *508, 510*; VI *135, 137, 142, 179, 181, 450, 757*; VII *76*.
— Vorl. 4^1 (1908) II *438—440, 556*; IV *1574*; VI *360*.
— Agrimensoren (1875) I ***175***, *395, 484*; IV *254, 468, 469, 724, 808, 1002, 1021, 1426*; V *511*; VI *456*.
— Pol. Arithm. (1898) I *936*.
— Grundzüge (1855) II *525*.
Capella, s. Martianus.
Caramuel y Lobkowicz, J. (1606—1682) I *3*.
Carathéodory, Alex., 1891, s. Naṣīr éddīn.
Cardano, Geronimo (1501—1576, Mailand, Bologna, Rom, Pavia) I 75; II *9*, 28, 51, 80, 82, 147, 148, 160; III 52, *331*, 71—75, 81, 86, 87, 97, 98, 134, 135; IV 118, 164, 172; V 66; VI 13, 18, 68, 71, 72, 99, 146, *100, 337*, 369.
— Pract. Arithm. (1539) I 83, 109, *332, 378, 433, 957*; II 75, 81, 102, 139, 140, 147, 165, ***419***, *460, 574, 770, 816—821*, 930; III *270*; VI *52, 365*.
— Ars magna (1545) II 18, 81, 99, 159, *9*, ***48***, *419, 461, 590, 878*; III 72, 74, 86, 135, *322, 327—329, 331, 368, 389*; VI *100, 423*.
— De subtilitate (1560) IV ***1242***; V *352*; VI *751*.
— Aliza reg. (1570) II 42, 59, 99, ***203***, *322*, 554^a, *931*.
— De prop. (1570) IV *921*.
— Opera (1663) I *957*; II ***48***, *115, 419, 464, 574, 770, 878, 888, 930*; III *270, 328, 329, 332, 335, 368*; IV *921, 998*; VI *52, 337, 365, 369, 473*.
Carlebach, F. II *296*, s. Levi ben Gerson.
Carmen de algorismo (M. 13. J.) I 25, *132*; II 139, *766*.
Carnot, L. N. M. (1753—1823, Paris, Magdeburg) III 118; IV 44, 47, 56, 87, 102, 122, 165, 168, 169, 171, 173, 176, 179; V 22, 45, 51, 56, 68, 78, *413*.
— Corrélation (1801) V ***81***, *262, 290, 423*.
Carnot, L. N. M., Géom. d. pos. (1803) IV ***279***, ***305***, *772, 958, 1158, 1213, 1255, 1281, 1313, 1328, 1366*; V *220, 262, 290, 359, 413*; VI *782, 784*; VII *151*.
— deutsch v. H. C. Schumacher (1807 bis 1810) IV ***1256***.
— Sur la relation (1806) IV 162, 179, ***1220***, *1371*; V 127, *729*.
Carpzow, B. (1595—1666) I 166, 167.
Caesar, C. Julius, (100—44 v. Chr.) I 32, 35.
Cassiodorus, Magnus Aurelius Senator, (475—570 n. Chr.) I 95, 96; II 51, 72; III 16, 32, 36, 42, 58, 94, 106.
— ed. Migne (1865) I ***508***, *521*; II *253, 385*; III *66*; IV *167, 253, 404, 677*.
Castillon, G. Fr. (1708 Toscana — 1791 Berlin) IV 125, *985, 1151*; VI 42, *215*; s. Newton, Opuscula.
Caswell, John (1655—1712, Oxford) IV 19; V 34, 41, 45, 46, 84, 113, 129, 152, 153, 155, 156.
— Brief account (1685) V ***158***, *195, 225, 230, 444, 605*; lat. Trigonometria (1695, s. Wallis, Opera II) III 117; IV ***39***; V ***158***, *195, 225, 230, 444, 609, 751, 864, 871, 885*.
Cataldi, P. A. († 1626, Bologna) I 117, 639^a; II 118, 140, 141, *777*; III 116, VI 77, 78, 80, *395, 398*.
Cauchy, A. L. (1789—1857, Paris) II 38, 87, 89, 90, 210, *183, 184*; III 118; V 56, 68, 78; VI 42, 47, 51, 110, 156, *889*; VII 47, *266*.
— Cours (1821) II ***521***, *523, 1094*; V *361, 416*; VI 51, 55, *219, 265, 266*, 272.
— Leçons (1826) VI ***824***.
— Exercices (1847) II ***503, 504***; VI ***269***.
Cavalieri, B. (1598?—1647, Bologna, Jesuat) I 9, 144, 146; II 208, 213, 217, *1083, 1122*; III 53; IV 27; V 34, 36, 38, 39, 129; VI 30, 89, 117, 152; VII 8, 42, 43, 44.
— Directorium (1632) V 129, 151 bis 153, ***862***, 870.
— Trigonometria (1643) I ***32***, *793, 810*; IV 52, *360*; V 75, 77, 129, *152, 174, 409, 748*.
— Exercitationes (1547) VI ***444***; VII 44, *253*.
— Geometria (1635, 1653) II 61, ***330***; IV 13, 222; VI 30, *168*; VII 38, *217*, ***251***, *252*.
Ceulen, Ludolph van (1540—1610, Leiden) I 87; IV 154, 164, 165, 170, 216, 217; V 89, 91, 96.

Ceulen, Ludolph van, Fundamenta, ed. Snellius (1615) IV 963, • 1169, 1238, 1250, 1298, 1562; V 457, 479, 500, 541.
Ceva, G. (1678) IV 118, 146, 171—173, 923, 1105, 1320, 1323; VI 157, 835.
Chang Hing (78—139 n. Chr., China) IV 1522.
Chapple, W., 1746, V 91, 92.
Chasles, M. (1793—1880, Paris).
— Aperçu (1837, Deutsch von Sohncke, 1839) III 518; IV 172, 174. 683, 961, 963, 967, 1315, 1317, 1376, 1385; V 538, 540; VI 143, 759, 828.
— Porismen (1860) IV 1335.
Chernac, L., 1811, I 117, 642.
Child, J. M., 1916, VI 211.
Chompré, N. M. (1750—1825, Paris), s. Cagnoli.
Chou-pei Suan-ching (12. J.) IV 1082.
Chrysippos (282—209 v. Chr.) VI 63.
Chu Shih-Chieh (1303) VI 35.
Chuquet, N. († um 1500, Lyon, Paris).
— Triparty (1484), ed. Marre (1880) I 7, 9, 10, 43, 60, 113, 114, 132, 174, 12, 25, 38, 222, 287, 298ª, 332, 622, 723, 957, 959; II 17, 27, 32, 42, 57, 58, 69, 120, 121, 122, 125, 147, 157, 158, 161, 163—166, 170, 44, 108, 203ᵇ, 303, 313—316, 366, 415, 660, 661, 815, 893, 917, 921, 926, 950; III 32, 47, 48, 70, 106, 115, 126, 127, 181, 229—231, 485; VI 12, 17, 49, 89.
— Nachtrag II 415, 485.
— E. de la Roche (1520) II 316.
Cicero, Qu. Tullius (106—43 v. Chr.) I 62, 71, 95, 243, 250, 312, 505; III 15, 61; IV 106, 108, 109, 137, 796, 833, 1064; V 615; VII 16, 37, 213.
Ciermans, J. († 1648, Loewen, Antwerpen) II 938, 167.
Clairaut, A. Cl. (1713—1765, Paris) II 34, 35, 100, 164; VI 115, 119, 120, 546, 593.
— Géométrie (1741) IV 110, 237, 843, 1666.
— Algèbre (1746) II 100, 557; III 80, 117, 54, 362, 364.
Clausberg, Christlieb von (1689—1751, Kopenhagen) I 57, 106, 159, 160, 165, 166, 168, 169, 171, 174, 175, 177, 332, 872, 927, 928, 932, 945, 952, 953, 960, 966, 974; VI 61, 316.
Clausen, Th. (1801—1885, Dorpat) IV 227, 1491, 1604.
Clavius, Chr. (1537, Bamberg bis 1612, Rom, Jesuit) I 7, 33, 153; II 29, 96; III 401, 137, 142; IV 68, 98, 100, 101, 133, 134, 135, 144, 149 bis 151, 1184, 158, 160, 164, 170; V 35, 63, 80, 113, 120, 121, 182; VI 13, 17, 18, 66, 67, 87.
Clavius, Chr., Epitome (1583) I 7, 84, 134, 135, 13, 423, 437, 437ᵇ, 725, 735, 745; II 140, 171, 771, 958; III 137; VI 13, 17, 18, 53, 54, 56, 88, 91, 99.
— Theodosius (1586) V 80, 162, 663.
— Geom. pract. (1604) I 115, 632; IV 1102ª, 1237; VI 80, 87; VII 15, 24, 123, 191.
— Algebra (1608) II 26, 33, 45, 99, 145, 152, 116, 142, 278, 511, 590, 805, 846; III 142, 401; IV 43, 265,
— Opera (1612) I 432, 632, 725; II 555; IV 503, 556, 592, 739, 756, 885, 922, 933, 935, 1045, 1046, 1058, 1068, 1097, 1134, 1143, 1150, 1184, 1189, 1196, 1200—1202, 1297; V 331, 423, 663, VI 339; VII 69, 123; s. Euklid (1574).
Clerc, s. Le Clerc.
Clevisches Rechenbuch, s. Hildesheimer R.
Colebrooke, H. Th. (1765—1837, Calcutta, London), s. Bhāskara, Brahmagupta.
Collins, J. C. (1625—1683, Roy. Soc.) III 1145ª; IV 224; V 97, 554.
Colson, J. (1680—1760, Roy. Soc.) II 159, 883; VI 41, 213.
Columella (um 62 n. Chr.) I 62, 77, 90, 313, 390, 391; IV 1420.
Comberousse, Chr. de, 1900, IV 1579,
Commandino, Federigo (1509—1575, Rom) III 16, 77; IV 34, 42, 680, 695; V 113, 605, VI 116, 145, 117, 557, 558; VII 28, 145; s. Serenus (1556), Apollonius (1566), Euklid (1572), Pappus (1588).
Commercium epistolicum (1586) II 128, 129, 583, 584, 696, 793, 794, 1145, 1146; III 503, 147, 148; IV 1543, 1588, 1592, 1593; V 304, 1008; VI 137, 181, 208, 209, 248, 249; s. Biot, Lefort.
Condamine, s. La Condamine.
Conrad, J., 1894, I 855, 859.
Constantinus (274—337 n. Chr.) I 30, 34.
Coppernicus, s. Koppernikus.
Cornelius, P. (1615) IV 217.
Cossisten II 612.
Cotes, Roger (1682—1716; Cambridge) II 84, 212, 213, 218, 1107, 1120; III 117; V 50, 69; VI 48, 254, 275.

Cotes, Roger, Harm. mens. (1722) II 48, 84, *159*, *231*, ***479***, *884*; V 50, 69, *255*; VI *254*.
Craig, J. (Schotte, † 1731, Cambridge) II 209, *1087*; VI *573*.
Cramer, C. (1837) IV *1084*.
Cramer, G. (1704—1752, Genf) II 37, *178*; III 118; VI 112, 121, 164, ***526***, *603*, *604*, *882*; s. Joh. I Bernoulli.
Crelle, A. L. (1780—1855, Berlin) I 114, 118; III 118; IV 150; V 45, 170; VI 125; VII 10, 26, *26*.
— Ebenes Dreieck (1816) IV 162, 173, ***1219***, *1329*; V 45, 68, *217*.
— Rechentafeln (1820) I 114, *628*.
— Sammlung (1821) II ***1097***; V 68, 91, 93, *360*, *509*, *518*, *519*; VI *629*; VII *22*.
— Elemente (1826, 1827) II ***485***,*1099*; IV **44**, 48, 59, 69, 70, 87, 118, 121, 124, 146, 151, 154, 162, 165, 170, *213*, *276*, *320*, *412*, *521*, *640*, *926*, *944*, *945*, *978*, *1156*, *1171*, *1221*, *1226*, *1257*, *1431*; V 30, 45, 46, 56, 69, 90, 116, 125, 157, 161, *125*, *218*, *221*, *286*, *362*, *487*, *492*, *639*, *704*, *899*, *910*, *917*; VI 113; VII 13, 30, 35, 39, *49*, *161*, *198*, *225*, *231*; s. Legendre, Elemente.
Crüger, P. (1580—1639, Danzig) I 44; II 182, 190—192; V 79, 155.
— Synopsis (1612) I 44, ***231***; IV 148, *1128*; V *711*.
— Praxis (1634) II ***992***; V *419*, *883*.
Crusius, D. A., 1749, I 160, *880*.
Culmensis, s. Geometria Culm.
Curabelle, J., 1644, IV *1339*.
Curtze, Maximilian (1837—1903, Thorn) I 76, *73*, *111*, *123*, *124*, *149*, *181*, *267*, *307*. *317*, *361*, *397*, *475*, *599*, *615*, *630*, *691*, *759*, *763*, II 113, 114, *199*, *365*, *604*, *754*; III *67—72*, *75*, *178*, *320*, *471*, *473—475*; IV 12, *146*, *180*, *183*, *473*, *481*, *782*, *783*, *821*, *995*, *996*, *1010*, *1123*, *1435*, *1466*, *1467*, *1520*, *1529*, *1566*, *1657*, *1673* bis *1675*; V *53*, *97*, *98*, *101*, *115*, *134*, *141*, *144—147*, *459*, *987—990*; VI *38*, *76*, *83*, *186*, *299*, *432*, *460*, *469*, *838*; VII *17*, *66—68*, *86*, *87*, *94*, *96*, *117*, *180*.
— s. Alnairīzī, Alzarqālī, Drei Brüder, Gerbert, Gerhard von Cremona, Hugo Physicus, Initius, Johannes de Lineriis, Jordanus Nemorarius, Levi ben Gerson, Münchener Handschriften, Oresme, Petrus de Dacia, Regiomontanus Briefe, Robertus Anglicus, Sacrobosco, Savasorda.
Cusanus, s. Nicolaus von Cusa.
Czuber, E. (* 1851, Wien) I *874*.

Dagomari, P. (M. 14. J., Florenz) I *332*.
D. A. M. N. U. IV *522*.
Dandelin, G. P., 1822, VI 147, *759*.
Dante (1265—1321) VI 70.
Darboux, J. G. (1842—1917), s. Lagrange.
Dase, Z. (1824—1861, Hamburg, Berlin) I 117, *645*; II 188, *1028*; IV 227, *1602*.
Daublebsky von Sterneck, R. (1896, Wien) I *361* (im Text falsch Deublewski).
Daezel, G. A. (1752—1847, München) 30, *123*.
Debeaune, Fl. (1601—1652, Blois), Notae breves II ***62***; III 88, *392*; IV 43, ***268***; VI 107, 123, 161, *478*, *614*, *860*.
Dechales, Cl. Fr. M. (1621—1678, Lyon) III ***376***, 82; V 35; VI ***757***.
de Condorcet, s. Condorcet.
Decker, de, Ez., 1626, II 185, 187.
Dedekind, D. W. R. (1831—1916, Braunschweig) II 70, 88, *377*; VI 122, *609*.; s. Riemann.
Dehn, M. (* 1878, Hamburg) VII 22, *112*.
Deinostratus (M. 4. J. v. Chr.) IV 199, 200, 234, 236.
Delambre, J.-B. J. (1749—1822, Paris) I 45, *174*; II 187, 194, 205, 214, *1125*; V 112, 143, 145, 146, 156 bis 158, 184, *892*, *966*.
— Astron. (1814) V ***355***, *826*, *842*.
— Hist. (1817) V ***112***, *131*, *160*, *977*.
Delboeuf, J. (1831—1896, Gent) IV 56, *388*.
Delische Tempelbank I 156.
de Méziriac, s. Bachet.
Demokritos v. Abdera (literarische Tätigkeit 430—400 v. Chr.) II 129; VII 6, 7, 21, 33, 48.
Deparcieux, A. (1703—1768, Paris) V 153, ***872***.
Desargues, Girard (1593—1661 ?, Lyon, Paris) II 60; IV 45, 54, 175, 176, 179; VI 113, 141, 142, 147, 148, 163.
— Perspektive (1636) VI *537*.
— Brouillon (1639) II ***328***; IV *286*. *370*, *1339*, *1364*, 176; VI 118, 142, 147, 148, 163, ***715***, *758*, *768*, *769*, *871*.
Descartes, René (1596—1650, Frankreich, Holland, Schweden) I 109, 110; II 7, 20, 33, 44, 45, 46, 79,

82, 123, 124, 128, 153; III 13, *138*, *401*, 75, 88, 94, 96, 98, 99, 116, 145; IV 13, 17, 43, 44, 88, *980*, *1577*, 150, 167, 177, 220–222; V 20, 69, 91; VI 89, 101–107, 110, 113, 115, 117, 118, 120, 122, 123, 127, 141, 147, 155, 161, 164, *239*, *481*, *488*; VII 29, 46.

Descartes, René, Géométrie (1637) II 21, 26, 30, 31, 44, 45, 52, 53, 57, 70, 71, 76, 77, 82, 89, 103, 117, 123, 129, 153; III 24, 25, 26, 69, 88, 145; V 69; VI 101–105, 107, 110, 113, 117, 120, 123, 164; s. Œuvres 6.

— Geometria (1649, 1659, 1683, 1695) II ***62***, *63*, *65*, *66*, *123*, *124*, *221*, *222*, *224*, *261*, *279*, *280*, *428*, *569*, *570*, *586*, *590*, *684*, *865*, *911*; III *51*, *140*, *155*, *156*, *158*, *310*, *349*, *359*, *392*, *420*, *453*, *454*, *457*; IV *268* bis *270*; VI *447*, *478*, *506*, *562*, *582*, *614*, *615*, *737*, *761*, *803*, *818*, *860*, *878*.

— deutsch v. L. Schlesinger (1894, 1923) VI ***478***, *485–487*, *516*, *877*,

— Calcul (1638, anonym) II 22, 33, 45, 103, *69*, *140*, ***215***, *215*ª, *585*, *682*; III 146; VI 107.

— Opuscula posth. (1701) II *220*.

— Œuvres inéd., s. Foucher de Careil (1859) V ***499***; VII *262*.

— Œuvres, éd. Adam et Tannery.

— — 1 (1897) VI ***481***.

— — 2 (1898) I 607; II ***61***; III *50*; VI *517*.

— — 5 (1903) II ***453***, 678; IV *1577*.

— — 6 (1903) I ***316***; II ***64***, *101*, *120*, *125–127*, *212–214*, *257*, *279*, *379*, *425*, *426*, *429*, *454*, *469*, *518*, *655*, *680*, *763*; III *143*, *147*, *148*, *157*, *309*, *391*, *418*, *419*, *427*, *444*; VI *239*, *478–482*, *484–487*, *516*, *564*, *570*, *581*, *613*, *817*, *877*.

— — 10 (1908) I ***596***; II ***69***, *101*, *120*, *121*, *140*, *209*, *211*, *215–220*, *261*, *518*, *585*, *679*, *682*, *714*, *853*, *855*; III 145, 146, *50*, *138*, *343*, *401*, *426*, *456*; IV *980*, *1144*, *1350*, *1578*; V *59*, *483*; VI *488*, *501*, *755*; VII *151*, *262*.

Detlefsen, D. s. Plinius.

Deublewski, s. Daublebsky.

Dickstein, S. (* 1851, Krakau) I *581*; IV *653*ª; V *394*.

Diderot, D. (1713–1784, Paris) II *433*; III *342*; s. Encyclopédie.

Didot, s. Plutarchus, Strabo.

Diels, H. (1848–1922, Berlin) VII *103*.

Dietrich, A., 1838, I 162, *910*.

Diez, J., 1556 (Mexcio) III 51, *242*.

Digby, K. (1603–1665, London) I *553*.

Dindorf, L., s. Diodorus, Dion Cassius.

Dini, U., 1867, II *295*.

Diodorus (um 0 v. Chr.) IV *2*.

Diogenes Laërtius (um 200 n. Chr.) I *107*; IV 137, *563*, *938*; VI 86, *425*.

Dio Cassius (155–220? n. Chr.) I ***159***.

Diokles (um 180 v. Chr.) IV 66, 67; VI 131.

Dionis du Séjour, A. T. (1734–1794, Paris) III 53, ***253***.

Dionysius Exiguus († um 540, Rom) I 33, 34.

Dionysodoros (um 230 v. Chr.) VII 40.

Diophantos von Alexandria (E. 3. J. n. Chr.) I 104, 121, *95*, *242*, *250*, *654*, *660*; II *3*, *559*, 4–7, 8, 9, 40, 43, 48, 50, 54, 56, 62, 65, 66, 73, 74, 80, 91–95, 102, 105, 106, 127, 128, 130, 159; III 21–24, 27–30, 35, 36, 40, 42, 57, 67, 85, 99, 100, 102–104, 109, 119; IV 14, 64; VI 6, 8, 9, 21, 96.

— s. Abu'lwafā' II 6.

— deutsch, W. Holtzmann (1575) II 26.

— französ., S. Stevin (1585) II 26.

— ed. S. Fermat (1670) III *496*, *515*, *523*.

— deutsch, G. Wertheim (1890) I ***566*** u. ö.

— éd. P. Tannery (1893) I *95*, *242*, ***566***, *654*; II *4*, *7*, *194*, *349*, *350*, *406*, *526*, *527*, *573*, *618*, *658*, *734–736*; III *125*, *128–130*, *141*, *168*, *194*, *203–205*, *266*, *301*, *515*, *523*; IV *464*, *467*; VI *12*, *15*, *28*, *29*.

— Vorgänger und Nachfolger II 4–5, 6, 62, 91–92, 104; III 22, 100, 101.

Dirichlet, P. G. Lejeune (1805–1859, Göttingen) I 98, *536*; II 88, *508*; III 110, 111, 114, *508*, *531*; VI 55.

— Werke, ed. Kronecker u. Fuchs III ***508***.

Dodson, J. († 1757) II 202, *1063*.

Dögen, M., 1648, IV 39, 51, 59, ***157***, *186*, *347*, *414*.

Dominicus de Clavasio, Parisiensis (M. 15. J.) III 212; V 26.

Doppelmayr, J. G. (1671–1750, Nürnberg) III *46*.

Dostor, G. J., 1868, IV 122, *956*.

Douglas, G., 1809, II 187.

Drei Brüder, Muhammed, Aḥmed, Ḥaṣan = Banū Mūsā ibn Šākir (A. 9. J. n. Chr., Bagdad) I 138; II 138; III

65; IV 86, 108, 209, 236; V 87; VI 154; VII 32, 37.
Drei Brüder, ed. Curtze (1887) I **179**, *759*; II *388*; III *69*, *281*; IV *147*, *169*, *228*, *257*, *406*, *631*, *809*, *818*, *1007*, *1526*, *1527*, *1652*, *1653*; VII *67*, *86*, *173*, *215*.
– ed. Suter (1902) I *760*; IV *631*; V *466*.
Dresdener Algebra C. 80 (1481) I 158, *321*, *842*, *865*; II 7, 13–16, 19, 21, 23, 24, 42, 78, 112, 114–116, 119, 145, 146, 148, 149, **26**, **34**, **203**[a], **633**; III *236*, 115, 125, 126; VI *84*; s. auch E. Wappler.
– Originalhandschrift II *30*, *633* bis *635*, *650*, *652*, *653*, *808*.
Dreyer, J. L. E. (* 1852 Dublin) V *585*.
Dubois-Reymond, P. (1831–1889, Berlin) VI *295*.
Dübner, Fr., s. Plutarchos.
Duchesne, S. (E. 16. J., Frankreich, Delft) IV 215, 217.
Duhem, P. M. M. (1861–1916, Bordeaux) II *326*.
Dulaurens, Fr., 1667, III *402*.
Dunn, Sam. († 1792, London) II *1018*.
Dupain de Montesson, 1763, V 98, *558*.
Dürer, Albrecht (1471–1528, Nürnberg).
– Vnderweysung (1525) I 28, *216*; II 61, **334**; III 66, *287*; IV 20, 32, 36, 38, 41, 49, 58, 62, 88, 90, 92, 96, 100, 111, 112, 184, 195, 211, *122*, *190*, *234*, *448*, *653*, *703*, *710*, *711*, *752*, *858*, *871*, 872, *1398*, *1469*, 1533; V 115, *619*, *638*; VI 140, 141, 143, *710*, *711*, *719*; VII 12, 13, 17, 18, 30, 35, 53, *45*, *156*, *304*.
Durrande, J. B. (* 1816) IV 121, 128, *951*; V *744*.
Durret, N., 1639, I 44, *234*.
Dvivedī, s. Varāha Mihira.

Ebeling, 1789, I 903.
Eckhardt, E., 1904, V 71, *534*.
Eells, W. C., 1912, I *3*.
Eisenlohr, Aug. s. Ahmes.
Eisenstein, F. G. M. (1823–1852, Berlin) II 38.
Elea, Schule von (5. J. v, Chr.) II 60.
Elend, J. B., 1724, I 134, 145.
Ellis, A. J. (1814–1890, London) II *1074*.
Elvius, P. (1660–1718, Upsala) I 188, *1019*.
Empedokles (um 444 v. Chr.) VII 47.
Encke, J. Fr. (1791–1865, Berlin) I *540*; II **1022**.
Encyclopédie, éd. Diderot et d'Alembert (1751–1780) II *433*.
Encyklopädie d. Math. Wiss. (ab 1898) II **998**, *1002*, *1010*, *1011*, *1074*, *1115*; III *522*; IV *72*, *390*, *399*, *538*, *624*, *641*, *658*, *664*, *983*, *994*, *1044*, *1179*, *1347*, *1385*, *1485*, *1579*; V *561*, *603*; VI *435*, *609*; VII *18*, *59*, *109*, *112*, *130*, *141*, *308*,
– Französ. Ausgabe von J. Molk (ab 1908) I **620**[a]; II *780*, *1019*, *1081*[a], *1111*, *1122*, *1460*; VI *572*.
Eneström, Gustaf (1852–1923, Stockholm) I *11*[a], *16*, *22*, *56*, *123*, *124*, *128–130*, *142*, *212*, *217*, *255*, *283*, *284*, *384*, *403*, *428*[a], *437*[a], *447*, *449*, *472*, *551*, *571*[a], *608*, *620*[a], *624*, *663*[a], *654*, *676*, *679*, *683*, *687–689*, *695*, *735*, *739*, *752*[a], *762*[a], *768*, *839*; II *106*, *135*, *148*, *161*, *198*, *210*, *255*[a], *314*, *468*, *470*, *480*, *487*, *511*, *554*[a], *572*, *577*, *581*, *617*, *625*[a], *655*, *698*, *755*, *757*, *767*, *776*, *781*, *797*[a], *803*, *907*, *911*, *932*[a], *933*, *949*, *1019*, *1058*, *1081*, *1081*[a], *1089*; *1111*, *1122*, *1135*, *1138*, *1138*[a], III *31*, *85*, *161*, *181*, *184*, *201*, *285*, *317*[a], *326*, *330*, *331*, *334*, *357*, *358*[a], *370*, *374*, *402*, *446*, *449*, *450*, *458*, *470*[a], *480*, *485–487*, *490*, *505*, *525*, *526*, *528*; IV *28*[a], *632*[a], *960*, *990*, *1416*, *1475*, *1491*, *1589*, *1594*, *1597*[a], *1634*; V *37*, *99*, *206*, *322*, *459*; VI *127*, *134*, *159*, *173*, *182*, *192*, *196*, *207*, *208*, *256*, *288*, *289*, *283–285*, *399*, *400*, *438*, *448*, *543*, *544*, *567*, *568*, *575*, *590*, *594*; VII *295*; s. Gernardus.
Engel, Fr. (* 1861, Leipzig) IV *383*, *388*, *392–394*.
Enriques, F. (* 1871, Bologna, Rom) III **273**; IV *629*, *636*, *1491*, *1628*.
Epaphroditos (2. J. n. Chr.) I 90; V 92; VI 9, 21, 22, *116*.
Epstein, P. (* 1871, Straßburg) IV 143, *1094*.
Eratosthenes v. Kyrene (276–194? v. Chr., Alexandria) I 32, 40, 100, 121, *544*; II *749*; III 66, 119; IV 85.
Erchinger, 1825, IV 193, *1448*.
Eschenbach, H. Chr. (1764 Leipzig bis 1792 Madras) VI 70.
Essen, E., 1856, V 157, *898*.
Ettinghausen, A. v., 1827, VI *235*.
Eudemos von Rhodos (um 334 v. Chr.) IV 7, 14, 15, 51, 67, 68, 74, 83, 111, 137, *1177*, 182, 183, 198.
– ed. Spengel (1866) IV *2*, **14**, *1390*, *1488*.

Eudoxos von Knidos (um 410—356 v. Chr., Athen) II 60, 64, 65; III 7, 66; IV 6, 7, 76, 156, 157, 182; V 102, 114; VI 131; VII 7, 21, 32, 33, 36.

Euklid (* 365? v. Chr., Abfassung der Elemente um 325 v. Chr.) I 38, 95—97, 107, 108, 128, 153, *250*, *595*; II 40, 48, 51, 52, 54, 63—65, 68, 72, 92 bis 97, 102, 104, 133, 136, 154—156, 160—162, 164; III 3, 6—10, 14, 15, 18, 19, 36—38, 111, 112, 119, *8*, *38a*; IV 3, 7—9, 11, 12, 14, 15, 22 bis 26, 30, 31, 34—38, 40, 42, 46, 48, 50, 51, 53—55, 59—63, 67—73, 75—82, 92—101, 111, 114—121, 124, 126, 129, 133—136, 138, 145, 146, 149, 150, 152, 153, 156—160, 163, 164, 166, 168, 172, 174, 178, 179, 182—185, 188, 189, 234; V 7, 114, 117—119, 123; VI 7, 8, 16, 43, 63, 74, 84, 85, 96, 102, 128, 131, 132, 134—138, 144, 150, 153; VII 7, 9—14, 16, 17, 18, 21, 22, 30, 32, 33, 36, 47, 49, 50, 51.

— Elemente i. allg. II 64, 65; III 7; IV 7, 8.

— Übersetzungen, alte III 16, 17; IV 12, 20; s. Boëtius.

— ed. Campanus (1482) III 16, 17, 65, ***76***; I 220, ***226***.

— ed. Zamberti (1505) III 16, 17, ***79***; IV ***218***, 40, *680*.

— ed. Simon Grynaeus, erster griech. Druck (1533) III ***76***.

— ed. Orontius Finaeus (1544) IV 42, ***233***.

— ed. Peletarius (1557), s. Peletier.

— ed. Commandinus (1572) III ***77***; IV ***241***, *680*, *695*, 34, 42.

— ed. Clavius (1574, 1590) III ***84***, 17; IV 42, 74, 80, 113, 114, 116, 118, 119, 120, 134, 149, ***242***, *556*, *739*, *756*, *907*, *922*, *933*, *935*, *1045*, *1046*, *1068*, *1097*, *1134*, *1143*, *1150*, *1184*, *1189*, *1200—1202*.

— ed. Gregorius (1703) IV ***911***.

— deutsch v. W. Schmidt (1539) III ***86***.

— — v. J. Scheybl (1555) II ***79***.

— — W. Holtzmann (1566) I ***493***.

— — H. Hoffmann (1561) IV ***93***.

— — S. Reyher (1697) II ***248***; s. die einzelnen Bearbeiter.

— — J. Fr. Lorenz (1781, 1798) II 156, 160, 161, *865*, *867*, *869*, *872*; III *28*, 8, 9; IV 186, ***1266***, *1410*.

— Phainomena, ed. Gregorius (1703); deutsch von A. Nokk (1850) IV *911*; V ***565***, *682*; VI *676*.

Euklid, Opera omnia, ed. J. L. Heiberg et H. Menge (Teubner).

— — 1. El. I—IV, ed. Heiberg (1883) IV ***15***, *19a*, *97*, *344*, *368*, *381*, *415* bis *417*, *461*, *507*, *536*, *539*, *566*, *605*, *684*, *799*, *801*, *802*, *844*, *851* bis *854*, *889*, *898*, *1060*; V *644*, *693*.

— — 2. El. V—IX, ed. Heiberg (1884) I 108, 128, ***501***, *503*, *523*, *524*, *584*, *585*, *589*; II *252*, *283*, *744*; III *29*, *35*, *107*; IV *442*, *541*, *568*, *1180*, *1402*, *1641*; VI *78*, *79*, *230*.

— — 3. El. X, ed. Heiberg (1886) II ***341***, *348*, *865*, *867*, *869*, *872*.

— — 4. El. XI—XIII, ed. Heiberg (1885) II ***542***; IV *717*, *812*; V *616*, *692*; VII *23*, *24*, *27*, *42*, *56*, *79*, *89* bis *91*, *106*, *171*, *208*, *287*.

— — 5. El. XIV—XV, Scholia, ed. Heiberg (1888) III 23; IV ***569***; VII *272*, *284*, *293*, *294*.

— — 6. Data, ed. H. Menge (1896) III ***197***.

— — 8. Phainomena, ed. H. Menge (1916) I ***565***, *654*, *672*, *674*, *676*, *678*, *685*.

Euler, Leonhard (1707 Basel bis 1783 Petersburg, 1741—1761 Berlin) I 9, 93, 97, 98, 100—102, 104, 117, 147, 154, *533*, *546*, *549*, *554—556*, *563*, *567—569*; II 7, 73, *78*, 84, 85, 89, 90, 126, 127, 140, 141, 150, 160, 168, 209, 210, 221, *163*, *480*, *484*, *486*, *491*, *492*, *699*, *775*, *836*, *884a*, *912a*, *1089*, *1157*; III 35, 55, 56, 66, 77, 83, 84, 87, 90, 92, 96, 98, 102, 107—110, 113, 114, 117, 118, *260*, *352*, *353*, *380*, *394—396*, *405*, *406*, *431*, *435*, *470a*, *494*, *504*, *506*, *520*, *529*, *530*; IV 15, 44, 45, 154, 168, 171, 175, 204, 226—231, 233, *285*, *1173*, *1279*, *1280*, *1312*, *1343*, *1459*, *1491*, *1502*, *1579*, *1586*, *1595*, *1597*, *1608*, *1611*, *1612*, *1614*, *1634*, *1635*; V 11, 21, 42, 46, 51, 56, 61, 63, 66, 67, 89, 110—112, 117, 126, 128, 130, 141, 142, 144, 145, 150, 154, 156, 159, 162, 171, 172, 184, *202—205*, *208*, *228*, *232*, *477*, *510*, *650*, *734*, *760*, *761*, *873*, *876*, *888*, *907*, *912*, *972*; VI 24, 33, 39, 42, 44, 47—54, 81—83, 109, 114, 115, 122, 151, *131*, *206*, *218*, *223*, *233*, *234*, *252*, *256—261*, *264*, *274*, *281*, *282*, *284*, *404*, *407*, *413*, *547*, *548*, *594*; VII 27, 33, 42, 46, *40*, *134*, *182*, *183*, *244*, *263*, *264*.

Euler, Leonhard, Opuscula varii argum. (1746—51) I 110, **609**; III 98, **443**.
— Introductio (1748) I **167**, *531, 533*, II 73, 85, 210, 212, 220, *403, 404, 489, 778, 939, 940, 1057, 1089, 1112, 1153*; III 84; IV 226, 227, 233, *1596, 1609, 1610, 1620*; V 44, 51, 63, 66, 184, *61, 259, 261, 281, 320, 332, 338, 347, 349, 1010*, VI 42, 45, 48, 50, 52, 53, 62, 82, 110, 112, 115, 120, 121, 123, 127, 141, 154, 156, 159, 163—165, *247, 259, 262, 273, 287, 317, 405, 406, 514, 525, 549, 591, 600—602, 604, 618, 619, 795, 805, 823, 845, 846—848, 870, 875, 880, 883, 884, 886—888*.
— — deutsch von J. H. Michelsen (1788) II 129, **520**, *720*; VI 119, *217, 406, 587, 600, 602, 604, 619*, 53.
— — deutsch von H. Maser (1885) II **987**, *1057*.
— Principes d. l. trig. (1753) V *208, 231*, **588**, *817, 821, 833, 836, 873, 876, 888, 906*.
— Calc. diff. (1755) II **146**, *437, 837*; III 83, *380*; IV 229, *1597*[a], *1613*; VI *131*.
— Algebra (1770) I 11, 147, *50*, **707**, 815; II 32, 129, *138*, **520**, *721, 939, 940*; III 106, *488, 494, 505, 507, 530*; IV 44, *275* VI 14, *63*.
— Trigon. (1779) V **587**, *590, 715, 820, 834*.
— Opuscula anal. 1 (1783) I *33, 554, 561*; II 210, **1093**; III *504*, IV *1459, 1586, 1608, 1623*.
— — 2 (1785) I **535**; III *496*; IV **1544**, *1586, 1623*; VI *407, 412*.
— Calc. integr. (1768—69) II **513**.
— Op. posth., ed. P. H. Fuß et Nic. Fuß (1862) III **288**.
Euphranor (Pythagoreer) III 5.
Euripides (485—406 v. Chr.) II 135.
Eutokios von Askalon (A. 6. J. n. Chr.) I 73, 121, *653*; II 48, 160, *749, 887*; III 67, 120; IV 67, 83, 85, 206, 210, *14, 499, 500*; V *632*; VI 130, 139, *661, 662, 687, 689, 694, 698, 708*.
— Commentar zu Archimedes III **278**; V *632*; VI *661*.
— — zu Apollonios VI **662**, *689*.
Eysenhut, J., 1538, I 58, 72, 161, 169, **272**[b2], *358, 896, 944*.
Eytelwein, J. A. (1764—1848, Berlin) II **152**; III *361*, 80.
Faber Stapulensis (1455?—1536; Paris) I *620*[a]; s. Jordanus, Nikomachos.
Fabri, Honoratus (1606?—1688) V 69, *366, 367*.
Färber (1916? Schwäb. Hall) IV 195, *644, 1473*.
Faugère, Pr., s. Pascal.
Faulhaber, Joh. (1580—1635, Ulm) II 20; III 74, 75; VI 22, 24, 38, *126*; VII 29, *150*.
— Lustgarten (1604) III 74.
— Mysterium (1615) VI *120, 121*.
— Ingenieurschule (1630) II 185, 187, 192, *1017*; V 30.
Fauquembergue, E., 1917, I 101, 110, *550*[a], *603*[a].
Favaro, A. (1847—1922 Padua) I *626, 776*.
Feist, A., 1809, I 161, *891*.
Feldmesser, Schriften der röm. F., ed. Blume, Lachmann u. Rudorff I **303**, *395, 442*; II *795*; III *265*; IV *179, 180, 215, 251, 289, 313, 314, 316, 403, 428, 430, 466, 482, 526, 607, 674, 797, 803, 805, 1001, 1005, 1008, 1114, 1525, 1645*; V *465*; VI *566*; VII 14, 15, *63, 73*.
Fermat, P. de (1601—1665, Toulouse) I 93, 100, 101, 103, 104, 109, 110; II *102*; III 25, 69, 99, 107, 110, 112—114, 144, *492, 502*; IV 124; V *658*, 119; VI 20, 23, 38, 67, 71, 72, 89, 90, 105—107, 110, 113, 117, 120, 122, 123, 126, 141, 150, 153, 163, 164, *204, 481*.
— Isagoge (vor 1637) VI **490**, 105, 106.
— — deutsch v. Wieleitner (1923) VI **490**.
— Varia opera, ed. S. Fermat (1679) I **553**, *562*; II *102*; III *153, 455, 502*; IV *980*; VI *108, 127, 445, 489, 490, 492, 493, 518*.
— Œuvres, éd. P. Tannery et Henry.
— — 1. (1891) I **553**; II *102*; III *308, 455, 502*; III 144; IV *980*; V *658*; VI *445*.
— — 2. (1894) I *562, 606*; VI *117, 204, 481, 489—500, 518*.
Ferrari, L. (1522—1565, Bologna, Mailand) III 72—73, 86—87; IV 89, 126, *649, 928*.
Ferro, Scipione del (1465—1526, Bologna) II 165, 166; III 71—73, 76, 80; IV 89.
Feuerbach, K. W. (1800—1834, Erlangen) III 118; IV 165, 169, **1259**, *1288, 1289*; V 45, 89, 92, *219, 485, 510, 526*.

Finaeus, Orontius (1494—1555, Paris) I 43, 106, 131; II 139; IV 214, 215, 219; VII 52.
— Protomath. (1530—32) VII **300**.
— Arithm. pract. (1535) I 69, **219**, *579*, *713*; III 17, *80*.
— Demonstr. (1536, 1544) III **81**, IV 42, **240**.
— Geom. pract. (1544) II **263**; IV 43.
Finck, Thomas (1561—1656, Kopenhagen) IV 108, 111, 116, 160, 170, 172, 184, 237, **829**, *908*, *1204*, *1296*, *1392*, *1399*, *1409*, *1658*; V 35, 36, 64, 65, 74, 80, 114, 117, 181, *129*, *161*, *339*, *385*, *422*, *648*.
Fior, A. M. (A. 16. J.) III 71, 73.
Fischer, E. G. (1754—1831, Berlin) III 118.
— Rechenbuch (1799) I 61, *889*.
— Lehrbuch (1820—24) I 60, 66, 108, 149, **296**, *331*, *821*; II 32, 73, 105, 208, 212, *132—134*, *1080*, *1110*; IV 39, 53, 60, *207*, *367*; V 22, 45, 46, 70, 93, *76*, *224*, *238—241*, *372*, *506*, *520*; VI 42, 74, 84, 113, *222*, *417*; VII 35, *197*.
— Anmerkungen (1820—24) II **405**; III 19, *21*, *119*; IV 31, 49, 50, 60, *111*, *329*, *337*, *420*.
Fischer, Joh., 1559, I 60, **290**.
Flammand, Cl., 1611, I 128, **685**.
Fleck, A., 1909, III 114, *538*.
Florencourt, Ch. Ch. de (1757—1790, Göttingen, Blankenburg) III 18, **88**; VI 61.
Floridus, s. Fior.
Flower, R., 1771, II 205, *1071*.
Fontane, Th. (1819—1898, Berlin) I *8*[a].
Forcadel, P. († 1576, Paris) II *780*; VI 37.
Förstemann, W. A. (1791—1836, Danzig) IV 113, **603**, *894*.
Förster, R. von, 1915, IV 71, *535*.
Forstner, A. K. Ph. von (* 1798, Potsdam) II 195, 196; IV 69, 73, **509**, **550**, 722; V 45, 46, 114, 127.
Fort, L., 1834, I 163, *920*.
Foucher de Careil, s. Descartes.
Fourier, J.-B. J. (1768—1830, Paris) I **371**; VI 52; VII 9.
Français, J. F., 1808, II 87, *498*.
Franceschi, P. de (1410?—1492) IV *1413*; VII 34, 52, *299*.
Franco von Lüttich (A. 11. J.) IV 211, *1534*.
Frank, Erich, 1923 (Heidelberg) VII **8**.
Fraenkel, A., 1920, II *494*, *497*, *501*, *502*, *509*.
Frend, W. (1757—1841, Cambridge) II 78.
Frénicle de Bessy, B. (1602?—1675, Paris) I 103; III *502*, *514*, *525*, 112, 113; VI 68, *349*.
Fresenius, F. C., 1871 (Frankfurt a. M.) IV *517*.
Frey, J., 1569, I 83, *431*[a].
Fridericus, Frater (um 1455—1464) II 16, 68, 69, 113; IV 28, 41, 81, 127, *1520*; V *614*; VI 12, *83*, *87*, 13, 17, 56, *299*; VII 23, *117*; s. Münchener Handschrift 14908.
Friedlein, G. (1828—1875, Hof); s. Boëtius, Proklos.
Friedrich IV. v. d. Pfalz (1574—1610) V 182.
Frisch, Chr., s. Kepler Opera.
Frobenius, G. L. (1566—1645, Hamburg) II 167, **936**.
Frontinus, Sextus Julius (um 40—103 n. Chr.) I 71, 90.
Fuchs, L. (1833—1902, Berlin), s. Dirichlet.
Fuß, N. v. (1755—1826, Petersburg) III 122; IV 173, *953*, *1321*; V *510*; VI *255*, *290*.
Fuß, P. H. v. (1797—1855, Petersburg); s. Euler, Op. posth.

Ǧabir ibn Aflaḥ († um 1145, Sevilla) II 50, 147; IV *1120*; V 9, 10, 18, 25, 26, 32, 44, 71, 75, 76, 106, 107, 117, 132, 136, 137, 147, 167.
— Astr., ed. Apianus (1534) V **23**, *376*, *389*, *399*, *775*, *799*.
Ǧābir ibn Ibrāhīm Alṣābī (M. 10. J.) IV 45, *284*.
Gabriel de Aratoribus (A. 16. J.) II 165.
Gadebusch, Th. H., 1784, I 160, *883*.
Galilei, G. (1564—1642, Padua, Florenz) II *1083*; VI 151, *798*.
Galois, E. (1811—1832, Paris) III 95, *423*; VI 83, *410*.
Gaṇeśa (M. 16. J., Indien) IV 207, *1040*.
Gaṇita, s. Brahmagupta.
Gardiner, W., 1742, II 186, 187, 191, 193, *939*, *1004*.
— (Sherwin) II *1032*, 193; VI *314*.
Garfield IV 142.
Garnier, J. G. (1766—1840, St. Cyr) V *510*, VI 113, 126, 168, *528*, **533**, *645*, *899*.
Gaultier, L., 1812, IV 161, *1210*.
Gauss, F. G., 1870, II **1132**.
Gauss, K. Fr. (1777—1855, Göttingen) I 9, 34, 93, 99, 100, 102, 148, 149, *497*, *540*; II 86—90, 124, 160, 188,

189, 214, 216, 501, 509, 510, 514, 515, 517, 524, 1030, 1127; III 93 bis 98, 102, 114, 118, 451; IV 56, 57, 152, 165, 193, 227, 393, 394, 1158, 1445; V 46, 97, 112, 116, 143, 146, 156, 161, 171, 243, 555, 556; VI 55, 110, 120, 292; VII 44, 55, 257.
Gauss, Disquisitiones (1801) I 100, 548, 817; II 38, 89, 212, 512, 886, 1115; III 95, 421; IV 193, 1445; V 116, 635.
– Theoria motus (1809) V 598, 825, 891.
– Werke, ed. Kgl. Ges. d. W. zu Göttingen.
– – 1. (1876) I 548, 817; II 512, 886; III 421; IV 1445, 1446.
– – 2. (1876) I 540, 826; II 501, 514–517, 524, 886; III 421, 532; IV 1446ª, 1447, 1601.
– – 3. (1876) I 2, 35, 642, 643; II 1021, 1030, 1039, 1127, 1133; III 411, 435, 436, 451; VI 293; VII 257.
– – 4. (1880) IV 394, 1256; V 597, 635, 918.
– – 6. (1874) I 174.
– – 7. (1906) V 598, 825, 891.
– – 8. (1900) V 969.
– Briefwechsel, ed. Peters, 2. (1860) IV 394.
Geber, s. Ǵābir.
Geiger, K. (* 1861) IV 124, 972, V 538 bis 540.
Gelcich, E., 1882, VI 477.
Gellibrand, H. (1597–1637, London) I 41; II 185, 189, 193, 194, 995; V 30, 75, 83, 153, 155, 437, 867, 868, 882; VI 25, 38, 203.
Gellius, Aulus (2. J. n. Chr.) IV 250.
Geminus (E. 1. J. n. Chr.) I 30, 40, 45, 121, 193; III 119; IV 54, 67, 499; VI 130, 662, 689.
– ed. Manitius (1898) I 158, 176, 193, 201, 659.
Gemma Frisius (G. Rainer, 1508 bis 1555, Loewen) I 43, 52, 2, 220; II 51, 139, 143.
– Arithm. (1540) I 52, 2, 220, 258; II 170, 171, 779, 955.
Geometria Culmensis (um 1400), ed. H. Mendthal (1886) I 42, 61, 83, 87, 130, 215, 302, 326, 424, 457, 461, 469, 698; II 52, 144, 145, 256, 724, 801, 802; III 123; IV 12, 20, 47, 48, 61, 62, 70, 80, 96, 111, 112, 127, 162, 28, 184, 260, 312, 318, 431, 435, 436, 441, 518, 596, 597, 698, 700, 706, 813, 856ª, 863, 869, 1023, 1060, 1223.
Geometria deutsch (um 1483) IV 33, 39, 41, 88, 92, 96, 111, 115, 127, 195, 128, 210, 229, 230, 260, 648, 702, 857, 902, 1468.
Georg von Peuerbach (1423–1461, Wien) I 41, 49, 54, 60, 138, 139, 75, 246ª, 294, 332, 765; II 16, 17; III 10; IV 13, 52, 108, 214; V 10, 19, 34, 107, 117, 178.
– Elementa (1492) I 60, 246ª; II 16; III 32; VI 17, 85.
– Epitoma (1496) V 117, 579.
– Tractatus I 139, 765; IV 355, 822, 1520, V 645, 993, 996.
Georg von Trapezunt (1396–1485, Rom) V 117.
Gérard, L. (* 1859, Paris) IV 194, 1452.
Gerbert (um 940 Auvergne bis 1003 Rom, seit 999 Papst Sylvester II.) I 11, 20–23, 71, 78, 85, 90, 125, 113; III 16, 265; IV 119, 11, 20, 29, 32, 34, 35, 37, 38, 40, 46, 58, 64, 66, 81, 97, 106, 126, 131, 210; VI 22; VII 14, 15.
– Opera, ed. Olleris (1867) I 116, 119, 614.
– –, ed. Curtze (1895) III 68; IV 119.
– –, ed. Bubnow (1899) I 57, 58, 103, 112, 113, 118, 119, 393, 395, 400, 401, 443, 672, 795; III 65, 265; IV 89, 90, 118, 145, 181, 200, 219, 294, 295, 402, 470, 479, 483, 608, 726, 806, 1003, 1006, 1038; VII 64, 71, 72, 74.
Gergonne, J. D. (1771–1859, Montpellier) IV 125, 169, 177, 180, 989, 1062, 1284, 1352, 1375; V 116, 156, 517, 634, 896; VI 149, 785; VII 28, 144, 146.
Gerhard von Cremona (1114–1167, Toledo) I 36; II 52, 67, 72, 107, 128, 240; III 16, 43, 121, 69; IV 12, 20, 35, 36, 41, 43, 54, 58, 94, 106, 108, 112, 127, 186, 884, 851, 1652; V 19, 25, 32, 117, 176; VII 14, 17, 67.
Gerhardt, Albrecht, s. Girard.
Gerhardt, C. I. (1816–1899, Eisleben) II 809; VI 246; s. Wiener Handschrift 5277, Münchener Handschrift 14908, Maximus Planudes, Leibniz' Werke.
Gerling, Ch. L. (1788–1864, Marburg) V 98, 124, 555, 697.
Gernardus (13. J.).
– Algor. de integris, ed. Eneström (1912) I 24, 52, 59, 76, 78, 85, 132,

134, *129*, *284*, *384*, ***403***, *447*; II 139, *767*; III 122.
Gernardus, Algor. de minutiis, ed. Eneström (1914) I 129—133, *688*, ***701***, *711*b, *719*a, *722*, *731*, *737*, *762*a; II 41, *198*, *932*a.
Gernerth, A., 1863, V *1006*.
Gerwien, P., 1833, IV 151, 171, *1154*, *1310*; V 124, *698*.
Geyger, Ph., 1609, I ***411***, *714*.
Ghetaldi, M. (1556—1627, Ragusa, Venedig) VI 100, ***477***.
Gherardi, S. (1802—1879, Turin, Florenz) III *320*, *323—325*.
Giesing, J., 1879, VI *57*.
Gieswald, Herm. Rob. (1824—1862, Danzig) II *964*, *967*, ***968***, *973*, *975*, *1077*.
Ġijāt eddīn, s. Alkāšī.
Gilbert, L. W. (1769—1824, Halle, Leipzig) II 96, ***536***; IV 31, 44, 47, 74, 77, 102, 116, 135, 150, 151, 169, *109*, *277*, *311*, *494*, *555*, *578*, *1056*, *1060*, *1140*, *1151*, *1285*.
Ginzel, F. K. (* 1850, Berlin) I ***157***, *159*, *161*, *166*, *173*.
Giordani, 1876, IV *649*.
Giordano, Annibale (1769 Ottajano bis 1835) IV 125, *986*.
Girard, Albert (1595—1632, Niederlande) I *14*, 44, *682*; II 20, 29, 57, 76; III 52, 78, *358*, 80, 95, 97, 116, 143; IV 17, 50, 61, 96, 103, 123, 149; V 37, 38, 96, 151; VII 19.
— Tabulae (1626, 1629) I 44, *232*; II 20, *56*; IV 37, ***777***.
— Invention (1629, Neudruck Bierens de Haan 1884) I 7, 136, ***14***, *682*, *752*; II 23, 26, 70, 82, 123, 126, 128, 151, 159, *80*, *118*, *269*, *305*, *423*, *424*, *465*a—*467*, *672*, *673*, *713*, *840*, *841*, *910*; III 24, 78, 95, 143, *144*, *358*, *371*, *425*, *437*, *439*, *440*; V 129, 130, *746*, *752*; VI 37, *195*. s. Marolois, Stevin.
Glaisher, J. W. L. (* 1848, Cambridge) I 118, *646*; II 186, *997*, 1002, 1015, 1035; IV *1599*.
Glareanus, Henricus Loriti (1488 bis 1563, Freiburg Br.) I 76, *332*, ***406***; III 17, *82*.
Gloskowski, M., 1643, IV 90, *654*.
Gmeiner, J. A. (* 1862) II *378*.
Godin, L. (1704—1670, Paris, Cadix) V 31.
Goldbach, Chr. (1690—1764, Petersburg) II 126, *1089*; III *380*, *505*; IV 233; VI 49.
Goldenring, R., 1915, IV *1448*.
Goldschmidt, K. W. B. (1807—1851, Göttingen) I 99, *540*.
Golius, J. (A. 17. J.) VI *481*.
Göpel, G. A. (1812—1847) IV 143, *1092*, *1154*.
Gordan, P. A. (* 1837, Erlangen) IV 232, *1628*.
Goering, W., 1899, IV 204, *1502*.
Gosselin, G. († 1590 ?) II 51, *247*.
Götsch, J. D. (1664) I 160, 161, *878*, *899*.
Gram, J.-P. (* 1850, Kopenhagen) III *367*.
Grammateus, Heinrich (Schreiber, † 1525 Wien) I 10, 49, 52, 53, 56, 131, 133, 135, 169, 177; II 24, 98, 114; III 50, 129, 130; IV 41.
— Rechenbuch (1521) I 10, 58, 69, 72, 76, 86, 158, ***43***, *247*, *262*, *269*, *363*, *387*, *399*, *418*a, *462*, *496*, *697*a, *727*, *731*, *742*, *761*, *840*, *866*, *940*, *971*; II 17, 18, 22, 42, 99, 100, 110, 111, 120, 131, 139, 170, *201*, *272*, *534*, *551*, *560*, *612*, *659*, 725, 727, *738*, *740*, *951*; III 24, *134*; IV 20, 32, 33, *120*, *130*, *216*; VII 17.
— Algorithmus (1563) I ***405***; IV *233*.
Graßmann, H. (1809—1877, Stettin) VII 18.
Gravelaar, N. L. W. A. (* 1851, Deventer) I *387*a, *785*a; II *76*, *1145*.
's Gravesande, W. J. (1688—1742, Leiden); s. Huygens.
Gregor XIII. (1512—1585) I 33.
Gregorius a St. Vincentio (1584—1667, Gent) II 96, 216, ***1134***; IV 117, 118, 146, 178, 180, 218, 220, *32*, *928*, *1354*, *1494*; VI 141, 147, 151, *570*, *756*, *770*, *794*; VII 33, *184*.
Gregory, David (1661—1710, Oxford) III 117; s. Euklid.
— Exercitatio (1684) II 126, ***693***, 939; III 13; IV 233, *1633*.
Gregory, James (1638 ?—1675, Edinburgh) III *402*; IV 224, 225, 230; VI 31, 33, 46, 47; VII 44.
— Quadratura (1667) IV 192, *220*, ***1441***, 1575; VI 31, *169*, *170*.
— Exercitetiones (1668) II 25, 219, ***92***, *1148*; III 12, 13, *52*; V 69, *368*; VII 44, *255*.
Grunert, J. A. (1797—1872, Greifswald) III 54, *257*; V 51, 146, *263*, *450*, *846*, *928*; VI 51, *268*; VII 42, *247*, *266*.
— Lehrbuch f. mittl. Kl. (1834) III 19, *121*; IV 118, 124, 150, 164—166,

170, 184, 237, **930**, *979*, *1147*, *1245*, *1258*, *1269*, *1307*, *1396*, *1670*.
Grunert, Lehrbuch, f. ob. Kl. (1832) II 210, ***1100***; V 21, 56, 65, 96, 127, 130, *70*, *288*, *345*, *546*, *719*, *758*; VI 83, *239*, *415*; VII 20, *60*, *101*.
— Anal. Geom. (1835) VI 113, ***536***.
Grüson, J. Ph. (1768—1857, Berlin) IV 171, IV *639*, *1309*.
— Grundriß 1. (1799) I 145, ***62***, *805*; III 101; IV 66, 74, 146, *142*, 489, *557*.
— — 2. (1800) IV ***1104***[a]; VI 84, *419*; VII 30, *158*.
Grynaeus, Simon (1493—1541, Basel) III *76*; s. Euklid.
Gua de Malves, J. P. de (1712—1785, Paris) III 98, *447*; V 78, 112, 159, *414*, *595*, *908*; VII 29, *151*, *152*.
— Usages (1740) VI 112, 119, 121, 164, ***524***, *588*, *599*, *879*.
Gudermann, Chr. (1798—1852, Münster) V 46, 91, 112, 114, 118, 125, 127, 128, 130, 157, 163, 169, 170, ***229***, *600*, *652*, *723*, *727*, *737*, *762*, *897*, *926*, *932*, *959*.
Guhrauer, G. Ed. (1850) VII *132*.
Guidobaldo del Monte (1545—1607, Toscana) VI 154, 156, 161.
Guilelmus Anglicus (A. 13. J.) V 26, 177, *987*.
Guisnée ? († 1718, Paris) VI 109, 123, 154, ***511***, *616*, *617*, *804*.
Guldin, P. (1577—1643, Wien, Gratz) I 115, 116, *634*[b]; IV 109; VII 8, 41, 42, *242*.
Gunter, Edm. (1581—1626, London) I 41; II 183, 185, 188, 208; III 116; V 34, 36.
— Canon (1620) II 208, ***1085***; V 34, *156*.
Günther, S. (1848—1922, München) I *210*; II *756*, *1123—1125*; IV *780*, *1012*; VI *414*, *459*, *565*.
— Gesch. math. Unt. (1887) I ***139***, *241*.
— Gesch. (1908) I ***243***; V *553*.
Günther, F. u. Fr. Böhm, Rechenbuch (1890) I 806.
Güntsche, H. E. R. (1861—1913, Berlin) IV 9, 126, 194, *660*, *993*, *1454*, *1455*.
Gurjara-Inschrift (595 n. Chr., Indien) I 16.
Gwalior-Inschrift (876 n. Chr., Indien) I 27, 28, *95*, *122*.

Haan, Bierens de, s. Bierens.
Ḥabaš, s. Alḥabaš.
Ḣachs, J. († 1863, Kattowitz) I 98, *532*.
Hagge, K., 1909, IV 91, *662*.
Hahn, E. M. (1781—1841, Breslau) IV 20, *50*.
Ḥākimitische Tafeln (A. 12. J.) V 8, 136, 138, 174, 175; s. Ibn Yūnus.
Hall, H. S., 1903, IV 505[b].
Haller, St. (* 1874) V *571*, *604*.
Halley, E. (1656—1742, Greenwich) II 140, 220, *773*, *1149*, *1150*; III *311*, 53, 69; V 31, *569*; VI 50, 60, 61, 73, *263*, *314*, *375*, *687*.
— s. Apollonios, Euklid, Menelaos, Serenus, Theodosius.
Halliwell, J. O. (1839) I ***18***, *132*, *324*; II *700*; VI 40.
Halma, N. B. (1755—1828, Paris); s. Ptolemaeus, Theon v. Alexandria.
Hamett, J., 1823, IV *1062*.
Hamilton, W. R. (1805—1865, Dublin) II 88, *506*.
Hammer, E. H. H. (* 1858, Stuttgart) V *264*.
Hänel, Ch. F., 1777, I 160, *882*.
Hangest, H. de († 1538, Le Mans) II 132.
Hankel, H. (1839—1873, Erlangen, Tübingen) II 78, ***443***, *509—511*, *705*.
— Gesch. (1874) I ***134***, *151*, *665*, *669*, *754*; II *745*, *875*, *890*; III *28*, *172*, *304—307*, *356*, *366*, *464*, *469*; IV *58*, *500*, *622*, *1070*, *1176*, *1494*, *1497*, *1693*; V *45*, *160*, *952*, *978*, *981*; VI *461*.
Hansen, P. A. (1795—1874, Altona) V 98, *561*.
Haentzschel, E. (* 1858, Berlin) III 113, *522*; IV *663*, *1084*; V *74*, *84*.
Harder, Fr., 1911, I *875*[a].
Harms, C., 1889, I *803*.
Harriot, Th. (1560—1621, London) II 7; III 98, *418*; V 129.
— Praxis (1631) II 24, 26, 27, 30, 44, 76, 79, 96, 123, 152, 154, *82*, ***100***, 107, *122*, *207*, *422*, *675*, *845*; III 26, 82, 116, 143, *375*; IV 16.
Harris, J. († 1736) V *878*.
Harrison, G., 1903, IV *505*[a].
Harsdörffer, G. Ph. (1607—1658, Nürnberg) I *60*; IV 21, 36, 112, ***56***, ***860***.
Hartmann, B., 1888, I ***803***.
Ḥasan ibn Mūsā, s. Drei Brüder.
Ḣäseler, J. Fr. (1732—1797, Holzminden) I 132, ***366***; III 18; IV 74, 121, 162, *559*, *946*, *1218*; V 126, *716*.
Hauff, C. F., 1803, IV ***213***.
Hauschius, s. Kepleri Epistolae.
Haußner, R., s. Johann I Bernoulli.
Heath, T. L. (* 1861) II *3*; IV ***172***; V *30*; VI *424*, *810*.

Heiberg, J. L. (* 1854, Kopenhagen) I *830*; IV 12, *25*, *1510*; V *43*; VI *327*, *555*, *556*, *678*, *747*, *748—750*, *862*; VII *33*, *249*.
— Quaest. Archim. (1879) IV ***974***, *1464*.
— Stud. üb. Euklid (1882) IV ***15***, *514*, *1161*; V *560*, *568*; VI *677*; VII *108*.
— Math. zu Aristoteles (1904) I ***504***; III *24*; IV ***17***, *18*, *31*, *67*, *95*, *96*, *163*, *176*, *197*, *214*, *444*, *497*, *499*, *668*, *673*, *764*, *939*, *1072*, *1181*, *1190*, *1495*; VII *12*, *170*.
— s. Apollonios, Archimedes, Euklid, Heron, Ptolemaeus, Serenos.
Heidelberger Handschrift (um 1200?) I 8, 24, *16*, *127*, ***249***, 383.
Heilbronner, J. Chr. (1706—1747, Leipzig) III *54*.
Heine, H. Ed. (1821—1881, Halle) VI *221*
Heinrich, G., 1901, IV *1576*; VII *255*.
Heinsius, G. H. (1709—1769, Leipzig) V 125, *706*.
Hellmann, G. (* 1854) VI *462*.
Henrion, D. († 1640?, Paris) II 185, 187.
Henry, Chr., s. Œuvres d. Fermat.
Herakleides (?) VI 134.
Heriger von Lobbes (E. 10. J.) I 78, *400*.
Hérigone, P. (um 1640) I 9, 144, *31*, ***792***a; II 20, 27, 123, *104*, *205*, *677*; III 13, 116, 143; IV 17, 19, 52, *37*, *156*, *359*; V 38, 44, *172*, *173*, *207*; VI 67, 90, 117, *343*, *565*.
Hermann, C. F., s. Platon, Op.
Hermann, J. (1678—1733, Petersburg, Basel) II *1124*a; IV 226; V 55, 59, *280*, *309*; VI 109, 120, *510*, *592*, *889*,
Hermes, J. (* 1846, Lingen) IV 194, *1458*.
Hermite, Ch. (1822—1901, Paris) III 94, *416*; IV 231, *1624*; VI 53, *279*.
Herodotos von Halikarnassos (* um 485 v. Chr.) I 29, 62, ***107***, *153*, *311*.
Heron (um 100 v. Chr., nach D. E. Smith um 50 n. Chr., nach Heiberg 2. J. n. Chr.; Alexandria) I 40, 90, 150, 172, *250*, *651*, *652*; II 6, 80, 92—94, 105, 136, 137, *5*; III 10, 22, 27, 36, 37, 39, 40, 57, 66, 113, 119; IV 9, 10, 14, 23—26, 29, 31—36, 38, 46, 49, 50, 54, 62—64, 72, 73, 75, 78, 85, 88, 93—95, 97, 114, 117, 119, 126—133, 136, 144, 146, 147, 163, 185, 194, 196, 205, 234, 235, *626*; V 13, 14, 87, 90, 115; VI 6—8, 75, 76, 86, 92, 97, 98, 138, 151, 157, *699*; VII 4, 5, 9, 14, 22, 23, 24, 31, 32—38, 40, 43, 45, 46, 50.
Heron, Lebenszeit V 14, *37*; VI *699*.
— Opera, ed. Fr. Hultsch V ***461***; VI *699*.
— — 1. ed. W. Schmidt (1899).
— — 2. ed. L. Nix et W. Schmidt (1900) IV ***1233***.
— — 3. ed. H. Schöne (1903), Metrica u. Dioptra I ***205***, 206; II *5*, *6*, *529*, *588*, *755*, *757*; III *34*, *126*, *127*, *201*, *264*; IV *125*, *143*, *194*, *324*, *540*, *719*, *1000*, *1013*, *1037*, *1113*, *1115*, *1234*, *1463*, *1506*; IV 1642—*1644*, *1662*; V *35*, *36*, *461*; VI *455*, *791*, *837*; VII 17, 22, 34, 38, 45, *61*, *75*, *78*, *92*, *93*, *114*, *115*, *119*, *175*, *176*, *178*, *179*, *189*, *193*, *204*, *214*, *220*, *223*, *236*, *237*, *250*, *261*, *291*.
— — 4. ed. Heiberg (1912), Definitiones, Geometrica I ***483***, *956*; III *199*, *511*, *512*, *517*, IV *2*, *73*, *91*, *113*, *114*, *140*, *153*, *164*, *165*, *323*, *376*, *443*, *451*, *452*, *457—459*, *477*, *565*, *672*, *685—692*, *719*, *748*, *812*, *898*a, *1017*, *1019*, *1025—1036*, *1039*, *1041*, *1060*, *1098*, *1113*, *1115*, *1418*, *1419*, *1425*, *1482*, *1642*, *1644*, *1647*, *1648*, *1661—1663*; V *34*, *461*, *462*, *494*, *630*; VI *427*, *465*, *677*, *699*; VII 17, *20*, *80—82*, *169*, *172*.
— — 5. ed. Heiberg (1914) Stereometrica, de Mensuris; Scholia II ***456***; IV *1016*, *1024*a, *1482*, *1646*, *1649*; VI *16*; VII *2—6*, *83*, *84*, *92*, *114*, *115*, *118*, *167*, *174*, *175*, *176*, *177*, *179*, *188*, *189*, *214*.
— Geometrica, Abfassung IV 129.
Herwarth, s. v. Hohenburg.
Hesiodos (um 776 v. Chr.) I 31.
Hesse, A., 1716, I 160, *879*.
Hesse, L. O. (1811—1874, München)
— Vorl., Ebene (1865) IV 162, 179, ***1215***, *1368*; VI 125, *632*, *636*.
— Vorl., Raum (1861) V 127, ***732***; VI *636*.
Hessel, J. F. Chr. (1832) VII 47, *268*.
Hessenberg, G. (1912) IV *1628*.
Heuraet, H. v. (* 1633) II *62*; VI 107, *478*.
Heynatz, J. Fr., 1780, I 106, *579*a.
Heyne, M., 1905, I *4*, *509*; IV *142*.
Heynfogel, C. (1470?—1530? Nürnberg) I ***216***; IV 112, *870*; V ***638***; s. Sacrobosco, von Megenburg.
Hiero († 215 v. Chr.) I 170.
Hilbert, D. (* 1862, Göttingen) III 114, *535*; IV *232*, *1627*.

Hildebrand, J. E. (1748—1828, Berlin) III 18, ***91***, *101*; VI 20, *111*.
Hildebrandt, G. Fr. (1764—1816, Erlangen) III 18, ***90***; IV 42, 68, 73, 74, 102, 110, 121, 237, *246*, *547*, *560*, *570*, *770*, *842*, *942*, *1665*; V 44.
Hildesheimer (clevisches) Rechenbuch (1445, geschrieben vom Stiftsschüler Bernhard) I 61, 76, 79, 86, 95, *70*ᵃ, ***300***, *325*, *328*, *332*, *386*, *414*, *415*, *459*, *460*, *510*; II *725*; III 123.
Hiller, Ed., s. Theon von Smyrna.
Hilprecht, H. V., 1903, 1906 (Pennsylvania-Univers.).
— Ausgrabungen I *666*.
— Expedition I 3, 37, 111, ***1***, *6*, *79*, *186*, 610, 611, *666*; II 15; IV 1014, 1479; V *2*; VI 16, *77*; VII *95*.
Hincks, E., 1855, I 36, ***184***; VI *3*.
Hindenburg, K. Fr. (1741—1808, Leipzig) I 117, *644*; VI 45, 69, 70, 83, *245*.
Hipparchos von Nikaia (M. 2. J. v. Chr.) I 35, 40; III 39; IV 107, 178; V 4, 5, 6, 12, 14—16, 53, 59, 103, 104, 168, 169, 172; VI 63, 92.
Hippasos (um 400 n. Chr.) III 5; VII 48.
Hippias von Elis (* um 460 v. Chr.) III 65; IV 199; VI 130.
Hippokrates von Chios (um 440 v. Chr., Athen) II 39, 127; III 10, 15, 68, 84; IV 6—8, 14, 15, 58, 63, 65, 67, 96, 97, 105, 111, 118, 127, 139, 145, 146, 156, 198, 199, 234, *799*, *812*; VII 6.
Hippolytos (3. J. n. Chr.) I 58, *275*.
Hirsch, J., 1878, I *911*, *921*.
Hirsch, Meier (1765—1851, Berlin) IV 118, 150, 154, ***925***, *1146*; V 46, 94; VI 91, 112, 113, *451*, *531*; VII 19, 20, 26, 27, 30, 40, 42, 54, *100*, *127*, *137*, *221*, *233*, *245*, *308*.
Hirschvogel, A. (um 1547) V 97; VII 53, *305*.
Hobert, J. Ph. (1759—1826, Berlin) II 194, ***1044***.
Hoche, H., 1695, III ***101***, *135*, *137*.
Hoche, R., 1866, s. Nikomachos.
Hochheim, A., s. Alkarḫī.
Hoecke, van der, 1537, II 18, *47*.
Hoffmann, G. A. (1700—1755) I 168.
Hoffmann, Henrich, 1651, IV 29, 34, 41, 62, 102, 112, 149, 165, ***93***, *137*, *189*, *239*, *440*, *767*, *862*, *875*, *876*, *1132*, *1253*; VII 20, *104*; s. Euklid.
Hoffmann, J. C. V. (1825—1905, Leipzig) I *875*; IV 68, *505*.
Hoffmann, J. J. I. (1777—1886, Aschaffenburg) IV 69, *510*; V *1084*.
Hoffmann, Ulr., 1658, I 161, *898*.
Hohenburg, H. G., Herwarth v. (1553 bis 1622) I 44, 114, *230*, *627*.
Holtzmann, W. (Xylander, 1532—1576, Heidelberg).
— Archimedesübers. (1562) I 11, 92, *47*, ***493***; III 17—19, *93*, *113*; IV 20, 35, 38, 41, 62, 92, 102, 112, 113, 117, 127, 134; *150*, *191*, *237*, *449*, *667*, *766*, *879*, *891*, *893*, *913*, *1051*, *1060*, *1409*.
— Diophantübers. (1575) II 26; s. Psellus.
Holtzwart, s. Israel.
Hoppe, Edm. (* 1854, Hamburg) I 37, *189*; II *969*; V *37*.
— Stifels Nachlaß (1900) II ***114***, *969*; VI *101*, *106*, *188*.
— Math. u. Astr. (1911) I ***189***, *190*, *518*, *525*, *543*, II *343*; III *6*, *298*; IV *615*, *628*, *1650*; V *3*, *7*, *30*, *33*, *37*, *958*; VI *8*, *14*; VII *248*.
Hoppe, R. (1816—1900, Berlin) II 205, *1073*; III *516*, 113.
Horatius Flaccus (65—8 v. Chr.) I 95, 125, *243*, *500*, *505*, *673*; III 119; IV 38, *199*, *674*.
Horche, H., 1695, III *135*, *137*; IV 21, 34, ***57***, *141*.
Horn, C. H. (um 1690) I 167.
Hoernle, R., s. Bakhṣālī.
Horrebow, P. (1679—1764, Kopenhagen) III *54*.
Houël, G. J. (1823—1886) II *495*, *500*.
— Tables (1858, 1866) II 188, 190, ***1026***, ***1029***.
Hübsch, J. G. G. (1748) I 48, 56, 57, ***269***ᵃ.
Hudde, J. (1628—1704, Amsterdam) II 31, 46, 54, 77, 101, *62*, *124*, *280*, *428*, *569*; III 24—26, 76, 95, 98, 99, 117; IV 43; VI 107.
— Reductio (1659) I *124*, *280*, ***428***; III *349*; IV *269*; VI *447*, *478*.
Hugo von Lerchenfeld (E. 12. J.) I 28.
Hugo Physicus († 1199) III 16, *71*; IV 27, 33, 35, 64, 97, ***87***, *132*, *148*, *472*, *727*.
Hūlāgū (Mongolenfürst, 13. J.) V 9, 25.
Hultsch, Fr. (1833—1906, Dresden) I *368*, *426*ᵃ, *488*, *650*, *652*, *658*, *671*; II *337*, *750—753*; III *36*; IV *1509*, *1511*; V *461*; VI *699*.
Hume, J., 1636, II 123, *678*; V 153, *869*.

Hunrath, H. K. (* 1847, Rendsburg) I *767*; III *287*, *389*; IV *1060*, *1559*; V *54*, *247*, *333*, *341*, *346*, *584*, *1000*; s. Rhaeticus.
Hürschvogel, s. Hirschvogel.
Hurwitz, A. (* 1859, Königsberg, Zürich) IV 232.
Huswirt, J. (1501) I 13, 69, 173, ***74***, *957*, *959*.
Hutt, E. J., 1880, IV *639*.
Hutton, Ch. (1737—1823, Woolwich) I 57.
— Course of Math. (6. Aufl. 1811) I *36*.
Huygens, Chr. (1629—1695, Haag, Paris) II 35, 127, *471*; III 76; IV 19, 218, 219, 221, 224, 230, 238, *1571*; V 129; VI 32, 72, 73, 81, *370—372*, *403*.
— Circ. magnitudo (1654) IV 10, 192, 218, 219, 238, ***838***, *1443*, *1543*, *1676*.
— Op. var., ed. W. J. 's Gravesande (1724) IV ***1141***, *1443*, *1571*, *1572*; VI *169*, *170*.
— Op. posth. (1728) VI *403*.
— Œuvres, éd. Soc. holl. d. sc. (1888 ff.) III ***348***; V *749*; VI *374*.
Hyginus (um 100 n. Chr.) I 90.
Hypatia († 415 n. Chr.) II 62; III 22, 100, 101; VI 139.
Hypsikles von Alexandria (um 170 v. Chr.) I 40, *204*; VI 6, 8; VII 8, 49, 50.
— Anaphorikos, ed. Manitius (1888) I ***204***; VI *13*.

Iamblichos (um 325 n. Chr.) I 96, 110; II 48; III 5, 21, 29; IV *464*; VI 8; VII 48, *277*.
— Introductio, ed. Pistelli (1894) I ***370***, *518*, *544*, *604*; II *287*; III 14, 7, *11—15*, *124*; IV *464*; VI *27*.
Ibn Albannā' (M. 13. J.) I 68, 106, *578*.
Ibn Alhaiṭam (965 ?—1039) IV 145, 210, *1101*, *1528*; V 9, 143; VI 29, 146, *149*, *161*, *165*, *555*.
Ibn Jūnus († 1009, Kairo) V 8, 25, 29, 62, 133, 136, 138, 174; V *96*. s. Ḥākimitische Tafeln.
Ide, J. J. A. (1775—1806, Moskau, Göttingen) IV 121, ***213***, *943*.
Ideler, Ch. L. (1766—1846, Berlin); s. Hobert.
Ideler, V., 1828, s. Lacroix.
Ihering, F. H. W., 1798, I 161, 162, 163, *884*, *905*, *906*, *918*.
Indianer I *3*.
Initius Algebras (A. 16. J.), s. Andreas Alexander, II 17, 32, 42, 51, 75, 79, 98, 99, 119, 120, 131, 141, 149, 161, 162; III 50, 130; VI 35.
Initius Algebras, ed. Curtze (1902) II *46*, ***135***, *203*c, *416*, *446*, *549*, *656*, *783*, *827*, *828*, *898*, *905*; III *475*, VI *186*.
Isidorus von Sevilla (570—636) I 90, 109, ***505***a.
Israel-Holtzwart, K. (1895) II *1060*; V 184, *1012*.
Italienische Handschrift (14. J.), s. Libri, Histoire.
Ivrea, Kapitularbibliothek, I 22.

Jaeckel, W., 1911 (Ohlau) V 185, *1016*.
Jacob, Simon († 1565, Frankfurt a. M.).
— Rechenbuch auff. d. Linien usw. (1557, 1565) I 69, 93, 106, 153, ***839***, *843*; IV 28, 164, *1060*.
— New Rechenbuch (1565) I ***839***; II 171, 172, 206, ***962***; IV 96, 113, 123, 127, *697*, *813*, *882*, *960*; V 96, *537*; VI 18, 23, 37, *92*, *125*, *193*; VII 15, 30.
Jacobi, C. F. A. (1795—1855, Brandenburg, Schulpforta), s. van Swinden.
Jacobi, C. G. J. (1804—1851, Berlin) I 149; II 38, 87, *186*; III 109, *498*; VI *889*; VII 27, *138*.
— Werke, ed. C. Borchardt u. C. Weierstraß (1881—1891) II *186*; III *498*.
Jacobs, Fr., s. Manilius.
Jacobsthal, W., s. H. Weber.
Jaeger, E. L., 1874, 1876, I *968*, *970*.
Ja'qūbī (um 880) VI 16.
Jean de Moeurs, s. Johannes de Muris.
Joachimsthal, F. (1818—1861) VII 29, *136*, *149*.
Johann von Gmünden (um 1380 bis 1442, Wien) I 54, 138; V 178, *992*.
Johannes Campanus, s. Campanus.
Johannes de Lineriis (um 1322, Paris) I 85, 92, 131, 132; III 16, V 177.
— Canones (1323, ed. Curtze 1900) IV 40, ***227***, 1520; V 26, 34, *53*, *101*, *147*.
— Algor. de minutiis, ed. 1540 I 85, 92, ***455***, *499*, *711*, *720*; III *74*; V *101*, *147*.
Johannes Maudith (um 1340, Oxford) V 26, 177.
Johannes de Muris (* 1310 ?, † nach 1360) I 85, *322*a, *397*, *452*.
Johannes de Sacrobosco, s. Sacrobosco.
Johannes von Sevilla (von Luna, Hispalensis, um 1140) I 12, 19; II 107.

Johannes von Sevilla, sog. Rechenbuch des Joh. v. S. (12. J.) I 12, 19, 24, 68, 70, 113, 122, 126, 130, 135, 137, *65*, *98*, *339*, *340*, *345*, *619*, *661*, *677*, *739*, *752*ª, *755*; II 138 bis 139, 144, *17*, *799*; III 121; s. Alḫwārazmī, ed. Boncompagni 2 (1858).
Johnson ?, 1633, II 25, *89*; III 116.
Joncourt, Élie de († um 1770, Haag) IV *1089*.
Jones, W. (1675—1749, London) II 48, *232*, *1145*ª; V 41, 42, 56, 57, 155, V *294*; VI 26, 44, *236*.
— Synopsis (1706) II 20, 125, 126, 209, 220, *55*, ***57***, 130, 690, 697, *1151*, 1152; III 27, 148, *167*; IV 225, 232, 233, *1629*; V *192*, *193*, *198—201*, *242*, *886*; VI 13, 14, 19, 41, 45, 62, 74, *61*, *62*, *103*, *212*, *240*, *315*, *380*.
Jordan, Leo, 1905, I *28*, *71*, *72*.
Jordanus Nemorarius († 1237 ?, Deutscher Ordensgeneral) I 9, 24, 52, 59, 71, 72, 127—135, 137, 138; II 4, 6, 23, 41, 133, 145, *746*ª, *949*; III 16, 19, 32, 45—47, 61, 62, 65, 115, 122; IV 12, 27, 191; V 86, 113, *605*; VI 65, 87, 88.
— Arithmetica, ed. Faber Stapulensis, (1496, 1514) I 109, ***595***ᶜ, II *746*.
— Dem. de algorismo, ed. Eneström (1906) I 9, 24, 52, 85, 105, ***22***, *255*, *283*, *332*, *449*, *571*ª.
— Opus numerorum, ed. Eneström (1907) I 24, ***128***; II *255*ª.
— Dem. de minutiis, ed. Eneström (1915) I *350*, ***679***, *683*, *687*, *695*, *700*, *711*ª, *719*, *730*, *731*ª, *752*ᵇ, *758*, *762*ª; II *803*, *932*ª, *949*.
— De numeris datis I 85, ***361***, *397*, *448*; II 77, ***197***; ed. Treutlein (1879) II 77, ***197***; III *178*; ed. Curtze (1891) II ***197***, *537*, *538*; III *30*, *34*, *73*, *105*, *108*, *224*, 61.
— De triangulis, ed. Curtze (1887) III ***283***, 65; IV 12, 40, 43, 58, 62, 86, 108, 111, 120, 121, 148, 153, 160, 163, 194, 195, 212, 220, ***85***, *223*, *259*, *408*, *454*, *633*, *820*, *850*, *940*, *950*, *1129*, *1165*, *1203*, *1236*, *1434*, *1436*, *1461*, *1472*, *1536*; VI 88, *438*.
— L. de ponderibus V *459*.
Jöscher, A. F., 1836, I 162, 163, *908*, *909*, *919*.
Joseph, H., 1878, I 163, *911*, *921*.
Josephus Flavius (* 37 n. Chr.) I *667*.
Julianus, Salvius (A. 2. J. n. Chr.) I 174.
Julius Paulus (3. J. n. Chr.) I 174.
Junge, G. (* 1879) II ***337***, *342*; IV ***10***, *16*, *1063*.
Junge, Joachim (1587—1657, Gießen, Rostock, Hamburg) III 81; IV 49, 66, 73, 117; V 88; VII *132*.
— Geom. emp. (1627) IV 95, *326*, ***491***, *543*, *1060*.
Jungingen, K. v. (1393—1407) IV 13, *28*.
Juventius Celsus (um 100 n. Chr.) I 174.
Justinianus (482—565 n. Chr.) I 157.

Kahun, Fragmente von (um 2000 v. Chr.) I 118, 119, 134; III 56, *261*; IV 139; VI 4; s. von Schack-Schakkenburg.
Kallippus (um 330 v. Chr.) I 31.
Kallius, s. Kuckuck.
Kambly, K. H. A. L. (1811—1884, Breslau) I 61, *299*; IV 20, 71, 121, ***52***, *523*, *531*, *948*, *1057*; VII 30, 36, *60*, *162*, *206*.
Kambyses (529—522 v. Chr.) I 39.
Kanopus, Edikt v. (238 v. Chr.) I 32.
Karpinski, L. C., 1911, 1917, I *102*, *785*ª; II *240*, *601*, *614*; VI *468*; VII *117*ª; s. Smith, D. E. (1911).
Karpos (?) IV 206.
Karsten, W. J. G. (1732—1787, Halle).
— Mathesis (1760) III ***54***; IV 31, 66, 73, 77, 116, 135, 146, 161, ***107***, *108*, *492*, *546*, *573*, *1107*, *1207*.
— Lehrbegriff (1767—1778) I 57, 75, 79, 83, 105, 132, ***209***, *380*, *436*, *572*, *576*; II 61, 129, 132, 210, *333*, *719*, *722*, *1092*; III 1, 18, *2*, *89*; IV 21, 48—50, 53, 60, 66, 69, 73, 75, 111, 146, 170, 223, *319*, *327*, *336*, *1108*; V 21, 56, *72*, *284*; VI 62, *318*; VII 13, 35, 38, 40, 47, *48*, *50*, *51*, *195*, *199*, *202*, *224*, *232*, *269*.
Kästner, A. G. (1719—1800, Göttingen) III 98, 118, *448*; IV 26, 27; V 67, 70, *371*; VI 42, 74, *216*; VII 13.
— Anfangsgründe (1758—1794) I 12, 53, 57, 79, 86, 128, 130, 132, 145, ***15***; II 32, 47, 79, 102, 132, 195, 210, 212; III 17, 18, 54.
— — 1. (1758, 1764) I *64*, ***259***ª, *580*, *633*, 58, *681*, *706*, *800*, *804*; II *131*, *227*, *577*, *580*, *1048*, *1090*, *1109*, *1113*; IV 21, 26, 44, 49, 50, 51, 53, 58, 60, 73, 77, 81, 95, 116, 164, 170, 221, 223, 237, *76*, *274*, *327*, *335*, *350*, *422*, *1481*, *1581*, *1637*, *1664*; V 21, 22, 45, 46, 56, 89, 150,

63, 75, 212, 213, 226, 227, 283, 790, 856; VI 14, 15, 61, 74, *65, 66, 70, 138*; VII *47*.

Kästner, A. G., Anfangsgründe 3. (1794) III **255**; VI *381, 698*.

– Geom. Abh. 1. (1790) I **214**; V 45, *214*.

– – 2. (1791) IV **213**; V **357**.

– Geschichte (1796–1800) VI **750**, *753*.

Kātyāyana IV *21*, 140; s. Śulvasūtra.

Kaukol, D. K., 1696, I 130, 134, 136, **705**.

Kaußler, C. F. (1760–1825, Stuttgart) II 168, **941**.

Kaye, George Rusby, 1918, 1919, I 16, *90, 93, 95, 122, 151*; II 11, *22, 407, 761*; IV 10, *21, 1078*; V *11, 573*.

– Ind. Math. (1915) I **95**, *674*; II *407, 531, 760, 806*, III *40, 467*; IV *21, 1078, 1513, 1516, 1519, 1521, 1523*; V *48, 313, 374*; VI *81, 707, 839*.

– Influence gr. (1919) I **95**; III *461, 465, 466*; V *11, 374*.

– Anc. Hindu Astr. (1919) V *11*, **573**.

Kehrbach, K., 1887, I *139*.

Keill, J. (1671–1721, Oxford) III *54*.

Kepler, J. (1571 Weil der Stadt, Württ. bis 1630; Regensburg, Graz, Prag, Linz, Ulm) I 34, 88, 142, 143; II 122, 172, 173, 180–182, 189, 190, *964*; III 17, 26, 116; IV 53, 105, 109, 112, 187, 222, *369*; V 34, 66, 97, 116, 129, 142, 154, VI 30, 88, 89, 94, 116, 141, 142, 147, 151, 152, 155, 161, 163; VII 8, 17, 30, 41, 42, 54.

– Ad Vitell. Paralipomena (1604) VI **458**, *713, 754, 792, 793, 801, 804, 872*.

– Astr. nova (1609) VI *712*.

– Stereometria doliorum (1615) II 61, **329**; IV 13, 222; VI 30, 88, *167, 442, 443*; VII 41, *239*.

– Messekunst (1616) I **783**; IV 20, 33, 36–39, 58, 112, *162, 185, 192, 202, 411, 708, 859*; V *637*; VI 143, 155, *167, 718, 815*; VII 15, 17, 20, 30, 31, 34–36, 39, *88, 165, 192, 207, 226, 227, 229, 239*.

– Harm. mundi (1619) VII 54, *307*.

– Chilias logarithmorum (1624) II 181, 189, 191, 192, 199, 208, **987**; VI 59.

– Suppl. (1625) II 207, **988**, *1078*; V *875*.

– Tabulae Rudolphinae (1627) II 182, 190, **989**, *990*; V *155*.

– Epistolae, ed. Hauschius (1718) V **552**.

– Opera, ed. Frisch (1858–71) I **171**, *172, 476, 783*; II *671, 965, 1033*; III *162, 163*, 142; IV *369, 786, 835, 1415*; V *155, 351, 875*; VI *167, 442, 443, 458, 558, 754, 763, 792, 793, 801, 814, 872*; VII *239, 240, 307*.

Kersey, J., 1673, III **251**.

Kessler, F., 1895 (Wiesbaden) I 149.

Kewitsch, G., 1896, I 37, *187*; II *973*.

Kierboe, T., 1914, VI *724, 729, 730*.

Kircher, Athanesius (1601–1680, Avignon, Rom) V 28, **109**.

Klaaß, P., 1909, II *945*; s. J. Tannery.

Klein, F. (* 1849, Göttingen) II *945*; III *273, 417*; IV 58, *398, 1445, 1458*; s. Moebius.

Klingenstierna, S. (1698–1765) VI 114.

Klopstock, Fr. G. (1724–1803) IV *142*.

Klügel, G. S. (1739–1812, Halle) II 78, *441*; IV *393*; V 45, 51, 56; VII 12.

– Anal. Trig. (1770) II 79; IV 77, **572**; V 22, 30, 31, 56, 81, 112, 130, 150, *77, 118, 127, 211, 258, 289, 429, 599, 756*.

– Anfangsgründe (1798) II 195, 212, **1049**, *1114*; IV 60, 95, 164, 193, *1444*; V 22, *80*.

– Wörterbuch (1803–1847) II 53, **143**, *268, 271, 1118*; III 19, 25, *115*; IV 21, 39, 44, *160*; V 30, 130, *124, 128, 263, 656, 694, 753*; VI 74, *383, 420*; VII 13, 30, *38, 53*.

Knott, C. G., 1915, s. J. Napier.

Köbel, Jakob (1470–1533, Oppenheim).

– Rechenbüchlein (1514) I 13, 14, **26**, 29, 55, 93, 113, 129, 169, *76, 77, 495*[a], **690**, *959*; IV 21, 32, *275*.

– Vysierbuch (1515) I 10, 26, 53, 55, **42**.

– Rechenbuch (1518) IV 36, *121, 171*.

– Rechenbuch (1538) I *704, 939*.

Koch, W., 1904, IV *1574*.

Kochansky, A. A., 1685, IV 218, *1569*.

Koehler, Fr., 1797, I 48.

Kolross, J., 1530, I 14.

Kommerell, K., 1917, 1922, IV *1579*; VI *391*.

Konen, H. (* 1874, Bonn) III *501*.

Kopp, Ulr. Fr., s. Martianus Capella.

Koppe, C. Fr. A. (1803–1874, Soest) I 149, **822**; II 130, 211, *730, 1105*; IV 60, 69, 162, *421, 512, 1228, 1308, 1416*; VII *260*.

Koppe, M. († 1922, Berlin) II 203, 205, *974, 981*, **983**[a], *1069, 1075*; IV 205, *1503, 1573*; V *10, 140*; VI *134*.

Koppernikus, N., Koppernigk (1473 bis 1543, Thorn) I 36, *181*; IV 126, 170;

V 11, 18, 19, 29, 30, 36, 52, 75, 76, 109, 117, 137, 147, 180.
Koppernikus, N., Revolutiones (vollendet 1530, Druck 1543, 1566, 1873) IV 137, 180, **997**, *1295*; V *393*, *402*, *581*, *647*, *997*; (Rhaeticus V *998*).
Kortum, H. (1836—1904, Bonn) III 69, *315*ª.
Kossack, E. (1839—1892, Berlin) II **375**, *509*.
Koetter, E. (* 1859, Berlin) IV *977*, **1385**; VI 802.
Krafft, G. W. (1701—1754, Tübingen) I 110, *609*ª; III **54**; VI 120, *596*.
Krafft, Joh., 1592, I 106.
Kramp, Chr. (1760—1826, Straßburg) II 33, *150*.
Kresa, J. (1648—1715, Prag, Madrid, Brünn) III 117; V 41, 42, 45, **194**, *197*, *222*, *878*.
Krishna (17. J., Indien) II 57.
Krohn, F. I *389*; s. Vitruvius Pollio.
Kroll, J. F., 1839, I 132, **709**, 716; II *145*; IV 135, *1057*, *1416*.
Kroll, W., 1901, I *658*.
Kronecker, L. (1823—1891, Berlin) II 88, *507*; III 94, 111, *415*, *417*, *509*; s. Dirichlet.
Kruse, 1875, IV 104, *779*.
Kubitscheck, W., 1900, I *109*.
Kuckuck, Alb., 1872, I 75, **336ª**, *379*, *480*.
Kugler, F. X.
— Bab. Mondrechnung (1900) I **80**, *155*, *196*, *203*; V *2*, 7, *33*; VI *4*, *13*, *114*.
— Bab. Planetenkunde (1907) I **195**, 196; V *2*.
— Bab. Zeitrechnung (1909) I **160**, *162*, *860*, V *2*.
Kulik, J. Ph. (* 1793, Graz, Prag) I 118, *647*ª.
Kullrich, E. (* 1863, Berlin) I 87, **470**, II *1098*.
Kummer, E. E. (1810—1893; Breslau, Berlin) II 88; III 113, 114, *519*, 534, VI 55.
Kürschák, J. (* 1864) IV *1500*; V *296*.
Kutta, W. (* 1867, München) IV *646*.

La Caille, N. L. de (1713—1762, Paris)
— Lectiones (1762) II *939*; IV 42, 44, **245**, *273*, *362*; V **293**, *319*.
— — éd. Marie (1770) I 57, **271ª**; II 209, **773**, *1088*; IV 53, 116, 146. *245*, *362*, *363*, *1103*; V 60, *293*,
Lachmann, K., s. Feldmesser.
La Condamine, Ch. M. de (1701 bis 1774, Paris) V 170.
Lacroix, S. Fr. (1765—1843, Paris).
— Cours de Mathématiques (1796 bis 1799) III **53**; IV 46, 59, 184, **298**; VII 13.
— — Bd. 4, Trigon., Applic. V 67, **358**, *594*; VI 112, 120—125, 127, 150, 154, 156, 159, 161, 165, 167 bis 169, *527*, *595*, *606*, *607*, *621* bis *628*, *638*, *648*, *649*, *787*, *808*, *822*, *849*, *850*, *851*, *890—895*, *903*, *904*.
— Anfangsgründe, deutsch v. E. M. Hahn (1806) IV **1395**, *1446*; VII 13, 26, *60*.
— Lehrbuch, deutsch v. V. Ideler (1828) V **298**, *429*, *1607*; V *754*, 130; VII 13, 26, *52*.
Laërtius Diogenes, s. Diogenes.
Lagny, Th. F. de (1660—1734, Paris) II 140, *772*; III *510*; IV 224—227, 230, *1591*, *1592*, 1618; V 20, 30, 50, 59, *60*, *122*, *254*, *308*; VI 26, *139*, *140*, *408*, *409*, *411*.
Lagrange, J. L. (1736—1813, Turin, Berlin, Paris) I 42, 45, 105, *561*, *570*; II 35, 38, 48, 194, 205, *182*, *233*, *854*; III 55, 76, 83, 84, 91, 93, 97, 98, 108, 110, *21*, *259*, *350*, *381*, *382*, *384*, *399*, *407*, *434*, *452*, *495*, *507*; V 78, 112, 142, 144, 145, 163, 170, *415*, *596*, *818*, *838*, *930*, *966*, *972*; VI 47, 82, 83, 122, *408*, *409*, *411*; VII 28, *143*.
— Œuvres, éd. J. A. Serret et G. Darboux (1867—1892) I *346*, *561*, *570*, **575**; III *350*, *384*, *399*, *434*, *452*, *507*; V *415*, *596*, *966*; VI *408*, *409*, *411*; VII *143*.
— Vorlesungen, deutsch v. H. Niedermüller (1880) I 57, 70, 105, *272*, **346**, *575*.
La Hire, Ph. de (1640—1718, Paris) II *98*; IV 126, *999*; VI 109, 113, 118, 119, 126, 142, 147—149, 155, 161, 163.
— Nouv. méth. (1673) VI **774**.
— Nouv. élém. (1679) III **50**; VI **507**, *538*, *539*, *574*, *819—821*, *874*.
— Sectiones conicae (1685) IV 110, 178 bis 180, **839**, *1355*, *1360*, *1365*, *1382*; VI *762*, *771—773*, *777*.
Lalande, J. J. le François (1732 bis 1807, Paris) II 193, *1040*.
Lambert, J. H. (1728—1777, Berlin) I 100, 116, *812*, 147, 148; II 129, 140, 212; IV 88, 176, 227, 230, 231, *393*, *1619*; V 135, *793*; VI 51, 52, 152.

Lambert, J. H., Perspektive (1759) IV 88, 176, *1348*.
— Beyträge, 1. (1765) II *718*, ***1118***; IV 66, ***486***; V 21, 44, 61, 98, 112, 134, 142, 144, 145, 149, 150, 154, 158, 165, 171, *66*, *210*, *321*, *557*, *559*, *787*, *791*, *822*, *837*, *853*, *854*, *874*, *877*, *903—905*, *947*, *970*; VII 42, *246*.
— — 2. (1770) I 116, ***547***, 635; II *774*; III 18; IV 215, *1552*, *1619*; V 60, 94, 97, 184, *318*, *530*, *549*, *1015*.
— — 3. (1777) II ***1118***, 215.
— Briefwechsel (1787) IV *70*; VI *802*.
Lamé, G. (1795—1870, Paris) III 114, *532*; IV 124; VI 125, 126, 149, 154.
— Examen (1818) IV ***971***; VI *630*, *646*, *776*, *809*.
Lampe, E. (1840—1918, Berlin) III *288*; IV *1543*.
Lamy, B. (1640—1715, Rouen) IV 134, 146, 170, 185, ***504***, *1106*, *1302*, *1406*; VII 13, *57*.
Landau, E. (* 1877, Berlin) I *539*; IV *1491*.
Lange, G., 1909, II *296*; s. Levi ben Gerson.
Lange, J. (1846—1903, Berlin) IV *1276*.
Langsdorf, K. Chr., 1776, VI 168, *900*.
Laensbergh, Ph. van; van Lansberge (1561—1632, Zeeland) I 44, ***228***; IV 52, 108, *357*, *830*; V 35, 74, 80, 140, *129*, *386*, *424*, *811*.
Lanthéric, s. Lenthéric.
Laplace, P. S. de (1749—1827, Paris) I 45; II 38, 48, 100, *181*, *234—236*, *558*; IV 56, *388*; VI 74, 111, *379*, *521*.
La Porte, de, 1687, I 162, *901*.
La Roche, E. de, 1520, II *316*; s. Chuquet.
Lauber, L. M., 1837, VII *60*.
Launay, 1605, I 7.
La Vallée-Poussin, Ch. de, 1896, I 99.
Lechner, J. B., 1800, I 83, *332*.
Le Clerc, S., 1609, IV 195, *1476*.
Lefort, F. (* 1809, Paris) II *999*; s. Comm. epistol. (1856).
Lefrançais, F. L., 1801, VI 112, 125, 126—128, 159, 165, 168, ***530***, *637*, *641*, *644*, *652*, *656*, *852*, *896*.
Legendre, A. M. (1752—1833, Paris) I 93, 97, 98, 102, *534*; III 118; IV 55, 56, 58; V 184, *941*, *966*; VI 87.
— Elém. (1794, 1799) IV 53, 56, 60, 74, 77, 95, 149, 164, 170, 184, 192, 193, 222, 231, ***364***, *383*, *389*, *552*, *580*, *1137*, *1306*, *1394*, *1449*, *1583*, *1622*; V 21, 56, 67, 89, 91, 93, 96, 113, 116, 119, 130, 134, 143, 145, 146, 160, 164, 170, 171; *69*, *285*, *354*, *482*, *504*, *525*, *544*, *641*, *691*, *695*, *696*, *757*, *788*, *824*, *839*, *911*, *913*, *941*, *966*; VI *437*; VII 10, 19, 26, 35, 39, 46, 50, *25*, *28*, *39*, *41*, *99*, *110*, *128*, *134*, *135*, *196*, *225*, *230*, *265*, *288*.
Legendre, A. M., Elém., deutsch v. Crelle (1822, 1833) IV ***364***, *1141*, *1442*, *1449*, *1583*; V 21, 127, *69*, *285*, *525*, *720*, *788*, *844*, *911*, *913*, *966*; VI *437*; VII 26, *25*, *119*, *265*, *288*.
— Essai (1798), deutsch v. H. Maser (1893) I ***526***, *529*, *534*, *537*, *556*, *557*.
Lehmus, D. Chr. L. (1780—1863, Berlin) IV 20, 71, 114, 118, 167, 237, ***51***, *896*, *929*, *1669*; VII 30, *160*.
Lehmer, D. N., 1909, I 118, *647*.
Leibniz, G. W. (1646—1716, Hannover) I 100, 104, 147, 165, 166, 168, *3*, *545*, *561*, *933*; II 3, 7, 24, 25, 31, 33—37, 47, 48, 53, 61, 70, 71, 73, 77, 83, 101, 126, 127, 219, 221, 224, *95*, *167*, *169*, *225*, *226*, *380*, *398—400*, *431*, *472*, *590*, *1156*; III 12, 13, 35, 80, 91, 92, 98, 117, 148, *363*; IV 15, 19, 20, 43, 174, 226, 230, *1590*, *1616*; V 47; VI 15, 23, 25, 26, 32, 39, 40, 44, 45, 47, 55, 68, 69, 91, 113 bis 115, 118—120, *74*, *128*, *136*, *137*, *241*, *293*, *347*, *449*, *579*; VII 8, 42, 44, 46, *243*.
— Mathem. Schriften, ed. C. J. Gerhardt.
— I. Abt. Bd. 1—2 (1849, 1850) II ***83***, ***175***, *471*, *696*; IV *43—46*, *1589*; VI *137*, *250*.
— — Bd. 3—4 (1855—1859) II *158*, *159*, *171*, *172*, ***701***, *702*; III *403*, *404*; VI *289*, *293*, *540—512*.
— II. Abt. Bd. 1 (1858) II *95*, ***169***, *230*, *380*, *397—400*, *431*, *472*, *473*, *1156*; IV *43*; VI *175*, *346*, *348*, *354*, *357*, *358*, *449*, *578*, *579*, *585*.
— — Bd. 3 (1863) I *3*, ***565***, *933*; II *83*, *151*, *176*; III ***49***, *404*; IV *271*; VI *242*, *359*; VII *243*.
— Briefwechsel, ed. C. J. Gerhardt I. 2. Aufl. (1899), II. *168*, ***572***, *700*, 1124ᵃ; III *402*.
— Characteristica geom. (1679) IV 19, *43*.
— Ars combin. (1690) V 47, *244*.

Leipziger Handschrift Nr. 1470 (1486) II 15.
Lemoine, É. (1840–1912, Paris) IV 90, 91, *659*.
Lenthéric, P., 1830, III 10, *38*, *514*.
Leo de Balneolis, s. Levi ben Gerson.
Leon (um 370 v. Chr.) III 7; IV 7, VI 84.
Leonardo von Pisa († 1250?) I 25, 47. 60, 71; II 4, 6; III 10, 80, 81; IV 12, 52; VII 14.
— Lib. abaci, (1202, 1228) ed. Boncompagni (1857) I 8, 11–13, 24, 27, 47, 52, 53, 59, 60, 62, 72, 77, 85, 105, 108, 113, 117, 122, 127–130, 133, 135, 136, 151, 154, 158, 170 bis 172, 175, **17**, *21, 56, 66, 260, 280–282, 291, 314, 315, 319, 322*^{a}, *329, 332, 360, 446, 571, 588, 620, 638, 639, 662, 663, 693, 694, 702, 729, 741, 747–750, 837, 849, 863, 950, 957, 963*; II 6, 17, 24, 40, 41, 50, 52, 58, 67, 68, 72, 74, 76, 81, 95, 97, 107, 108, 128, 139, 140, 146, 157, 161–165, *41–43, 195, 196, 242, 255, 262, 312, 357–360, 389, 390, 392, 414, 445, 458, 533, 543, 600, 603, 605–611, 708, 764, 768, 860, 868, 871, 876, 892, 900, 903, 916, 920, 923, 924, 928*; III 16, 19, 23, 43–45, 58–61, 86, 103, 115, 121; *78, 104, 132, 133, 169, 213* bis *221, 471, 481*; IV 43, 52, *222, 258*; VI 10, 15, 16, 27, 56, 57, 99, *39, 76, 83, 150, 297*; VII 16, 77.
— Pract. geom. (1220) ed. Boncompagni (1862) I 91, **489**, *951*; II 72, 75, *391, 413, 598, 810*; III 18, 32, 58, *100, 177, 288, 367*; IV 12, 35, 40, 48, 52, 58, 62, 66, 81, 94, 97, 108, 111, 126, 133, 142, 148, 150, 153, 163, 170, 211, 212, 236, *222, 292, 407, 415, 424, 453, 480, 485, 609, 679, 721, 775, 819, 848, 849, 851, 884, 1004, 1043, 1087, 1112, 1124, 1164, 1235, 1294, 1535, 1655, 1656*; V 32, 88, 90, 176, *135, 469, 496, 986*; VI 87, 90, *152, 467*; VII 19, 25, 26, *97, 122, 153*.
— Lib. quadr. VI 27, *152*.
Leonardo da Vinci (1542–1619, Mailand, Florenz, Rom, Frankreich) II *326*; IV 86, 194, 195, 214.
Leonardo de Antoniis Cremonese (1. Hälfte 15. J.) VII *117*.
Leonelli, Z. (1776–1849, Korfu) II 205, 214, 216, *1072, 1126*.
Leonhardi, G. W. (* 1779, Leipzig) IV 31, 74, 116, 146, **110**, *213, 494, 558*; V *216, 717*; VI 15, 62, 74, *72, 319, 382*; VII 30, *159*.
Lepsius, R., 1877, I 3, 37, **1**, *165, 185*, **629**; IV *746, 1018*.
Lerchenfeld, s. Hugo.
Leutmann, J. G. (1607–1736, Wittenberg, Petersburg) IV 42, 51, 162, **243**, *349, 1217*.
Levi ben Gerson (Leo de Balneolis Israelita) (1288–1344, Avignon) II 55; V 33, *250*, 55, 74, 107, 177; VI 11, 43, 44, 64, 65.
— Sefer Maassei Choscheb (1321) ed. G. Lange (1909), ed. J. Carlebach (1910) II **296**; III 32, *180*; VI *42, 43, 231, 330–333*.
— De sinibus, ed. Curtze (1898) I 61, 85, *307, 453*; V *141, 146, 250, 252*, **276**, *384, 990*.
Lexell, A. J. (1740–1784, Upsala, Petersburg) III 118; IV 102, *771*; V 46, 94, 112, 127, 128, 154, 159, 160, 162–164, 169, 170, *234, 235, 532, 733, 743, 879, 909, 920, 929, 935–940, 962, 963*.
Lhentéric, s. Lenthéric.
L'Hospital, G. F. de (1661–1704, Paris) II 36, *83*; IV 174; VI 109, 118, 119, 149, 165, *594*.
— Analyse (1696) VI **576**, *586*.
— Traité (1707) IV **1336**; VI *509, 778*.
L'Huilier, S. A. J. (1750–1840, Genf) IV 113, 125, 167, *893*; V 90, 94, 96, 112, 135, 159, 160, *510, 534, 794*; VI 51, 87, 125–127, *433*; VII 47, 50, *266, 267, 268, 289*.
— Exposition (1786) VI 51, **270**.
— Polygonom. (1789) V *533*.
— Élémens (1809) IV **988**; V *490, 515, 545*; VI *631, 639, 653–655*.
Libri, G. (1803–1869, Paris, England) II *240, 388, 602, 613, 617*; III 47, *147*^{a}, *210, 225, 226*.
— Histoire (1837–41, 1865) II **613**, *617*; III 70, 123, *225*, VI **298**.
Licinisch-Sestische Gesetze (376 v. Chr.) I 158; III 119.
Lie, S. (1842–1899), s. Abel.
Lietzmann, W. (* 1880; Göttingen) IV *476, 1096, 1399, 1471, 1476*.
Līlāvatī, s. Bhāskara.
Lindemann, F. (* 1852; München) IV 232, *1391, 1625*; VII 48, *278*.
Liouville, J. (1809–1882, Paris) II 71, *381*; III 11, *39*; VI 51, 53, *267, 278*.
Lister, M., 1684, VI 96.

Littrow, K. L. von (1811—1877, Wien) IV 71, **524**; VI 113, **535**.
Livius, Titus (59 v. Chr. bis 17 n. Chr.) I 71, 124, 158, *861*; IV 106, *795*.
Livre de chiffres (anonym, 1501) I **28**.
Lobatschefskij, N. J. (1793—1856, Kasan) IV 57, *383*, *393*, *395*.
Löber, K., 1915, IV *994*.
Löffler, E. (* 1883; Stuttgart) I 37, *95*, *107*, *108*.
London, F. (* 1863; Breslau) III 69, *316*.
Long, J. (1714) II 202, 205, *1061*, *1076*.
Longimontanus, Ch. (1562—1647, Kopenhagen) II *963*; IV 218.
Lonicerus, Adam (1528—1586, Frankfurt a. M.) I 76, 79, *332*, **407**; II 17, *957*.
Lorenz, J. Fr. (1738—1807, Magdeburg) IV 56, 186, *391*, *1410*; s. Euklidübersetzung.
Lorey, W. (* 1873; Leipzig) VI *232*.
Loria, G. (* 1862, Genua) II *325*, *505*; IV *1172*ᵃ; VII *295*.
Lorsch, A., 1878, VI *440*.
Loewy, A. (* 1873; Freiburg Br.) I *477*; II *885*; III *404*.
Ludolff, J. H. L. (1649—1711, Erfurt) I 115, 116.
Ludolph van Ceulen, s. Ceulen.
Ludovici, G., 1768, I 160, *881*.
Luther, E. (1816—1887, Königsberg) III 93, *410*.
Luther, M. (1483—1546) II 53.

Maaß, J. G. E. (1766—1823, Halle) IV 69, **508**.
Machin, J. (E. 1751, London) IV 225, 226, *1337*, *1629*.
Maclaurin, C. (1698—1746, Edinburgh) II 77, 84, *477*; III 96, 98; IV 174, 181, *1337*; VI 41, 45, 149.
— Fluxions (1742) VI **214**, *224*, *225*.
— Algebra (1748) II **434**; III *430*, *442*, *1337*, *1383*; VI *781*, *783*.
Magini, G. A. (1555—1617, Bologna) I 115, *631*; V 34, 36, *656*.
— Plani trianguli (1592) V 182, *151*, **164**, *1003*.
Magnus, L. Imm. (1790—1861, Berlin) VI 125, 169, **634**, *889*, *901*, *902*.
Mahāvīra (9. J. n. Chr., Indien) I 151; II 16, 158, *707*.
Mahler, G., 1905, IV 143, *1093*.
Mahnke, D. (* 1884; Greifswald) I *545*, *561*, *564*, *564*ᵃ, *811*ᵃ; II *176*, *228*; IV *1617*; VI *74*, *128*, *129*, *136*, *205*, *241*, *347*.
Mahrenholz, J. (* 1881; Berlin, Cottbus) V 90, *493*.
Maier, F. Chr. († 1729, Petersburg) V 41, 50, 55, 56, **196**, *256*, *593*; VI *144*.
Malconetus, J., 1700, IV 39, 50, 96, 162; **206**, *342*, *704*, *1215*.
Malfatti, G. Fr. (1731—1807, Ferrara) III 93, *409*; IV 125, *990*.
Mancini, G. (1915) IV *1413*; VII *299*.
Manilius (um 25 n. Chr.) I 42, **213** (ed. Jacobs, 1846).
Manitius, K., 1888, 1898, 1912, s. Geminus, Hipparchos, Hypsikles, Ptolemaeus.
Manzoni, D., 1540, I 177.
de' Marchetti, A., 1709, IV 149, 150.
Marie, J. Fr. (1738—1801, Paris, Rußland) II *773*; V 57, 60, *293*, *319*; s. La Caille.
Marinos von Tyros (1. J. n. Chr.) VI 92, *454*.
Marius, Simon (1570—1624, Ansbach) IV 20, 112, 117, **53**, *881*, *915*, *1052*, *1409*.
Marolois, Samuel, 1614.
— Math. Werke, ed. A. Girard (1618, 1628) IV 50, 95, 96, 123, 149, 164, 165, 170, 192, **334**, *340*, *438*, *699*, *707*, *969*, *1130*, *1239*, *1251*, *1300*, *1440*; V 89, 91, 96, *481*, *503*, *543*; VII 19, *98*.
Marre, s. Chuquet.
Marsilius von Inghen, 1518, VI 64.
Martianus Minaeus Felix Capella (um 470 n. Chr., Karthago, Rom) I 84, 95, 96, 108; II 55, 72; III 15; IV 20, 29, 31, 34—38, 40, 41, 46, 48, 58, 94, 106; V 102; VII 16.
— Nuptiae, ed. Kopp (1836) I **440**, *441*, *506*, *519*, *587*, *590*, *592*; II *288*, *289*, *384*, *795*; III *62*; IV *92*, *136*, *155*, *166*, *216*, *252*, *290*, *317*, *401*, *676*, *798*, *804*, *810*; V *564*.
Martin, 1740, II 192.
Martus, H. C. E., 1861 (Berlin) VI *446*.
Mascheroni, L. (1750—1800, Paris) IV 87, **639**.
Maser, H., 1889, III *423*; s. Legendre; Eulers Introductio.
Masères, Fr. (1731—1824, London) II 78.
— Scriptores logarithmici (1791—1807) II **582**, *1063*, *1106*, *1136*, *1137*, *1139* bis *1144*, *1147—1149*; V *348*, *1009*.
Masing, C. (1873, Moskau) I *581*.
Maskelyne, N. M. (1732—1811, Greenwich) IV 220.
Maslama (1000 n. Chr.) V 7, *89*; s. Alḫwārazmī, Tafeln.

Mathias, J. A., 1799, IV *509*.
Mathieu, É. L. (1835—1890, Nancy) V *491*.
Matthiessen, E. A. (1763—1831, Altona) II 215, *1128*.
Matthiessen, L. C. (1830—1906, Rostock) III ***307***, *358*, *470*; VI *422*.
Mauduit, A. R. (1731—1815, Paris) V 21, 45, 46, 85, 156, 171, 172, ***65***, *215*, *223*, *453*, *889*, *971*.
Mauritius, R. (1836—1901, Marburg, Coburg) I *806*.
Maurolico, Fr. (1494—1575, Messina) V 113, 122, 181, *569*, *606*; VI 28, 43, 116, 141.
— Sphaerica des Menelaos (1558) IV 108, ***825***; V 28, 30, 34, 37, 60, 181, *108*, *117*, *150*, *165*, *317*, *569*, *1002*.
— Arithmetica (1575) VI *156*, ***225***.
— Opuscula (1575) V ***606***; VI *559*, *714*.
Mautz, O., 1919, II *972*, *976—979*, *982*, *983*.
Maximus Planudes († um 1310, Byzanz) Rechenbuch, ed. Gerhardt (1865) übers. Waeschke (1878) I 21, 28, 54; 59, 60, 69, 130, *178*, ***264***, *292*, *332*, III 122.
Maya (um Chr. Geb., Mittelamerika) I *82*.
Mayer, A. (1716—1782, Greifswald) III *54*.
Mayer, Jos., 1887, I 148, 149, *819*, *828*.
Mayer, J. Tob. (1752—1830, Göttingen) V 79, 94, *417*, *531*.
Mayhoff, C., s. Plinius.
de Media Villa, Riccardus († um 1300) II *326*.
Megenburg, Conradt von (1349) IV ***856***; V 114, 116, ***616***, *618*.
Mehler, G. F. (1835—1895, Elbing), s. Schellbach.
Mehmke, R. (* 1857, Stuttgart) I *210*; II *1043*.
Meinert, Fr. (1757—1828, Berlin) I 9, 105, 108, 132, ***34***, *574*, *717*; III 19, *101*, *117*; IV 33, 35, 47, 53, 66, 74, 95, 101, 116, 117, 146, ***131***, *151*, *310*, *488*, *561*, *612*, *750*, *918*, *1109*, *1207*; VI 15, *71*; VII *254*.
Meißner, H., 1696, 1727, I 144, 163, ***798***, ***916***; IV 47, 81, 116, 162, 163, 166, 184, ***308***, *611*, *1216*, *1230*, *1264*, *1393*.
Meister, A. L. Fr. (1724—1788, Göttingen) IV 45, 105, 152, *787*, *1157*.
Memmios, 1537, VI *687*; s. Apollonios.
Menaichmos (M. 4. J. v. Chr.) III 66; VI 130—132, 135, 140, 145, 149, 152, 162; VII 7.
Mendthal, H., s. Geometria Culmensis.
Menelaos von Alexandria (98 n. Chr. in Rom) IV 9, 78, 171, 172, V 5, 6, 12—14, 103—105, 117, 118, 121 bis 124, 127, 132, 146, 147, 162, 165—169, 172.
— Sphaerica, ed. Maurolico (1558), s. diesen.
— — ed. Halley (1758) IV ***1316***; V *8*, *38*, *132*, *569*, *643*, *687*, *688*, *700*, *721*, *723*, *724*, *921*, *923*, *954*, *956*.
Menge, H., s. Euklid, Opera.
Mengoli, P. (1625—1686, Bologna) VI 32, 33, *180*.
Mercator, N. (1620—1687, London, Paris) II 103, 211, 213. 219, 220, *1106*; VI 33, 46.
— Log. (1668) II 217, 218, ***582***, *1136*, *1137*, *1140*, *1143*, *1144*.
Mersenne, M. (1588—1648, Paris) I 110, *602*; IV 94, 171; VI *204*, *687*.
Metius, s. Adriaen M.
Meton (M. 5. J. v. Chr., Athen) I 31.
Metrodoros (um 330 n. Chr.) I 170, 172, *957*.
Metternich, M. (1758—1825, Mainz) III *394*.
Meyburg (1735—1798, Wien) V 98.
Meyer, A., 1736, III *54*.
Meyer, W. Fr. (* 1856) IV *1310*.
Meyer, J., Konversationslexikon, I *936*.
Meyer, Th., 1904, IV *1595*.
Mézisiriac, s. Bachet.
Michaëlis, J. H., 1809, I 161, *885*.
Michelsen, J. A. Ch. (1749—1797, Berlin).
— Anfangsgründe (1780) IV 66, 77, 135, 146, ***493***, *1055*; VI 14, 15, *68*; s. Eulers Introductio, Übers.
Migne, Abbé († 1875), s. Cassiodorus.
Mikami, Y., 1913 (Tokio) IV 1082—*1084*, *1504*, *1522*, *1567*; VI *184*.
Mirimanoff, M., 1905, III 114, *537*.
Moebius, A. J. (1790—1868, Leipzig) IV 44, 45, 47, 105, 151, 152, 162, 171, 176, 177, 179; V 23, 75, 112, 127; VI 122, *302*; VII 28.
— Barycentrischer Calcul (1827) IV ***278***, *1155*, *1159*, *1353*; VII *142*.
— Analytische Sphärik (1846) V *85*.
— Kreisverwandtschaft (1855) IV ***302***, 1311; V *85*, *395*.
— Werke, ed. R. Baltzer, F. Klein, W. Scheibner (1885—87) IV ***278***, *280*, *281*, *283*, *302—304*, *788*, *789*, *1155*,

1159, 1214, 1311, 1353, 1370, 1372, 1373; V *85, 395, 601, 730*; VI *610*, VII *142*.
Močnik, Fr., 1848, I 67, 160, *335*.
Mohammeds Flucht (622) I 19.
Moivre, A. de (1667–1754, Frankreich, London) II 84, 85, 159, 160, *481, 483*; III 55, 95, *258*; V 59, *305*; VI 44, 54, *238, 287, 376*.
– Doctrine (1716) VI **377**.
– Miscellanea (1730) II **482**; III *258, 287*.
Molk, J. (1857–1914), s. Encyclopédie.
Moller, Ad. v., 1780, IV 66, 68, **487**.
Möller, A., 1635, I 163, *915*.
Mollweide, K. Br. (1774–1825, Leipzig) III 54, *256*; V 85, 112, 156, *447, 893*.
Monge, G. (1746–1818, Paris) I 45; IV 45, 161, 176, *282*; VI 115, 122, 126, 148, *640*; VII 29, *147*.
– Feuilles (1795, 1801) VI **550**, *775*.
– Géom. descr. (1799) VI **775**.
Mönnich, B. F., 1801, II *143*; IV 237, *142*, **213**, *1667*; V *242*.
Monte, Guidobaldo del, s. Guidobaldo.
Montmort, P. R. de (1678–1719) VI 73.
Montucla, J. E. (1725–1799, Paris) III *159*; V 31.
Moerbecke, Wilh. von (1278–1281 Erzbischof von Corinth) III 73; IV 12, 20.
Moore, J. (1617–1679, London) III 117; V 41.
Morley, L. G., 1915, I *82*.
Mortet, V., 1900, 1903, IV *117*.
Mourraille, J. Raymond, 1768, III 83.
Mourrey, C. V. (A. 19. J.) II 87.
Mouton, G. (1618–1694, Lyon) I *236*; VI 25, *135*.
Muḥammed ibn ʿAbd Albāqī, s. ʿAbd Albāqī.
Muḥammed ibn Mūsā Alḫwārazmī, s. Alḫwarazmī.
Muḥammed ibn Mūsā ibn Schākir, s. Drei Brüder.
Muir, Th. (* 1845, Glasgow) II *188*.
Müller, C., s. Platon, Strabo.
Müller, Chr. Fr. I *405*; s. Grammateus.
Müller C. R. (um 1820) IV *394*.
Müller, Felix (* 1843, Berlin) III *288*.
– Zeittafeln (1892) IV **1389**.
– Terminologie (1899) I *41, 60*, **250**, *496, 621, 841*; IV 173, *331, 1060*; VII *70*.
Müller, H., 1899, II **1066**.
Müller, Johannes, s. Regiomontanus.
Müller, J. H. Tr. (1797–1862, Wiesbaden) III 118.
– Lehrbuch I (1838) I 61, **298**; II *144, 1124*; VI 74, *384*; VII *308*.
– – II (1844–1852) IV 39, 71, 113, **205**, *209, 530, 855, 895, 1416*; V *223*; VII 36, **205**.
– Log. (1844) II 188, 215, *1023*, **1129**.
– Terminologie (1860) IV **671**.
Müller, J. U. (1695) I 72, 145, *14*, **364**, *714, 801*; IV 49, 110, *328*.
Mulsow, G., 1898, IV 194, *1453*.
Münchener Handschrift Clm 13021 des Frater Sigoborto um 1165 (A. Nagl 1887, M. Curtze 1898) I 9, 10, 11, 24, 53, 59, 76, 85, 112, 113, 129, 130–132, 135, 137, **23**, *45, 55, 123, 261, 279, 383*[b], *388, 404, 445, 616, 621*[a], *686, 692, 703, 710, 718, 740, 757*; II 58, *311*.
Münchener Handschrift Clm 14684, 14. J. (Curtze, 1895) VI *76*.
Münchener Handschrift Clm 14836, 11. J. (Curtze, 1895) VI *38*.
Münchener Handschrift Clm 14908, Frater Fridericus (s. diesen) zw. 1455 und 1464.
– ed. Curtze (Bibl. Math. 8_2, 1894; Abh. Gesch. Mth. 7, 1895) I 61, 62, 65, 79, 86, 109, 116, **304**, *317, 325, 351, 416, 463*; II 7, 16, 24, 68, 111 bis 114, *35–38, 85–87, 361–364*, **626**–*632*; III 103, 105, 115, 123, 124, *473, 482*; IV 28, 80, *88, 229, 598, 1011, 1520*; V **614**; VI 12, 17, 56, *47, 83, 299*; VII 23, *117*.
– ed. Curtze (Arch. Math. Phys. 13_2, 1895) I **637**[a]; III *482*; VI *47*.
– ed. Curtze (Bibl. Math. 9_2, 1895) I **511**, 600.
Münchow, K. D. von (1778–1836, Bonn) II **485**; V 23, 31, 46, 156, *82, 126, 894*.
Munk, S., 1863, V *137*.
Muschel, J., 1697, II 213, *1113*.
Mydorge, Cl. (1585–1647, Amiens) VI 119, 141, 157.
– Prodr. (1631) VI **584**, *836*.
Myonides (Pythagoreer) III 5.

Nagel, Chr. H. von (1803–1882) IV 169, *1282, 1283*.
Nagl, A., 1887, 1888, I *108–110, 112, 123, 135, 149, 265, 359, 402*; s. Münch. Handschrift 13021, Wiener Handschrift 3029, 275.
Nallino, C. A., s. Albattānī V *16, 87*.
Napier, J. s. Neper.

Napier, J., Tercent. Mem., ed. Knott (1915) II *948*, *963*; VI *180*.
Napier, Mark, 1839, I **263**, *473*, *474*; II 44, *136*, *206*; III *166*.
Narducci, E. (1832—1893, Turin) I *618*.
Naṣir ed-dīn Alṭūsī (1201—1274, Persien) IV 126, 172, *996*; V 9, 10, 25, 27, 33, 47, 73, 75, 76, 106, 107, 109, 126, 132, 136, 138, 147, 151, **24**; VI *132*; s. v. Braunmühl.
Nau, F. (* 1864, Bern) I *96*.
Naudé, Ph. (1654—1729, Berlin) IV *1261*.
— Meßkunst (1706) IV 51, 53, 77, 95, 116, 237, **189**, *351*, *365*, *575*, *1660*; V 115, *626*; VII 31, 35, 36, *200*.
Nave, Annibale della (um 1526—1558; Bologna) III 72, 73.
Nell, A. M. (1824—1901, Darmstadt) II 191, 216, **1037**, *1131*; V *967*.
Neper, John Napier (1550—1617, Schotte, Gutsherr von Merchiston) I 53, 88, 143; II 32, 44, 167, 173, 174, 177—183, 189—192, 195, 197 bis 200, 205—207, 218, 219, *946*, *964*, *965*, *969*; IV 149; V 36, 41, 83, 126, 133.
— Ars logistica, s. Mark Napier (1839).
— Rabdologia (1611) I 143, **785**.
— Descriptio (1614) I **784**ᵃ; II 22, 79, 173, 182, 193, 211, **73**, *455*, *971*, *1054*, *1101*, *1103*; IV *360*, *1131*; V 36, 83, 110, 126, 133, 151—153, 155, 156, *866*.
— Appendix V 40.
— Descriptio, translated by Ed. Wright (1616) II **971**.
— Constructio (1619, 1620) I *785*; II 178, 183, 197, 199, 211, **980**, *1052—1056*, *1058*, *1102*; V 155, *880*, *881*.
Nesselmann, G. H. F. (1811—1881, Königsberg) I **212**, *488*, *653*, *654*; II *1*, *4*, *7*, *8*, *247*, *336*, *406*, *559*, *573*, *587*, *589*, *759*, *864*; III *10*, *102*, *124*, *125*, *170*, *171*, *202*, *499*; s. Behā ed-dīn.
Neumann, Fr. (1798—1895) IV 125, *981*.
Newdörffer, A., 1599, I 161, *897*.
Newton, John (1622?—1678, Ross) II 186, 187, 190, 194, **1003**; V 34, 36, *157*.
Newton, Isaac (1642—1727, Cambridge, London) I 7, 31, 48, 61, 70, 77, 84, 103, 125, 126, 143, 154, 213; III 25, 35, 66, 69, 83, 96—98, 117, 147, 148; IV 54, 86, 224, 225, *1543*, *1592*; V 58, 184, *1008*; VI 23, 24, 26, 34, 39—41, 46, 111, 120, 142; *208—210*, *224*, *248*, *249*; VII 8, 42, 44.
Newton, Isaac, De analysi (1666 geschrieben, 1685 von Wallis veröffentlicht, VI **183**; ed. Jones 1711, VI **182**) II 103, 143, **1145**ᵃ; III *378*; IV *1587*; VI 34, 39, 40, 46, *182*.
— Methodus fluxionum (1670 geschrieben, gedruckt 1737) II **689**.
— Arithm. univ. (Vorlesungen 1673 bis 1683, ed. W. Whiston 1707) I **332**, *957*; II **372**, *432*, *476*, *578*, *579*, *773*, *859—862*, *912*; III 35, 96, 98, 147, *189*, *190*, *286*, *313*, *315*, *317*, *429*, *441*, *445*, IV 110, 167, *1275*; V 84, 85, 88, *445*, *446*, *449*, *474*; VI 24, 112, 169, *906*.
— — Appendix III *315*; IV *636*.
— Principia (geschrieben 1685—1686, gedruckt 1687) II 47, 126, **694**; III *150*, IV 54, *371*; VI 26, 111, 118, 142, 162, 169, *141*, *717*, *861*, *905*; VII 44, *256*.
— Enumeratio (Anhang zur Optik, 1704) VI 109, 112, 120, 161, 164, **513**, *522*, *597*, *856*, *881*.
— Methodus differentialis (1711) II 47, *229*; IV 26, **142**.
— Quadratura (1714) II 48.
— Opuscula, ed. Castillon (1744) II **229**, *689*; VI *142*, *513*, *522*, *597*, *856*, *881*.
Niedermüller, H., s. Lagrange.
Nielsen, N. (* 1865, Kopenhagen) IV 143, 144, *1096*.
Nikolaus von Cusa (1401—1464, Umbrien) Opuscula (1490) I 33, *377*; II *244*; IV 212, 213, 215, 220, 222, 238.
Nikomachos von Gerasa (um 100 n. Chr.) I 96, 108, 109, 112, 620ᵃ; II 48, 55—57, 97, 144; III 4, 5, 10, 15, 18, 19; VI 8—10, 21, 27, 28.
— ed. Faber Stapulensis (1496) I *620*ᵃ.
— ed. R. Hoche (1806) I **515**, *516*, *544*, *594*, *595*, *597*, *612*; II *281*, *287*, *306*, *541*; III 5, *11*, *16*, *37*, *55*, *59*, *98*; VI *17*, *20—25*, *115*, *146*, *154*; VII *276*.
Nikomedes (A. 2. J. v. Chr.) III 65, 66, 69; IV 206; V 116; VI 131, 145.
Nippur, Tempelbibliothek (3. Jahrtausend v. Chr.); s. Hilprecht II 134.
Nipsus, Marcus Junius (um 180 n. Chr.) I 90; II *795*; III 57; IV 64, 127, *466*, *1114*.

Nix, L., s. Heron, Opera.
Nizze, E. (1788—1872, Berlin, Stralsund) s. Archimedes, Aristarchos, Serenos, Theodosios.
Nokk, A., 1850, 1860, I *197*; V *565*; VI *429*; s. Aristarchos, Euklid.
Nonius, s. Nunes.
Nordmann. 1821, II ***1050***.
Norwood, R. (1590?—1675) IV 17, V 39.
— Trig. (1631) I 44, ***233***; II 185, 187, 208, *1084*; III 12, 116, 143, *44*, *45*; V 81, 83, 151, *175—179*, *439*, *861*.
Noether, Max (* 1844, Erlangen) II *166*; VI *515*; s. Brill.
Nunes, P. (1502—1578, Lissabon, Coïmbra) II 18, 101, ***50***, *565*, *590*; III 136, 137, *418*; IV 108, *827*.

Obenrauch, J. J. (* 1853, Brünn) IV *1385*.
Oberseider, J., 1919, II *208*.
Oddo (12. J.) I 128.
Ohm, M. (1792—1872, Berlin).
— Reine Math. (1819) I 66, ***331***, *425*; IV 60, *1416*; V 46, 65, 126, *344*, *728*.
— Versuch (1822) I 89; II 78, ***442***,
— Reine Elementarmath. (1825, 1835, 1839) II ***528***; III 35, *193*; IV *1308*. *1416*.
— Lehrbuch (1836) IV ***1416***.
Oinopides von Chios (um 490 v. Chr.) IV 5, 79, 137.
Oldenburg, H. (1615?—1677, Bremen, England) II 36, 126, *228*; IV *1592*; VI 40, 47, 118.
Olleris, A., s. Gerbert.
'Omar Alḫajjām, s. Alḫajjām.
Oppel, W. von (1720—1769, Freiberg).
— Analysis (1746) II 20, ***58***; III *54*; IV 166, 170, 173, *1263*, *1303*, *1325* bis *1327*; V 56, 85, 89, 91—93, 111, 113, 127, 141, 144, 145, 163—165, 169, *292*, *451*, *484*, *486*, *505*, *507*, *514*, *522*, *591*, *592*, *610*, *725*, *816*, *832*, *840*, *928*, *933*, *946*, *961*; VII 14, 26, 27, *58*, *133*.
Oresme, N. (um 1313—1382, Navarra, Paris, Lisieux) I 129; II 23, 41, 56, 72, 125, 132—134; III 115, 122; IV 192; VI 19, 31, 32, 64, 94, 95, 117.
— Algorismus, ed. Curtze (1868) I 129, ***691***; II 125, 132—134, *199*, ***394***, ***691***, *743*; IV *1437*.
— Tractatus, ed. Wieleitner (1912) VI ***460***.
Othlo (Handschrift v. 1062) I 112, *614*, *615*.
Otho, Valentinus (1550?—1605?, Heidelberg) IV 217, 218; V 182.
— Opus Palatinum (1596) V 108, 147, 148, 182; s. Rhaeticus.
Oughtred, William (1574—1660, engl. Landpfarrer, Adelburg) I 7; II 25, 27, 101, *72*, *114*; III 12, 75, 116, 117, 143; IV 16, 17, 19; V 38, 39, 58; VI 59, 60, 101.
— Clavis (1631) I 88, 144, ***476***[a], *477*, *791*, *792*; II 20, 22, 23, 25, 26, 29, 32, 79, 89, 90, 96, 123, 129, 151, 152, 207, *71*, *99*, *105*, *119*, *137*, *277*, *450*, *567*, *591*, *674*, *716*, *842—844*, *1079*; III 11, 24, 75, 82, 116, 143, *43*, *138*, *139*, *145*, *152*, *344*, *377*; IV 16, 161, 170, 185, 232, 233, *1205*, *1301*, *1404*, *1408*, *1631*; V 40, 88, *301*, *471*, *473*; VI 13, 22, 37, 101, *59*, *122*, *197*, *237*; VII 25, 26, *125*.
— Circles of Prop. (1632) V 40, *184*.
— Trig. (1657) II 25, 187, 194, ***91***; III *46*; V 39, 84, 155, *180—183*, *426*, *442*, *884*.
— Opuscula math. (1676) I ***792***; II *277*, *1079*; IV *1302*, *1408*, *1630*; V *471*, *473*; VI *237*, *313*; VII *125*.
— Opusc. ined. (1677) V ***301***.
Ovidius, Publius O. Naso (43 v. Chr. bis 17 n. Chr.) IV *620*.
Ozanam, J. (1640—1717, Lyon, Paris) V 61, 82, 152; VI 109, 118.
— Traité (1687) VI *408*.
— Dictionnaire (1690, 1691) I ***183***; II 46, 53; III 25, *146*, *151*, V 35.
— Cours (1693) V ***323***, *432*, *885*.

Pacioli, Luca (1445?—1514, Florenz) I 6, 9, 52; II 7; III 70.
— Summa (1494, verfaßt um 1487) I 6, 52, 55, 60, 69, 75, 82, 83, 101, 109, 133, 134, 158, 163, 166, 174, 175, 177, ***11***, *27*, *257*, *288*, *375*, *429*, *726*, *732*, *868*[a], *923*, *930*, *959*, *965*, *967*, *969*, *970*; II 7, 17, 41—43, 50, 51, 57, 69, 81, 97, 99, 100, 109, 115, 119, 140, 146, 147, 157, 158, 161, 162, 165, 170, *45*, *245*, *246*, *304*, *367*, *459*, *544—547*, *554*, *590*, *615*, *616*, *769*, *813*, *814*, *894*, *928*[a], *929*; III 32, 48, 62, 106, 129, *182*, *232*, *233*, *269*, *486*; IV 108, 186, 204, *824*, *1546*; V 86, 88, *458*; VI 29, 57, 66, 71, 76, 99, *163*, *306*, *307*, *334*, *364*, *393*, *472*.
— Div. prop. (1509, verfaßt 1497) II 42, IV 186, *1413*; VII 52, *299*.

Padmanābha (vor 1100 n. Chr., Indien) III 41.
Pagliani, H., 1829, III *514*.
Pagnini, G. Fr., 1566, VI *309*.
Paige, C. L., 1887, IV *995*.
Pamphile (M. 1. J. n. Chr.) IV 120.
Panofsky, E., 1915, IV *1474*ᵃ.
Pappos von Alexandria (E. 3. J. n. Chr.) I 6, *250*; II 40; III 5, 9, 11, 64, 65, 119, *8*; IV 9, 31, 70, 82, 86, 93, 95, 97, 98, 117, 124, 125, 134, 147, 150, 151, 158, 159, 160, 164, 166, 174, 175, 178, 179, 184, *799*, *800*, *1150*, *1274*; V 91, 117; VI 63, 86, 87, 89, 102, 128, 131, 139, 140, 146–148, 150, 153, 161, 169, *481*; VII 8, 17, 41, 51–53.
– Collectio, ed. Commandinus (1588) VI ***557***.
– – ed. Hultsch (1876–78) I *8*, *53*, *197*, *369*; II *192*, *193*; III *17*, *18*, *29*, *275–277*, *280*, *385*; IV *35*, *614*, *617*, *625*, *626*, *630*, *735*, *919*, *920*, *975*, *977*, *984*, *1048*, *1119*, *1142*, *1149*, *1186*, *1191*, *1192*, *1194*, *1197*, *1198*, *1247*, *1265*, *1274*, *1334*, *1346*, *1359*, *1360*, *1363*, *1379*, *1401*, *1497*, *1650*; V *5*, *10*, *642*; VI *325*, *422*, *428*, *429*, *481*, *660*, *662*, *666*, *670*, *672*, *673*, *689*, *693*, *698*, *701*, *702*, *746*, *760*, *767*; VII 41, *238*, *296*, *303*.
Papyrus Rhind, s. Ahmes.
Paer, H. Grout de St. (1842) IV 71, *533*.
Pardies, G. (1636–1673, Paris) IV 59, 74, 117, 145, ***418***, *553*, *917*, *1102*.
Parent, A. (1666–1716, Paris) VI 114, 115, *545*.
Paricius, G. H., 1707, I 92, 145.
Parkhurst, H. M., 1871, II 187, ***1011***.
Pascal, Bl. (1623–1662, Paris) I 101, 107, *3*; IV 174; VI 22, 23, 37–39, 43, 67, 68, 71, 72, 118, 142.
– Triangle arithm. (1665, verfaßt 1654) VI *123*, ***198***–202.
– Œuvres, éd. Bossut (1779) VI ***577***.
– – éd. Faugère (1882) IV ***32***.
– – éd. L. Brunschvicg et P. Boutroux (1908) I ***583***; IV *1330–1332*; VI *123*, *198–207*, 226, 345, 367, 368.
Pasor, Mathias, 1643, IV 73, ***544***.
Paucker, M. G. von (1787–1858, Mitau) IV 193, *1447*.
Paulinus von Nola (4. J. n. Chr.) I 77.
Paulus von Alexandrien († 378 n. Chr.) I 16; IV 207; V 7, *14*.
Pauly, A., Wissowa, G., 1894, I *110*.
Peckham, J. (1228–1291, Canterbury) IV 146, *750*.
Pegolotti, Fr. B., 1350, VI *309*.
Peletier, J. (1517–1582, Le Mans, Paris) I 8; II 171, ***956***; III ***165***; IV 135, 160, ***1059***; s. Euklid.
Pell, J. (1610–1685, London) II 20, 25; III *504*; V 61, *322*.
Pellos, Fr. (Pellizzati, 1492) I 140, ***769***.
Penndorf, 1920, I *900*.
Pennsylvania-Universität, s. H. V. Hilprecht.
Penther, J. Fr. (1693–1749, Göttingen) VII 16.
Personne, Giles, s. Roberval.
Peters, s. Gauss, Briefwechsel.
Petrarca (1304–1374) I 26, *143*.
Petrus de Dacia (1326 in Paris, lebte noch 1347) I 8, 9, 59, 60, 61, 76, 85, 114, ***19***, *29*, *285*, *293*, *306*, *385*, *451*, *624*; II 141; III 16, *75*, VI 11, *41*.
Petzensteiner (E. 15. J.) I 26, 55.
Petzval, J. (1807–1891, Wien) I *647*ᵃ.
Peucer, K. (1525–1602, Wittenberg, Zerbst) I 41, *208*.
Peurbach, Georg von (1423–1461, Wien), s. Georg.
Pfaff, J. Fr. (1765–1825, Halle) VI 70.
Pfeifer, F. X., 1885, IV *1417*.
Pfleiderer, Chr. Fr. von (1736–1821, Tübingen).
– Trigonometrie (1802) II ***1121***; IV *1126*; V 21, 44, *107*, *114*, *162*, *376*, *385*, *386*, *389*, *399*, *405*, *434*, *442*, *460*, *475*, *550*, *994*, *1001*.
– Euklidscholien (1827) IV 71, 99, 100, 164, 166, 193, ***98***, *509*, *511*, *528*, *744*, *751*, *753*, *1241*, *1267*, *1268*.
Philipp, Landgraf von Hessen (1504 bis 1567) II 181.
Philippus von Mende (Opuntios, um 378 v. Chr.) IV 69; VI 8; VII 8.
Pierpont, J., 1895 (Yale-Universität, New-Haven) III *415*.
Pirckenstein, A. E. Burckhardt von.
– Handgriffe (1698!) IV 36, 39, 65, 90, ***174***, *203*.
– Euclides (1694, 1699!) III 18, ***92***; IV 21, 34, 112, 121, ***54***, *138*, *204*, *864*, *880*; VII 13, 18, 20, *55*.
– Anfang (1698) IV 195, ***476***, *1399*, *1471*.
Pistelli, Erm., s. Iamblichos.
Pitiscus, Bartholomaeus (1561–1613, Breslau, Heidelberg) I 44; V 125, 182, 183; VI 25.
– Trigon. (1595, 1600, 1608, 1612) I 143, ***229***, *784*; IV 109, *357*, ***837***, *1409*; V 30, 50, 74, 141, *119*, *253*, *387*, *710*, *814*.

Pitiscus, Bartholomaeus, Canon (1608, 1612) I 44, **229**; IV 52.
— Thesaurus (1613) V 183, **1007**.
Pitot, H. (1695—1771, Paris) IV 122, *957*; VI 119, *589*.
Piur, P. (* 1882, Berlin) II **274**; IV *54*a, *161*, *187*, *211*; VI *721*.
Planudes, s. Maximus.
Plato, Fr., 1912, I *238*b.
Plato von Tivoli (um 1120) I 24, 64, *124*, *125*, *322*b, *800*; II 108, 144; III 43, 58; IV 12, 16, 40, 43, 51, 94, 107, 111, 133, 150, *817*, *1654*; V 8, 18, 25, 31, 33, 176; VI 158; s. Savasorda.
Platon (429—348 v. Chr., Athen) I 94 bis 97, 100, 108; II 40, 48, 60, 64, 136, *251*; III 10, 37, 66, 111, 113; IV 6, 21, 22, 32, 33, 38, 40, 46, 63, 81—86, 92, 96, 108, 109, 114, 138, 149, 156, 182, 183, *602*, *615*, *799*, *834*; VI 7, 8, 75, 84, 128, 136; VII 6, 7, 8, 47—49, *281—282*.
— Opera, ed. Astius (1821) IV *60*, *897*.
— — ed. Stallbaum (1836) II *238*, *251*, *338*, *343*; III *36*; IV *59*, *1388*, *1069*; VI *695*; VII *10*.
— — ed. Wolrab (1887) I *502*.
— — ed. Müller (1894) III *61*.
— — ed. Hermann (1901) I *500*, *501*; IV *115*, *126*, *716*.
Plautus, T. Maccius (um 254—189 v. Chr.) I 71.
Plehn, F., 1922, VI *713*.
Plinius, C. Pl. Secundus (23—79 n. Chr.) V 101.
— Hist. nat. IV *563*, *794*; V *563*.
Plücker, J. (1801—1868, Bonn) IV 161, 176, *647*.
— Entwicklungen (1828, 1831) IV **1212**; VI 633, 635.
— System (1835 u. 1846) VI 169, **580**, **647**.
— Abhandlungen, ed. A. Schoenfließ, Fr. Pockels (1895) VI **612**.
Plot, R., 1684, VI 96, *462*.
Plutarchos (um 50—120 n. Chr.) IV 64, 83, 137, 197; VI 8, 63, 137.
— Opera I *946*; IV *465*, *564*, *621*, *1066*, *1486*; VI *26*, *321—323*, *663*, *697*.
Pohl, G. Fr. (1788—1849, Berlin, Breslau) V 114, 115, **613**.
Poinsot, L. (1777—1859, Paris) IV 105, *790*.
Pockels, Fr., s. Plücker.
Polo, Marco († 1324) I *11*a.
Polybios († 122 v. Chr.) I *107*.
Poncelet, J. V. (1788—1867, Paris) IV 54, 87, 122, 125, 161, 169, 175 bis 177, 181, *1211*, *1287*; VI 142, 149, 151, *779*.
— Traité (1822) IV 176, **373**, *642*, *954*, *987*, *1213*, *1341*, *1351*, *1384*; VI 142, *796*.
— Applications (1862) VI **779**.
Porphyrios (232 bis nach 300; Rom, Sizilien) V *1*.
Porte, s. La Porte.
Porto, Em., 1636, II 167.
Poseidonios aus Apameia (128—44 v. Chr., Rhodos) IV 54, *379*.
Pothenot, L. († 1732, Paris) V 97, *550*.
Poudra, s. Desargues.
Prachatitz, Kr. von (1392—1437, Prag) I 114.
Prasse, M. von (1769—1814, Leipzig) II 192, *1039*.
Praetorius (Johannes Richter, 1537 bis 1616; Wittenberg, Altdorf) I 80; IV 123, 217; V 96, 109.
Prestet, J. (1652—1690) II 46, 154, 159, **880**; III 25, 98, **149**, *154*, 446.
Pringsheim, A. (* 1850, München) IV *1619*, *1621*; VI *276*, *295*, *609*.
Proklos von Byzanz (410—485 n. Chr., Athen) I 121, *658*; II *238*; III 22; IV 23, 26, 27, 31, 35, 36, 38, 50, 51, 55, 56, 67, 70, 74, 78, 79, 97, 98, 101, 102, 103, 114, 120, 136, 137, 145, 164, 182, 189, *5*, *14*, *499*; VI 130, 137, 140, 156; VII 9, 47.
— ed. Friedlein (1873) II **238**; III *22*, *23*, *277*, *279*, *511*, *512*; IV *5*, *7*, *9*, *11—13*, *19*, *71*, *74*, *75*, *78*, *82*, *99*, *100*, *102*, *103*, *154*, *196*, *291*, *345*, *346*, *375*, *377*, *382*, *386*, *498*, *499*, *506*, *513*, *515*, *537*, *562*, *567*, *583*, *584*, *587*, *590*, *591*, *613*, *618*, *652*, *670*, *720*, *736—738*, *759*, *765*, *774*, *898*b, *900*, *1000*, *1061*, *1063*, *1099*, *1162*, *1248*, *1387*, *1390*, *1424*, *1496*, *1508*; VI *421*, *664*, *666*, *667*, *670*, *671*, *696*, *741*, *827*; VII *21*, *271*.
Prony, Riche de (1755—1839, Paris) II 186; V 184.
Psellos, M. (1020—1110, Athen, Konstantinopel) II 56, 118, *618*, *658*; III 19.
— ed. Holtzmann (1556) III **102**.
Ptolemaeus, Claudius (M. 2. J. n. Chr., Alexandria) I 15, *95*, *193*, 30, 35, 40, 44, 121; II 137; III 36, 101, 119; IV 9, 12, 49, 55, 63, 170—172, 184, 189, 207, 214, 236, 237, *799*; V 5, 6, 7, 12, 13, 15, 16, 18, 47,

48, 53, 54, 59, 70, 71, 73, 79, 94, 101, 103, 104, 113, 131, 132, 137, 147, 151, 166, 172, 177, 178; VI 24, 92, *454*.
Ptolemaeus, Claudius, Planisphärium V 104, 113, *570*.
— Analemma V 16, 62, 104, 137, *43*.
— Syntaxis, ed. Halma (1813—1816) IV ***457***; V *9*, *39*, *40—42*, *248*, *270*, *271*, *312*, *398*, *420*, *763—766*, *858*, *948*, *949*.
— — ed. Heiberg (1898—1903) I ***81***, *177*, *202*, *655*, *656*; IV *457*, *463*, *812*, *1293*, *1314*, *1397*, *1515*, *1651*, *1671*; V *9*, *31*, *39*, *40—42*, *248*, *270*, *271*, *312*, *398*, *420*, *763—766*, *858*, *948*, *949*, *957*, *955*; VI *454*.
— — übers. von Manitius (1912) I ***154***, *202*; IV *1314*, *1397*, *1651*, *1671*; V *9*, *10*, *31*, *39—42*, *248*, *270*, *271*, *763—766*, *948*, *949*.
Ptolemaeus III Euergetes (247—222 v. Chr.) I 32, *749*.
Puissant, L. (1769—1843, Paris) IV 150.
— Recueil (1801) IV ***1145***; VI 112, 116, 127, 128, 160, *528*, *642*, *643*, *650*, *657*, *658*, *777*, *853*.
Puliśa-Siddhānta (6. J. n. Chr.) I 16, *95*.
Purser, W. (M. 17. J.) V 83.
Pythagoras von Samos (um 580—501 v. Chr.) I 94, 110; II 63, 66; III 4, 5, 111; IV 5, 136, 137, 182; VI 137; VII 47.
— Schule des Pythagoras (gegr. um 530 in Kroton) I 94, 96, 107, 108; II 54, 63, 64, 71, 92, 104, 135, 154; III 5, 7, 10, 38, 111; IV 5, 6, 7, 14, 23, 37, 58, 60, 67, 76, 93, 101, 133, 134, 137, 138, 149, 152, 153, 155, 157, 166, 177, 181—183, 188; VI 5, 7, 26, 30, 74, 86, 135, 137; VII 6, 47, 48.
— sogen. Pythagoreer VII 6.

Querret, J. J. (1783—1839, Nantes) V 127, 163, *726*, *925*.
Quetelet, A., 1822, VI 147.

Raabe, J. L. (1801—1859, Zürich) VI *235*.
Rabener, G. W. (1714—1771) IV *142*.
Rabuel, Cl. (1669—1728, Lyon) VI 109, 120, 121, ***483***, *512*, *598*.
Radulph von Laon († 1131) I 36, 59, 78, ***180***, *282*^{a}, *402*; III 16, *70*.
Rahn, J. H. (1622—1676, Zürich) I 117, *641*; II 22, 25, 27, 46, 130, ***75***, *94*, *103*, *729*; III 13, 96, *428*; IV 19, *42*.
Ramus, P. (Pierre de la Ramée, 1515 bis 1572, Paris) IV 54, 73, 115, 117, 121, 133, 134, 158, 186, 187; V 86; VII 52.
— Arithm. libri 3 (1555) III ***83***.
— Arithm. libri 2, geom. l. 27 (1569, bearb. von L. Schöner 1599) I *684*; IV ***379***, *427*, *542*, *768*, *884*, *905*, *914*, *945*^{a}, *949*, *1050*, *1060*, *1187*; V *460*; VII *301*.
— Scholae (1569) I 83, 84, ***437***^{a}; II 79, *448*; IV 108, *828*, *1414*.
— Arithm. libri 2, Alg. totidem, ed. Schöner (1586, 1592) I *224*, *225*, *332*, ***342***, *959*; II 122, *655*, *665*, *847*^{a}; III 141.
Ramses II (1443—1326 v. Chr.) IV 154.
Raphson, J. († um 1715) III 83, *379*.
Rassmann, E., 1854, I *911*.
Rath, E., 1912, 1914, I 40, *267*, *321*, *696*; VI *87*; s. Stuttgarter Handschrift.
Rath, H., 1674, III *510*.
Rawlinson, R. (1655∼1668) V *209*.
Raymarus Ursus N. (Nicolai Rymers, † 1600; Kassel, Prag).
— Fundamentum astr. (1588) I 44, *227*; V ***329***, *586*.
— Arithm. analytica (1601) II 122, *670*; III 81, ***369***; V 110.
Recher s. Reiher.
Recorde, Rob. (1510—1558, London) II 25, 26, 142, *96*, *101*, *590*, ***791***; III 116, 136; IV 17.
Rees, Kaspar von (* 1690) I 154.
Reesen, J. P. (1587) I 44, *226*.
Regimbold von Cöln (A. 11. J.) IV 210.
Regiomontanus (Johannes Müller, 1436 Unfinden bei Königsberg, Ob.-Franken, bis 1476; Wien, Nürnberg, Rom) I 24, 33, 41, 55, 75, 86, 109, 115, 130, 132, 139, 140, 158, *377*, *599*, *699*; II 4, 6, 12, 50, 68, 112, 114, 213; III 10, 47, 65, 70, 103, 105, 106, 115, 124, 125; IV 13, 15, 52, 62, 66, 79, 97, 102, 104, 172, 191, 195, *481*, *1435*, *1466*; V 9, 10, 19, 26, 27, 29, 33, 34, 37, 47, 60, 74, 75, 79, 86, 90, 94, 96, 107—109, 115 bis 117, 119, 120, 124, 133, 137, 139, 147, 148, 151, 162, 163, 169, 178, 179, *148*, *316*.
— Trianguli (verfaßt um 1464, ed. J. Schöner 1533) I *377*; II ***244***; III 124, *33*; IV *356*, *823*, *1249*; V 10, 26, 75, 76, 79, 107, 133, *25*, *104*, *383*, *391*, *401*, *421*, *455*, *497*, *624*, *633*, *800—802*, *807*, *808*, *849*, *857*, *922*, *927*, *944*, *995*.

Regiomontanus, Tab. directionum (berechnet 1467, Druck 1490) I 139, *766*; V 10, 27, 180, ***105***, 995.
— Tab. primi mobilis V 26.
— Briefwechsel, ed. Curtze (1902) I 61, ***308***, *456*, *721*, *767*[a], *864*; II 14, 23, 24, 27, 128, 146, 357, *81*, *612*, *709*, *811*; III 11, 47, 65, 105, *42*, *227*, *228*, *284*, *318*, *319*, *357*, *474*, *483*, *484*; IV 86, 120, 122, 164, 165, 237, *634*, *722*, *936*, *959*, *1249*, *1672*; V 94—96, 128, *529*, *536*, *715*, *945*; VI 56, 88, 99, 146, *300*, *440*, *469*, 752.
Reiche, 1809, I 161, *891*.
Reichsgesetzblatt I *238*[a].
Reiff, R. (* 1855—1908, Stuttgart) II ***1149***; IV *1586*; VI *179*, *288*.
Reiher, J. B., 1692, I 58, 134, *735*[a].
Reimers, s. Raymarus.
Reinhold, Chr. L. (1737—1791, Osnabrück) I *332*.
Reinhold, Erasmus (1511—1553, Wittenberg) V 28, 181, *1001*.
Reisner, G., 1896, II *15*.
Renaldini, C. (1615—1698, Pisa) IV 195, *1475*.
Reusch, J., 1904, IV 91, *661*.
Reuschle, K. G. (1812—1875, Stuttgart) I 149, *823*, *827*; IV 113, 167, *892*[a], *1273*.
Revolution, franz. I 42, 45.
Reyher, A. (1601—1673, Gotha) I *327*; IV 21.
Reyher, S. (1635—1714, Kiel) II 51, 61, ***248***, *335*; III 13; IV 19, 21, 34, 112, 135, *41*, *410*, *867*, *1054*, *1060*; s. Euklidübersetzung.
Reysch, Gr., 1503, I *150*.
Rhabdas, N. von Smyrna (M. 14. J.) I 150, 155, *829*.
Rhaeticus, G. Joach. (1514—1576, Wittenberg) IV 148, 218, *1126*; V 11, 19, 34, 36, 50, 52, 82, 92, 108, 109, 111, 122, 133, 147, 180—182, *998*; VI 25.
— Canon (1551) V 19, 27, 29, ***54***, *106*, *584*, *1000*; s. Koppernikus.
— Opus Palatinum (1568 verfaßt, ed. Val. Otho 1596) II 195; V 50, 58, 75, 77, 108, 133, 182, ***302***, *405*, *434*' *779*, *850*, *851*.
Rhind, Papyrus, s. Ahmes.
Ricard, J. P., 1723, I 162, *902*.
Ricard, S., 1784, I *883*.
Ricardus, s. Media Villa, de.
Riccati, V. (1707—1775, Bologna).
— et H. Saladini, Institutiones (1765) IV 118, ***924***; VI 123, 154, *620*, *806*.
Ricci, M. A. (1619—1692, Rom) VI 118, *571*.
Richard von Wallingford (1292—1335, Oxford) V 177.
Richelot, Fr. J. (1808—1875, Königsberg) IV 194, *1457*.
Richer (10. J.) I 22, *114*, *120*.
Richter, Johannes, s. Praetorius.
Richter, ? (1854, Elbing) IV 227, *1605*.
Riemann, G. F. Bernh. (1826—1866, Göttingen) I 99; IV 57, *397*; V 122.
— Werke, herausgeg. v. Dedekind u. Weber (1892) I ***530***, *541*; IV *397*; VI *288*, ***608***.
Riese, Adam (1492—1559, Annaberg) I 6, 133, 153, 169; II 110, 111, 114, 116, 119, 120; III 49, 62, 106, 115; IV 21; VI 18.
— Rchnung auff d. Lin. (1518) I 27, 55, 154, ***267***[a], 941; IV 21.
— Rchg. auff d. Lin. u. Federn (1522, 1527, 1529, 1530) I 27, 55, 69, 154, ***250***[a], *267*[a], *427*; VI 18, *90*.
— Rchg. nach der lenge usw. (1550) I 57, 76, 83, 154, ***272***[b], *942*.
— Coß (1524, Handschrift Kirchenbibl. Marienburg) II 116, 148, 149; III 49, 130; s. Berlet.
Rivard, D. Fr. (1697—1778, Beauvais) II 52, 68, ***259***; IV 53, 59, 77, *361*, *419*, *576*; V 35, 51, *257*, *625*.
Robert von Chester (R. Castrensis, R. Retinensis, 1144) I 19; II *240*; III 43; V 31, 32.
Robertson, J. (1712—1776, London) I 147, *813*.
Robertus Anglicus (um 1240—1270).
— Tract. quadr. (1271) ed. Tannery (1897) IV 35, 40, ***225***; VII 8, 14, 32, *65*.
— — ed. Curtze (1899) I 36, ***182***; IV 33, 37, 62, 96, *133*, *183*; V 26, *99*; VII 30, *17*, *154*.
Roberval, Giles Personne de (1602 bis 1675, Paris) V 69, 129, *364*, *365*; VI 105, 111, 116, *204*, *519*, *551*.
Rochat, 1811, VI *900*.
Roche, E. de la, 1520, I 7; s. Chuquet.
Rodet, L. (* 1850; Paris) I *246*; II *761*; III *208*; s. Āryabhaṭa.
Roë, N., 1633, II 187, 190, 194, ***1035***.
Rohr, M. von, 1922, VI *713*.
Rohrberg, A., 1916, II *1027*.
Rolle, M. (1652—1719, Paris) II 77, 101, 154, 159; III 35, 107.
— Traité (1690) II ***435***, *571*, *863*, *879*, *881*; III *191*, *493*.
Roomen, s. Adriaen.

Romaka-Siddhānta I *95*.
Roscher, J. P., 1799, I 161, 162, *887*, *890*, *907*.
Rosen, F., s. Alḫwārazmī.
Rosenberger, J. K. F. (1845—1899, Frankfurt a. M.) I ***237***.
Rosenthal, G. E. (1745—1814, Nordhausen) III 19, *118*; VI 84, ***418***.
Rothe, H. A. (1773—1842, Erlangen) VI 44, 70.
Rothe, Peter († 1617, Nürnberg) II 76; III 75, 95, ***339***, *424*.
Rothlauf, R., 1878, II *191*.
Rouché, E. (1832—1910) IV *1579*.
Rougevin, 1842, IV 71, *533*.
Row, T. S., 1893, IV 69, *505*ᵃ.
Rudio, F. (* 1856, Zürich) IV *932*, *1487*, *1488*, *1557*.
— Archimedes usw. (1892) IV ***1477***, *1572*, *1636*.
— Simplicius (1907) II ***706***; III *57*, *385*ᵃ; IV *8*, *30*, *177*, *400*, *460*, *627*, *715*, *718*, *749*, *793*, *799*, *800*, *812*, *852*ᵃ, *932*, *1009*, *1071*, *1100*, *1160*, *1487—1490*, *1493*, *1497*, *1508*, *1638*.
Rudolff, Chr. (* um 1500 zu Jauer) I 6; II 24, 51, 119, 120, *744*.
— Rechnung (1526) I 6, 60, 69, 76, 91, 131, 134, 135, 154, ***9***, *289*, *708*, *712*, *733*, *851*, II 158, 170, *953*; III 103, 106, *476*.
— Algebra (1525) I 61, 69, 72, 131, 135, 140, 158, ***301***, *342*ᵇ, *356*, *770*, *867*, *957*, *959*; II 16, 17, 22, 42, 72, 98, 100, 110—112, 117, 131, 139, 149, 150, 158, 161—163, 165, 170, *10*, *202*, *203*ᵃ, *396*, *534*, *550*, *561*, *564*, *621*, ***625***, *648*, *651*, *654*, *739*, *741*, *825*, *834*, *895—897*, *901*, *918*, *927*, *952*; III 30, 50, 62, 115, 130, 131, *134*, *183*, *271*; IV 65, *475*.
— — Bearbeitung von Stifel, s. diesen.
— Exempelbüchlin (1530) I 140, 141, 163, ***771***, *876*, *914*.
Rudorff, A., s. Feldmesser.
Ruffini, P. (1765—1822, Modena) III 94, *412*.
Ruska, J. (* 1867; Heidelberg) I *58*ᵃ, *105*, *241*ᵃ, ***831***, *833*, *937*, *962*; II ***240***, *241*, *246*, *294*, *388*, *532*, *593*, *594*, *795*ᵃ; V *136*, *142*; VI *82*; VII 260.
Rüst, W. K. A. (* 1806, Berlin) IV *1416*.
Rutherford, W. (1798—1871, Woolwich) IV 227, *1603*.
Ryff, Petrus (1552—1629, Basel) IV 68, ***502***, 610.
Sabokht, Severus, s. Severus.
Saccheri, G. (1667—1733, Turin, Pavia) IV *383*.
Sachau, Ed., 1875, VI *82*.
Sachs, Eva, 1917 (Berlin) II *347*.
— Fünf platon. Körper VII ***9***, *11*, *13*, *14*, *103*, *270*, *274—276*, *279—283*, *285*, *286*, *292*, *297*.
Sacrobosco, Johannes de (Engländer, † 1256?, Paris) I 8, 25, 28, 50, 54, 65, 71, 72, 78, *216*, *249*; II 139, 145; III 19; IV 35, 40; VI 10, 12; VII 12.
— Ars numerandi, ed. Curtze (1897) I 8, 10, 12, 25, 54, 59, 76, 85, *18*, ***19***, *21*, *67*, *69*, *131*, *249*, *306*, *324*, *332*, *365*, *398*, *450*; II *765*, *804*; III *109*; IV *224*; VI *40*, *41*; VII *44*.
— De sphaera mundi, deutsch durch C. v. Megenburg (1349), s. diesen.
— — deutsch durch C. Heynfogel (1529), s. diesen.
Saladini, G. (1731—1813, Bologna), s. Riccati.
Salaminische Tafel I *95*.
Salem, Kodex des Klosters S., s. Heidelberger Handschrift.
Salignac, B., 1580, III 51, ***241***.
Salmon, G. (* 1819; Dublin) I 149.
Salmon, J. M. J. (1793—1856, Wien) I 67, *336*.
Salvianus, Julianus, s. Julianus.
Sang, Edward (1805—1896, Edinburgh) II 186, *1000*.
Sargon I. (um 2500 v. Chr.) V 3, 101.
Sartorius, Wolfg., 1592, I 11, ***40***.
Saunderson, N. (1682—1739, Cambridge) II 100, *556*; IV 142, *1089*ᵃ.
Savasorda (Abraham bar Chijja, * um 1100 n. Chr.; Barcelona) II 97, 108; III 42, 61.
— Liber embadorum (um 1145 übersetzt durch Plato von Tivoli), ed. Curtze (1900, 1912) I 24, *124*, *125*, ***322***ᵇ; II *539*, *800*; III 44, 58, *222*, *223*, *267*; IV 12, 16, 38, 133, 147, 149, 153, 236, *36*, *195*, *221*, *256*, *678*, *817*, *1042*, *1112*, *1122*, *1138*, *1654*; V 176; VI 158, *838*; VII 19, 26, *94*, *96*.
Scala, R. von, 1896, V *37*.
Scaliger, J. J. (1540—1609, Leiden) IV *1520*.
Schack-Schackenburg, H. von, 1900, II *14*, *748*; III *261—263*; IV *1073*.
Scheffers, G. W. (* 1866; Berlin) II *945*.

Scheffler, H. (1820—1903, Braunschweig) IV 204, *1501*.
Scheibner, W. (1826—1908), s. Moebius.
Schellbach, K. G. (1805—1892, Berlin) VI 90, *446*.
Schellbach-Mehler V 124, ***702***.
Schelle, Fr., 1815, IV 20, ***48***, *49*.
Schenmark, Niels (1720—1788, Lund) VI 154, *529*, *807*.
Scheybl, Johann (1494—1580, Tübingen) II 51, 117, 121, 122, 142, *786*; III 51; VI 36, *190*.
— Compendium (1549) I *14*; II *534*, *647*; IV 43, ***264***.
— Algebra (1551) II ***534***, *647*, *664*, 826; III *241*.
— Eucl. 6 libri (1550) II 79; III ***241***.
— Eucl. VII, VIII, deutsch. (1555) I 96, 109, ***522***; III 18, 19, *94*, *111*, *112*; IV 20.
Schickhard, W. (1592—1635, Tübingen) V 97.
Schirmer, A., 1912, I ***46***, *355*, *412*; II *139*; IV *127*, *159*, *600*, *602*, *705*.
Schlesinger, L. (* 1864; Gießen) II *62*; VI *478*; s. Descartesübersetzung.
Schmeißer, Fr., 1817, II 130, *732*.
Schmid, Wolfg., 1539, III 17, 19, ***86***, 106; IV 20, 38, 41, 47—49, 61, 62, 80, 89, 96, 97, 112, 154, 157, 186, *188*, *236*, *306*, *330*, *409*, *433*, *437*, *445*, *446*, *594*, *650*, *696*, *701*, *712*, *713*, *731*, *866*, *873*, *1166*, *1178*; V *620*; VII 12, 18, 20, 30, 50, *43*, *155*, *157*, *290*.
Schmidt, F. (um 1838) I *910*.
Schmidt, J., 1736, IV *1481*.
Schmidt, Max C. P. († 1922, Berlin) I ***211***, *310*, 311, *347*; IV *198*, *455*, *456*.
Schmidt, W. (1862—1905) III *201*; IV *1419*, *1420*, *1482*, *1524*; V *35*; VI *426*; s. Heron, Opera.
Scholastiker II 56, 60, 61, 72, 132, *326*.
Schöne, H., s. Heron, Opera.
Schöner, Joh. (1477—1547, Nürnberg), s. Algor. demonstratus, Regiomontanus.
Schöner, Laz. (1592, 1599), s. Ramus.
Schoenflies, A., s. Plücker.
Schooten, Frans I van (1581—1646, Leiden) V ***171***, ***408***, *411*.
Schooten, Frans II van (1615—1660, Leiden) I 117; II 20, 21, 30, 31, 46, 101, 124, 153, *62*, *221*; III 13, 25, 69, 76, 79, 116, *310*, *359*; IV 15, 90, *1577*; V 61, 77, 83, 84; VI 107, 123, 152, 156, 164, *478*, *502*, *800*, *829*.
Schooten, Frans II van, Comm. zu Descartes (1649), s. diesen.
— Exercitationes (1657) I 110, ***608***, *640*, *957*; IV ***655***; V *440*, *443*; VI *370—372*.
Schott, K. (1608—66, Würzburg) I 7, 62, 79, 145, ***318***; II 52, *260*, *946*; IV 33, 43, 47, 49, 53, 80, 110, *134*, *267*, *307*, *593*, *610*, *841*; V *130*.
Schottel, J. G., 1641, IV 21, ***55***, 142.
Schotten, H. (* 1856; Halle) IV 30, *94*, *300*, *505*.
Schoy, C. (* 1877; Essen) IV *816*; V *16*, ***17***, *21*, ***22***, *55*, *57*, *87*, *94—96*, *111*, *113*ᵃ, *249*ᵃ, *265*ᵃ, *275*ᵃ, *380*, *797*, *827*, ***953***, *979*, *979*ᵃ, *984*; VI *132*.
Schreyber, H., s. Grammateus.
Schrön, H. L. Fr. (1799—1875, Jena) II 186, 188, *1009*, ***1025***.
Schröter, H. (1829—1892, Breslau) IV 126, 193, *992*, *1451*.
Schröter, J. A., 1795, I 161, *886*.
Schröter, K., 1904, VI *451*.
Schubert, H. (1848—1911; Hamburg) II 203, *1068*; III 113, *521*.
Schubert, Fr. Th. (1758—1825, St. Petersburg) IV 172, *1321*.
Schülke, A., 1895, 1900, 1909 (Königsberg) II *1024*, *1098*.
Schulz, Fr., 1803, I 161, *888*.
Schulz, J.. 1797, IV *213*.
Schulz, K. F., 1828, V 21, 114—118, 122, 124, 127, 128, 134, 162; ***73***, *636*, *651*, *703*, *723*, *728*, *736*, *740*, *742*, *743*, *789*, *841*, *842*, *901*, *924*.
Schulz von Strasznicki, L. K. (1803 bis 1852, Wien) V 227.
Schulz, M. Chr. (1694) IV 73, *545*.
Schulze, J. K. (1749—1790, Berlin) II 187, 191, 194, ***1013***, ***1043***.
Schumacher, H. Chr. (1780—1850; Kopenhagen, Altona) IV 165, *392*, *394*, *1604*; V *555*; s. Carnot.
Schwab, J. Chr. (1743—1821, Stuttgart) IV 221, *394*, *1579*.
Schwarz, H. A. (1843—1922, Berlin) III 87, *436*.
Schweder, S., 1563, I *943*.
Schweicher, W., 1549, I 177.
Schweikart, F. K. (1780—1857, Marburg, Königsberg) IV *393*.
Schweins, F. F. (1780—1858, Heidelberg) IV 99, 169, *213*, ***743***, *1280*; V 61, ***128***, *269*, *327*.
Schwenter, Daniel (1585—1636, Altdorf) III 17; IV 79, 89, 133, *331*.
— Geom. Pract. (1618—27) III 17, ***85***; IV 21, 41, 42, 52, 66, 79, 80, 89,

100, 101, 110, 116, 154, 175, 195, *238*, *249*, *490*, *589*, *595*, *651*, *754*, *755*, *837*ᵃ, *1167*, *1168*, *1345*, *1470*; V *457*; VI 79–81, *399*, *710*.
Schwenter, Daniel, Deliciae (1636) I 11, *48*; V 117, ***649***; VI 20, 66, 79–81, 155, *110*, *340*, *341*, *399*, *816*.
Sédillot, L. Amélie (1808–1875, Paris) V *113*, *980*.
Seelhoff, P. (1829–1896; Bremen) I 100, 101, 110, *550*, *554*, *603*.
Segner, J. A. von (1704–1777, Göttingen, Halle) III 98; V 123; VII 44.
– Vorles. (1747) I 57, 79, 80, 131, ***270***ᵇ, *421*, *707*, *804*; III 3, 18, *3*, *54*; IV 21, 36, 38, 42, 53, 116, *172*, *193*, *244*, *366*, *1411*; V 56, *282*; VII 12, 13, 38, *46*, *218*.
– Elementa (1756, 1758) II ***1091***; VII *254*.
– Anfangsgründe (2. Aufl. 1773) II 210, ***1091***; IV 60, 73, 77, 146, 221, *574*, *1582*; V 21, 44, 150, *67*; VI 61; VII *218*.
Séjour, s. Dionis.
Seleukiden (312–64 v. Chr.) I 38.
Senkereh, Täfelchen von (3. Jahrtausend v. Chr., gefunden 1854) I 3, 14, 37, 115, 123, *1*, *185*, *629*; II 134; s. Lepsius und Hincks.
Serenus von Antinoeia (A. 4. J. n. Chr.) IV 180, *1380*; VI 139, ***703***.
Serret, J. A. (1819–1885, Paris) V 161, ***915***; s. Lagrange, Œuvres.
Servois, F. J., 1815, IV 180, *1374*; V 157, 158, *695*, *902*.
Seti I. (um 1400 v. Chr.) VI 92.
Severus Sabokht (Syrer, um 662 n. Chr.) I *95*, 19.
s'Gravesande, J. (1688–1742, Haag, Leiden); s. Huygens.
Shanks, W. (1812–1882, Durham) I 149, *824*; IV 227, *1606*.
Sharp, Abr. (1651–1742, Greenwich) II 187, ***1012***; IV 225, 226; V 66, 184.
Sherwin, H., 1705, II 189, 191–194, *1012*, ***1032***; V 30; VI 60, *314*; s. Gardiner.
Sibt Almāridīnī (15. J.) I *807*.
Siddhānta I 16, *95*; III 101; V 6, 18.
– Puliśa-S. I 16; III 101; IV 207, 209; V 6, 7, 59.
– Romaka-S. III 101.
– Sūrya-S. (400 n. Chr.) V *46*, ***796***, *805*.
– Brahma-sphuṭa-S., s. Brahmagupta.
Siddhāntaśiromani, s. Bhāskara.
Sigoborto, s. Münchener Handschrift 13021.
Simon Bredon (um 1380) V 177.
Simon, M. (* 1844; Straßburg) IV *1154*.
– Euklid (1901) IV ***1136***.
– Elem. Geometrie (1906) III 500; IV 238, ***1062***, *1276*, *1310*, *1679*; V *373*.
– Gesch. (1909) II *15*.
Simplikios (A. 6. J. n. Chr.) IV 26, 37, 198, 206, *14*, *1488*; VI *426*; s. Rudio.
Simpson, Th. (1710–1761, Woolwich)
– Elements (1747) IV 77, 102, 170, ***577***, *762*, *1304*; VI 91, *450*; VII 45, *258*.
– Trigon. (1748)) III 53, ***252***; V 85, *452*.
Simson, Rob. (1687–1768, Glasgow) II 78; IV 166; VII 9.
– Sect. con. (1735) IV 174, ***1338***; VI 149, *780*.
– Loci plani (1749) IV ***1377***.
– Elements (1756) IV *509*, *1266*; VII ***19***.
Sindhind (um 773 n. Chr.) I 19; V 7, 18.
Sluse, Fr. René de (1622–1685, Lüttich) II *98*.
Smith, D. E. (* 1860; New York) I *110*, *611*ᵃ, *785*ᵃ, *832*; II *948*; III *242*.
– Rara arithm. (1908) I ***10***, *769*, *785*, *892–895*; II *47*, *53*, *96*, *318*; VI *185*.
– Hindu-Ar. Num. (1911) I *102*.
Smith, E. (1869, Oxford) III *69*, *315*ᵃ.
Smith, R., 1722, II 159.
Snellius, Willebrord (1581–1626, Leyden) IV 123, 154, 192, 217, 219, *1543*; V 66, 83, 96.
– Fundamenta (1615) IV ***963***; s. Ludolph van Ceulen.
– Eratosth. (1617) V ***551***.
– Cycl. (1621) IV ***1438***.
– Doctr. triangulorum (1627) IV 52, 109, ***357***; V 65, 75, 77, 86, 97, 98, 125, 144, *129*, *342*, *407*, *410*, *435*, *441*, *456*, *560*, *709*, *831*.
Šoǵā' ben Aslam (Abū Kāmil, um 900 n. Chr., Ägypten).
– ed. Suter (1910) III 31, 103, 104, ***175***, *478*; VI 98, 99, *466*.
Sohncke, L. A. (1842–1897) s. Chasles.
Sokrates (469–399 v. Chr., Athen) VI 8.
Solon (um 594 v. Chr.) I 131.
Sommer, J. (* 1871; Danzig) IV *641*; V *603*.
Sonnenberg, L., 1881, IV *1412*.
Sorlin, 1825, III 118; V 47, 126, 128, 160, 161, 165, *245*, *713*, *739*, *914*, *916*, *942*.

Sosigenes (um 50 v. Chr.) I 32.
Speckmann, G., 1898, I *558*.
Speidell, J., 1627, III 116; V 40, *186*.
Spengel, L., s. Eudemos.
Spengler, J. (1736–1776, Dillingen) I 134.
Speusippos (M. 4. J. v. Chr.) I 96, *514*; VI 8, 21, *19*.
Spieker, Th. (1823–1913, Potsdam) V 125, ***705***.
Śrīdhara (zw. 6. u. 10. J. n. Chr., Indien) I 125, 150, 151; III 41, 121.
Stäckel, P. (1862 Berlin bis 1919, Heidelberg) II *949*; III *96*ᵃ; IV *383*, *388*, *392–394*, *525*; VI *178*; s. Borel.
Staigmüller, H. (* 1857, Stuttgart) II *786*; VI *190*.
Stainville, de, 1818, VI 51, *271*, *277*.
Stallbaum, G., s. Plato, Opera.
Stampioen, J. J., 1632, V 38, *171*.
Staude, O. (* 1857; Rostock) VI ***609***.
Staudt, K. G. Chr. von (1798–1867; Erlangen) III 176, 193; IV *1450*; V 164, *934*; VI 122, *611*; VII 27, *139*.
– Geom. d. Lage (1847) IV 46, 177, ***288***, *1357*.
Stegmann, J., 1630, I 144, *794*.
Steindorf, G., 1900, I ***192***.
Steiner, Jakob (1796, Utzensdorf-Bern, bis 1863, Bern, Berlin) IV 39, 45, 54, 71, 80, 88, 90, 103, 125, 126, 161, 169, 175, 176, 178, 179, *532*, *951*, *982*, *991*, *1209*, *1344*; V *622*, *628*, *735*, *743*, *964*; VI 87, *434*; VII 29, 45, *144*, *148*, *259*, *266*.
– Syst. Entw. (1832) IV 39, *208*, ***287***, *372*, *601*, *773*, *1358*, *1367*.
– Geom. K. (1833) IV ***205***, *643*, *1290*.
– Werke, herausg. v. Weierstraß (1881, 1882) IV *205*, ***287***, *372*, *601*, *643*, *656*, *773*, *893*, *951*, *982*, *991*, *1290*, *1358*, *1367*; V *517*; VI *434*.
Stenius, D., 1727 (Upsala) III *54*.
Stephanus de Angelis, F. (1623–1697) VI 117, ***569***.
Stern, W., 1832, I *837*ᵃ, *853*.
Sterner, Matth., 1891, I ***151***, *239*, *245*, *273*, *430*, *492*, *682*, *736*, *796–798*, *803*, *806*, *848*, *852*, *926*.
Stevin, Simon (1548–1620, Leiden) I 44, 45, 127, 141, 143, 159, 166, *14*, *786*; II 22, 46, 58, 101, 122, 128, 150, 153, *223*; III 33, 34, 51, 75, 81, 116, 137, 138; IV 15, 100, 103, 172, 237, *776*; V 90, 133, 141; VI 58, 59, 155; VII 53.
– Probl. geom. (1583) VII *306*.
Stevin, Simon, Arithm. (1585, rééd. 1625 Alb. Girard) I 45, 127, 159, *235*, *332*; II 23, 26, 28, 52, 53, 76, 82, 101, 125, 126, 139, 151, 152, *79*, ***97***, *420*, *963*; III *187*, *243–245*, *371*; VI *310*, *311*, *813*.
– La Disme (1585) I 45, 141.
– Hypomnemata (1605) IV *776*; V ***781***, *815*.
– Œuvres, éd. Girard (1634) I *14*, ***235***, *332*, *680*, *768*, *769*, *774*, *775*, *777–782*, *869*, *870*, *873*; II *68*, *79*, *113*, *223*, *266*, *465*, *568*, *667*, *668*, *692*, *712*, *838*, *839*, *847*; III *187*, *243–245*, *341*, *371*; IV *33*, *776*, *1659*; V *498*; VI *310*, *311*, *813*.
Stewens, F. H., 1903, IV *5056*.
Stiborius († 1515, Wien) I 13, *75*.
Stifel, Michael (um 1487 Eßlingen bis 1567, Jena) I 33, 43; II 21, 24, 43, 51, 69, 72, 75, 78, 100, 101, 117, 119, 120, 131, 142, 158, 205, 206, *9*, *114*, III 17, 33, 34, 50, 62, 74, 86, 131–134; IV 172; VI 19, 36, 38, 66; VII 53.
– Arithmetica integra (1544) I 109, 133, 135, *14*, *332*, *552*, *601*, *724*, *743*; II 17, 21, 23, 99, 101, 117, 120, 142, 149, 150, 154, 158, 160, 163, 171, 172, ***9***, *78*, *114*, *319*, *320*, *368–370*, *417*, *418*, *534*, *551*, *553*, *562*, *563*, *590*, *624*, *644–646*, *663*, *742*, *785*, *789*, *805*, *831*, *833*, *835*, *836*, *889*, *919*, *959*, *960*, *961*, *969*; III 6, 26, 33, 50, 74, 115, 131–133, *19*, *160*, *185*, *186*, *237*, *239*, *336*; IV 215, *1553*; VI 13, 18, 19, 29, 36, 66, *55*, *57*, *58*, *93*, *97*, *119*, *164*, *187*, *189*, *337*, *338*; VII 53.
– Deutsche Arithm. (1545) I 57, 101, 136, 154, ***272***ᵃ, *419*, *493*, *846*; II 17, 21, 79, 99, *67*, *621*.
– Practick (1546) I 12, 76, 135, 154, ***70***ᵃ, *336*.
– Coß (1553) I ***223***, *552*, *744*, *846*, *906*, *908*; II 17, 22, 43, 99, 101, 117, 120, 121, 142, 158, 162, *10*, *396*, *552*, *644*, *649*, *651*, *657*, *662*, *784*, *790*, *832*; III 26, 62, 74, 133, 134, *161*, *185*, *238*, *240*, *272*, *237*; IV 33, 34, 113, *124*, *149*, *890*; VI *187*.
– Nachlaß II 28, ***114***; s. Hoppe, E.
Stirling, J. (1696?–1770, Schottland) VI 32, 112, 161, 165, 167.
– Lin. tertii ordinis (1717) VI ***523***, *857*, *885*.
– Method. diff. (1730) VI ***177***.

Stolz, O. (1842–1905, Innsbruck) II *378*; V 112, *602*.
Strabon (66 v. Chr. bis 24 n. Chr.) IV **2**.
Strachey, E., 1813, V *137*.
Streete, Th. (1621–1689) II 208; III 117, **46**; V 40, 81, *188*, *427*.
Strode, Th., 1684, IV 159.
Stromer, H., 1504, I 93, *495*.
Stübner, F. W. (1710–1736, Leipzig) III 98.
Studnička, F. J. (1836–1903, Prag) V *585*.
Study, E. (* 1862, Bonn) V 113, *603*.
Sturm, J. Chr. (1635–1703, Altorf) I 80, 87; II 96.
— Archimedes (1667, 1670) I **423**, *468*; II 51, *250*, **535**; III 17, *87*; IV 21, 34, 38, 42, 49, 50, 59, 61, 62, 78, 80, 96, 112, 150, 162, 164, *158*, *189*, *248*, *331*, *348*, *413*, *450*, *519*, *599*, *709*, *861*, *1139*, *1208*, *1224*, *1229*, *1240*, *1427*; V 115; VI 14, 143, 160, *64*, *720*, *855*; VII 18, 20, 30, 31, 35.
— Math. (1689) I 8; IV 23, 124, **970**.
Sturm, L. Chr. (1669–1719, Frankfurt O., Braunschweig).
— Kurtzer Begriff (1707) I 57, 58, **366**, *511*; II 79, 129, 132; III 8, 17; IV 21, 50, 60, 92, 95, 97, 112, 113, 121, *343*, *665*, *868*, *887*, *941*; VII 15, 16, 18, 30.
Sturm, R. (* 1841, Breslau) VI *451*.
Stuttgarter Handschrift H. B. XI. 22 (1488) I 10, 130, **140**, *321*, *696*.
Suidas (10. J. n. Chr.) IV 189, *1423*; VI *705*; VII 47, *273*.
Şulla (138–78 v. Chr.) I 157.
Śulvasūtra I 15; II 138; III 112; IV 10, 140, 208, *21*, *1517*.
Sun-Tsū (3. J. n. Chr., China) III 103.
Sūrya-Siddhanta, s. Siddhanta.
Suter, H. (1848–1922; Zürich) I *254*, *341*, *578*, *677*ª, *685*ª, *756*; II *295*, *354*, *355*, *595*, *762*ª, *763*ª, *763*ᵇ, *873*; III *175*, *198*, *478*, *487*; IV *20*, *284*, *1101*, *1120*, *1121*, *1432*, *1528*, *1539*, *1540*; V *15*, *16*, *20*, *57*, *86*, *91*, *92*, *133*, *137*, *143*, *275*, *315*, *378*, *379*, *400*, *403*, *404*, *464*, *466*, *468*, *528*, *774*, *798*; VI *149*, *151*, *161*, *162*, *165*, *466*.
Swinden, J. H. van (1746–1823) V 98.
— Grondbeginsels (1790) II 168, **942**.
— — Elemente, bearb. v. C. F. A. Jacobi (1834) II 168, **942**, *943*; III *20*; IV 37, 70, 71, 77, 86, 95, 99, 122, 124, 151, 154, 164, 165, 166, 169, 173, 175, 238, *520*, *529*, *582*, *637*, *742*, *955*, *973*, *1153*, *1172*, *1244*, *1260*, *1270*, *1292*, *1322*, *1342*, *1607*, *1678*; V 21, 90, 93, 96, 119, 130, *71*, *488*, *489*, *521*, *526*, *547*, *657*, *755*; VII 36, *152*, *203*.
Sylow, L., s. Abel.
Sylvester II., s. Gerbert.
Sylvester, J. J. (1814–1897, Oxford) IV 229, *1615*.

Ṭābit ibn Qurrah (836–90, Bagdad) I 110; IV 143, 172; V 18, 105, 132, 166.
Tacquet, A. (1612–1660, Löwen, Antwerpen) I 56, 144, 145, **270**ª, *799*, *802*; II 96; IV 116; VI 20, 67, 69, *109*, *344*, *352*.
Talleyrand-Périgord, Ch.-M. de (1745 bis 1838) I 45.
Talmud IV 196.
Talos (z. Zeit d. Theseus) IV 83.
Tannery, J. (1848–1910, Paris) II 168, 169, *945*.
Tannery, P. (1843–1904; Le Havre) I *123*, *275*, *514*, *829*; II *6*, *102*, *323*, *756*; III *293*; IV *16*, *86*, **723**, *760*, *1510*, *1530–1534*; V *99*; VI *19*, *156*.; s. Descartes, Diophant, Fermat, Robertus Anglicus.
Tartaglia, N. (1499 ?–1557, Venedig) III *321*, *322*, 71–73; IV *990*.
— Gen. trattato (1556–1560) I 10, 48, 56, 69, 75, 79, 83, 84, 91, 109, 134 bis 136, 153, 159, 164, 172, 177, **44**, *170*, *268*, *332*, *376*, *408*, *434*, *490*, *491*, *734*, *751*, *845*, *871*, *925*, *955*, *973*; II 18, 27, 52, 59, 102, 128, 139, 142, 143, 166, *109*, *110*, *263* bis *265*, *321*, *575*, *590*, *711*, *787*, *792*, *907*, *932*, *933*; III 73, 115, 136; IV 89, 94, 108, *649*, *826*; VI 18, 27, 36, 57, 66, 71, 88, 99, 151, *94–96*, *153*, *191*, *308*, *336*, *366*, *441*; VII 26, *131*.
— Opera (1606) III **321**; VI 100, *797*.
Taurinus, Fr. A. (1794–1874, Cöln) IV *393*.
Taylor, Brook (1685–1731, London) II 203, *1064*.
Taylor, M. (1756–1789, London) II 193, *1041*.
Tchebyschew, P. (1821–1894, Petersburg) I 97, 99, *528*, *538*.
Teirich, 1871, I 160.
Tellkampf, J. D. A. (1798–1869, Hannover) I 60, 108, **295**; II 130, *733*; III 18, 19, *97*, *120*; IV 37, 60, 69, 73, 116, 118, 151, 162, 164, 170,

175, 426, 551, 612, 909, 927, 1152, 1222, 1243; V 46, 56, *287*; VI 20, 29, 53, 74, 84, 113, *112, 286, 416*; VII 26.
Terquem, Olry (1782—1862, Paris) IV 71, 150, *533*; V 93, *527*.
Thackeray, W. (1811—1863) I *36*.
Thaddäus Danus, 1546, I *959*.
Thales von Milet (um 624—548; 28. V. 585 Sonnenfinsternis) IV 5, 45, 68, 69, 74, 75, 114, 115, 120, 127, 155.
Theätet (Theaitetos, um 410 v. Chr.) II 64, 65, 71, 72, 154; IV 6, 8, 189; VII 6, 7, 47, 48, 49, 50.
Theodoros von Kyrene (um 410 v. Chr,) II 63—65, 71, 72; IV 6; VI 43.
Theodosios aus Bithynien (A. 2. J. v. Chr.) IV 12, 111; V 13, 102, 116 bis 121.
— ed. Clavius (1586) V 80, ***162***, *663*.
— ed. Barrow (1675) V ***677***.
— ed. Halley (1758) IV 111, ***1316***; V *8, 631, 655*.
— deutsch v. Nizze (1826) V ***567***, *631, 655, 659—662, 664, 666, 668, 670, 673, 679, 680, 684, 686*.
Theon von Alexandrien (um 365 n. Chr.) I 90, *188*; II 48, 137; III 10, 36, 119; IV 8, 172; V 48, 166; VI 86.
— Comm., ed. Halma (1821) I ***368***, *426, 487*; II *759*; IV *774, 812, 844, 1318*; V *6, 249, 950*; VI *429*.
Theon von Smyrna (um 130 n. Chr.) I 108, 116; II 54, 63; III 15, 19, 119; VI 5, 75; VII 14.
— Expositio, ed. Hiller (1878) I ***637***; II *284—286, 337*; III *55, 60*; IV *143*; V *1*; VI *5, 6, 7*; VII 77, *62, 85*.
Theudios von Magnesia (um 340 n. Chr.) III 7; IV 7.
Thibaut, B. Fr. (1775—1832, Göttingen) II 24, 104, 139, 210, *84, 731, 1096*; III 3, 4, *5*; IV 34, 48, 55, 62, 68, 69, 71, 73, 95, 116, 164, 237, *135, 301, 321, 385, 447, 494, 527, 549, 1668*; VII 13.
Thibaut, G., 1899, I ***86***; III *1483, 1517*.
Thomas, Alvarus, 1509, (Lissabon, Paris) II 132; VI 31, 32, *105*.
Thymaridas von Paros (um 390 v. Chr.) II 92; III 21, 29, 31, 61.
Timerding, H. (* 1873, Straßburg, Braunschweig) IV *1417*.
Tinseau, 1780, VII 29, *152*.
Tobiesen, L. H., s. Bugge.
Toledanische Tafeln (um 1080) V 176.
Tonski, J., 1640, V 75, *394*.
Torkhēde-Kupferplatten (813 n. Chr., Indien) I *95*.
Torporley, N. (1563?—1632, London) V 134, *784*.
Torricelli, E. (1608—1647; Florenz) VI 111, *520*.
Tralles, J. G. Fr. (1763—1822, Berlin) II 196, ***1050***; III 3; IV 116, *494*; V 22, *78*.
Trenchant, J., 1558, I 8.
Treutlein, P. (1845—1912, Karlsruhe) I *361*; II *77*; III *178*; s. Jordanus Nemorarius de num. datis.
— 16. Jahrh. (1877) I 137, *844*; VI ***52***, *98*.
— Coß (1879) II *40*, ***368***, *447, 887*; III *234*, 338.
Treviso, Rechenbuch von (1478) I 55, ***266***.
Trium fratrum liber, s. Drei Brüder.
Tschirnhausen, Ehr. W. von (1651 bis 1708, Sachsen, Paris) III 76, 88, 91, *351, 393, 402*.
Tsū Ch'ung-Chih (428—499 n. Chr.) IV *1504, 1567*.
Tycho Brahe, s. Brahe.

Ulpianus, Domitius († 288 n. Chr.) I 166.
Ulrich, G. C. J. (1798—1879, Göttingen) I 60, ***297***.
Ulūġ Beg (1393—1449, Samarkand) II 9, 25, 175; VI *132*.
Unferdinger, F. (1833—1890, Brünn, Wien) V 165, *943*.
Unger, Fr., 1888, I 106, ***144***, *147, 148*, 244^{b}, *245, 248*, 266^{b}, 266^{c}, *270, 290, 337, 582, 627, 728, 761, 838, 847, 848, 852, 853, 931, 957, 964*; VI *308*.
Ungnad, A., 1917, IV *747*; VII 7.
Unterberger, L. (1734—1818, Wien) I 11, ***51***, *714*.
Ursinus, Benj. (1587—1633, Berlin, Frankfurt a. O.) II 178, 180, 191 bis 193, 208, ***984, 985, 986***, *1054*; III 116; IV *730*.

Vacca, G. (* 1872) I *559, 561, 565*; V *747*; VI *180, 225, 230, 254, 275*.
Vahlen, K. Th. (* 1869; Greifswald) III *293*, ***314***.
Valerio, Luca, 1661, VII *217*.
Valla, G., 1501, IV *694*; VI 140, *708*.
Vallée, Poussin de la, s. La V.
Vandermonde, A. Th. (1735—1796, Paris) II 37, 38, 160, *180, 885*; III 93, *408*.

Varāha Mihira († 587 n. Chr., Indien) I 16; IV 207; V 6, 17, 59.
— ed. G. Thibaut and S. Dvivedī (1889) I **84**; V *13, 47, 48*.
Varignon, P. (1654—1722, Paris) IV 27, 54, 59, 70, 101; VI 54, *289*; VII 16, 33, *181*.
— Élémens (1731) II 52, **258**; IV 101, 116, *80, 374, 516, 761*; V 35; VII 16.
Varro, M. Terentius (116—28 v. Chr.) I 71.
Vaux, Carra de, 1897, 99, I *807*; III *486*^{a}.
Vecten, 1818, V 93, *523*.
Vega, G. von (1756—1802, Wien) I 117; IV 227.
— Tafeln (1783) II 186, 191, 193, 194, **1005**.
— Thesaurus (1794) II 220, **1014**, *1154*; IV *1600*.
— Handbuch (C. Bremicker) II **1007**.
Velten, A. W., 1896, V *741*.
Vergilius, Publius V. Maro (70—19 v. Chr.) IV 109.
Versluys, J., 1914, IV *1084*.
Victorius von Aquitanien (um 457 n. Chr.) I 78, 112, 124.
Vieta, Fr. (1540—1603, Paris) I 140, 143, *101, 850*, II 7, 23, 26, 39, 43, 44, 46, 51—53, 76, 82, 96, 122, 129, 152, *101*; III 23—25, 27, 52, 65, 75, 76, 81—83, 97, 116, 138—141; IV 13, 14, 16, 17, 31, 52, 66, 86, 108, 109, 120, 123, 124, 148, 177, 195, 199, 215, 216, 223, 237; V 11, 34, 36, 47, 50, 52, 55, 57, 58, 63, 65, 68, 74, 75, 77, 80, 81, 96, 106, 109, 111, 125, 133, 134, 140, 143, 144, 181; VI 19, 20, 30, 89, 100.
— Canon math. (1579) I 140, 141, *767*; IV **1127**; V 133.
— Univ. inspect. (1579) IV **1060**, 1127, *1558*; V 48, 74, **153**, *247, 333, 341, 346*.
— Logistica speciosa (1591) II 53, 269; III **142**; V *298*.
— Aequ. recogn. (1591) III 76, 78, 140, **246**, *247, 347, 356, 438*.
— Isagoge (1591) II 20, 25, 43, 51, 79, 123, 132, **60**, *88, 204, 449, 715*; III 139, *131, 152*; IV *104*; V 37; VI *476*.
— Eff. geom. can. rec. (1591) VI **476**.
— Var. resp. l. VIII (1593) II **849**; IV 109, 215, 216, *1492, 1554*; V 48, 75, 77, 80, 109, 141, *163, 388, 406, 412, 425, 430, 707, 708, 812, 813, 852*; VI *107*.
Vieta, Fr., Suppl. geom. (1593) III 65, 78, **285**, *355, 357*; IV *635*.
— Zetet. (1593) II 28, **848**; III 139.
— Mun. adv. nova cycl. (1594) IV **1520**.
— Resp. (1595) I **221**; II **850**.
— Ps. Mesol. (1595) IV 120, 123, *937*, **962**, *1474*; V 96, *539*.
— Apoll. Gallus (1600) IV **976**.
— Num. resol. (1600) III **373**.
— Angul. sect. (vor 1591 verfaßt, Druck 1615) V 55, **279**, *299*.
— Opera, ed. Anderson (1615); s. Anderson.
— — ed. Schooten (1646) II 30, **88**, *267, 269, 591, 685, 715, 851, 852*; III 138—141, *142, 152, 246, 347, 355—357, 373, 438*; IV *831, 832, 937, 962, 976, 1474, 1520, 1554* bis *1556*; V *163, 277—279, 298—300, 334—337, 406, 425, 430, 539, 707, 708, 812, 813, 828, 852*; VI *476*.
Vījagaṇita, s. Bhāskara.
Vitali, G. († 1698, Rom) I 36; III **1**; IV 33, 43, 49, 50, 53, 110; IV **134**^{a}, *341, 840*; V *130*.
Vitruvius, Marcus V. Pollio (um 15 v. Chr.) I 77, 84, **389**, *438*, **946**; IV 48, 93, 97, 106, 137, 209, *315, 625, 725, 811, 1065, 1524*; VII 16, *8*, 17.
Vitruvius Rufus (2. J. n. Chr.) I 90.
Vlacq, Adr. (* um 1600, London, Paris, Haag) II 185—187, 192, 193, 199, 205, 207, **996**, *1046, 1050, 1070*; V 30; s. Nordmann II *1050*.
Vögelin, J. († 1549, Wien) IV 41, 116, 160, **235**, *906, 1204*^{a}.
Vogt, H., 1906, 1904, II *347, 352, 760*; IV *1154*.
— Pyth. Lehrs. (1906) IV *1077, 1086, 1483, 1518*.
— Geom. d. Pyth. (1908) IV **6**, *1063, 1067*.
— Irration. (1909) II **337**—*339, 343* bis *346, 383*; VI *229*.
Voigt, J. H. (1751—1823, Jena) I 66, **331**; II *139*; IV 73, 80, *548, 602*; V 30, *121*.
Volusius Maecianus († 175 n. Chr.) I 125, *671*.

Wagner, F., 1721, III **54**.
Wagner, Ulrich, Rechenbuch von 1482, I 26, 55, 129, *143*^{a}, *266*^{b}.
Wallenius, M. J. (1741—1773, Schweden) IV *1491*.
Wallis, John (1616—1703, Oxford) II 77—79, 86, 101, 125, 126, 154,

217, 219, *451*, *1141*, *1142*, *1147*; III 3, 110, 117; IV 17, 56, 142, 159, 223, *387*; V 41, 69, 184, VI 30, 33, 34, 40, 68, 69, 80, 81, 108, 109, 117, 145, 165, 169.

Wallis, John, Arithmetica infinitorum (1655) II 34, ***74***, *154*, *332*, *688*, *857*; IV *1585*; VI *401*, *402*.

— Sect. conicae (1655) II 34, 61, *153*, ***332***; IV *32*, *1088*; V *1013*; VI *503* bis *505*, *736*.

— Mathesis univ. (1657) II 56, 59, 103, *301*, *322a*, *451*, ***581***, *686*, *858*, *1138*; VI 13, 19, *60*, *102*.

— Algebra (verfaßt 1676; Druck engl. 1685, lat. 1693) I *85*, 146—148, ***478***, *811*; II 82, 83, 102, 129, 153, 159, 211, 212, *93*, *470*, *519*, *566*, *576*, *674*, *695*, *717*, *857*, *882*, *1104*, *1111*; III 1, 15, *1*, *56*, *378*, *503*; IV *39*, *40*, *1088*; V *191*, *225*, *230*, *444*, *871*, *885*, *887*; VI *183*.

— Opera (1695—99).

— — Vol. 1. II *153*, *154*, *301*, *322a*, ***430***, *451*, *688*, *957*; IV *32*, *1585*; V *369*; VI *60*, *102*, *401*, *402*, *503* bis *505*, *563*, *736*;

— — Vol. 2. I ***478***, *479*, *553*, *811*; II *452*, *470*, *519*, *566*, *576*, *674*, *695*, *717*, *857*, *1104*, *1111*, *1116*, *1117*; III *1*, *56*, *378*, *503*; IV *387*, *1088*, *1193*; V *158*, *195*, *225*, *230*, *369*, *444*, *609*, *864*, *871*, *885*, *887*, *1013*; VI *350*, *355*, *356*.

— — Vol. 3. III *363*.

Wallner, C. R. (* 1881: Rothenburg o. T.) II *324*, *331*; IV *1494*.

Wälsche Gast (E. 13. J.) I 25.

Walter von Speyer (983) I *112*.

Walther, Bernh. (1430—1504, Nürnberg) V 10.

Wappler, E. (1852—1899) I *842*, *865*; II ***26****—33*, ***34***, *54*, *55*, ***203a***, *444*, *612*, 633, *636—639*, *807*, *808*.

Ward, Seth (1617—1689, engl. Bischof) III 116; IV 17; V 40, 41, ***187***, *426*.

Waring, Edw. (1734—1798, Cambridge) I ***561***; VI ***631***.

Warren. J. (1796—1852, Cambridge) II 87.

Waeschke, H., s. Maximus Planudes.

Wattenbach, W., 1872, II 52, 155.

Weber, H. (* 1842—1913; Straßburg). Encyklopädie, 1. (Weber u. Wellstein) 1905, I ***542***; III 143, *1456*.

— — 2. (Weber, Wellstein u. Jacobsthal, 2. Aufl. 1907) IV ***1095***, *1502*.

— s. auch Riemann.

Wegener, A., 1905, II *687*.

Weierstraß, K. (1815—1897, Berlin) II 70, 88, 90, *375*, *509*; IV 232, *1626*; VI 55, *280*.

— s. C. G. J. Jacobi, Steiner.

Weihrauch, J. K. Fr. (1841—1891, Dorpat) III *497*.

Weinreich, W., 1918 (Frankfurt a. M.) VI *812*, *817*.

Weißenborn, H. (1830—1896, Eisenach) II *756*; IV *1535*.

Weland, Woldegk (1614—1641, Hamburg) IV 117, 165, 180; IV ***910***, *1252*; V 88, *472*; VII 26, *132*.

Wellstein, J. (* 1869; Karlsruhe i. B.), s. H. Weber.

Wendt, H., 1884, I *806*.

Wentz, L. (1695—1772, Basel) I 68, 105, *332*, *342a*, ***573a***.

Werner, Joh. (1468—1528, Nürnberg) V 107—109, 117, 118, 122, 133, 139, 140, *656*; VI 140, 146, *709*.

— Triang. sphaer. (verfaßt zw. 1505 u. 1513, ed. Björnbo 1907) V 62, ***580***, *586*, *645*, *646*, *690*, *778*, *809*.

Wertheim, G. (1843—1902, Frankfurt a. M.) I *141*, *639a*, *641*; II *75*, *756*, *776*; III *179*, *501*, *515*; IV *921*; VI *394*.

Wessel, Caspar (1745—1818, Norwegen, dänischer Feldmesser) II 86, *493*.

Westermann, A., 1845, VI *18*.

Whiston, W. (1667—1752, Cambridge, London) I *332*; II *372*; s. Newton, Arithm. univ.

Wiberg, M., 1875, II 180, *1001*.

Wiedeburg, ?, 1730, IV *1481*.

Wiedemann, E. (* 1856; Erlangen) VI *555*, *556*, *749*, *750*, *811*.

Widmann, Johann (* um 1460 Eger, Leipzig) I *842*; II 12—15, 17, 18, 78, 114; III 115.

— Rechenung (1489) I 10, 26, 55, 57, 61, 63, 69, 72, 75, 76, 79, 86, 87, 91, 95, 112—114, 129, 135, 153, 154, 159, 163, 164, 171, 172, ***145***, *244*, *267*, *305*, *321*, *329*, *362*, *417*, *418*, *458*, *465*, *466*, *513*, *623*, *731*, *746*, *842*, *850*, *912*, *924*, *957*, *959*; II 7, 12, 13, 19, 51, 53, 110, 112, 116, 148, *619*, *622*, *640*, *726*, *812*; III 18, 19, 106, 128, 129, *95*, *96*, *110*, *235*; IV 13, 20, 21, 28, 33, 36, 37, 39, 41, 48, 61, 62, 65, 96, 97, 113, 129, *129*, *170*, *182*, *201*, *231*, *260*, *432*, *474*, *714*, *728*, *813*, *892*, *1023*; V 88, 92, *470*, *512*; VI 12, 13, 56, 57, 99, *50*, *51*, *301—305*, *470*, *471*.

Wieferich, A., 1909 (Zoppot) III 114, *536.*
Wiegand, A. (1814–1871, Halle) IV ***604***, *1416.*
Wieleitner, H. (* 1874; Augsburg) I *82, 95, 122, 264*ª, *266*ª; II *71, 299, 586*ª, *691, 746*ª, *761*; III *312*; IV *1078, 1333, 1474*ª; VI *105, 171, 172, 328, 460, 477, 481, 490, 505, 537, 560*; VII *150.*
– Gesch. II 1 (1911) I ***271***, *535.*
– Gesch. II 2 (1920) II *98, 114*, ***426***, *427.*
– s. Fermat, Oresme.
Wildermuth, ?, 1864, I *74.*
Wilferich, s. Wieferich III *536.*
Wilhelm IV, Landgraf, I 87.
Wilhelm von Moerbecke, s. Moerbecke.
Wilkenson, J. G., 1837, VI *452.*
Wilson, J. (1741–1793) I *561.*
Wiener Handschrift Nr. 275 (aus 1143 n. Chr.), ed. Nagl (1889) I 24, 59, 72, 85, *122*, ***278***, *359, 444, 617.*
Wiener Handschrift Nr. 3029 (kurz vor 1483), ed. Nagl (1889) I ***267***.
Wiener Handschrift Nr. 5277 (um 1500), ed. Gerhardt (1867, 70) II 16, 98, 110, 112, 116, 119, 148; II *39*, ***548***, *649, 654, 809, 823, 824*; III 129.
Wiener, Chr. (1826–1896, Karlsruhe) IV 90, 105, *657*, ***791***; V 113, ***612***.
Wing, Vinc. (1619–1668, London) III 12, 25, 117, ***74***; V 40, ***189***.
Wingate, Edm. (1593–1656, Paris, London) I 144, *796*; II 185, 192, ***1031***.
Winterberg, C. (* 1841, Berlin, Rom, Wien) IV *1534.*
Witt, Jan de (1625–1672, Holland) II *62*; IV 43, *270*; VI 73, 107, 108, 118, 119, 126, 145, 147, 153, 155, 165, *373, 478, 506, 582, 737, 761, 803, 818.*
Wittich, P. (1555?–1587) V 62, 110.
Wittstein, Th. (1816–1894, Hannover) II 215, 216, *1130.*
Wohlwill, E. (1835–1912) VI *798.*
Wolack, Gottfried, 1468, I 153, *842.*
Wolf, Rudolf (1816–1893, Zürich) II *669*; III *372*; IV 104, *778*; V *83*; VI *369*; VII *54, 309.*
– Gesch. Astr. (1877) I ***152***, *159, 164, 168, 200, 236*; V *32*; VI *453.*
– Handb. Astr. (1890) I ***163***, *169, 170, 200, 210, 239*; II ***973***, *1045, 1051, 1052*; IV *778, 779*; V *83, 455, 561, 571, 965, 967*; VI *369, 797.*
Wolff, Chr. von (1679–1754, Halle, Breslau) I 8, 57; II 213, *1024*ª, *1124*; III 13, 53, 75, 90, *54, 250*; IV 20, 21, 36, 37, 39, 42, 43, 69; VI *251.*
– Anfangsgründe (1710) I 8, 53, 57, 58, 79, 80, 86, 128, 130, 132, 134, 145, ***15***, *259, 409, 412*; II 24, 33, 132, 195, 208, 209, 212, *141, 273, 1047, 1086*; III 12, 17, 19, 24, 53, 90, *48, 54, 114, 136, 248, 345, 401*; IV 21, 43, 48, 51, 60, 73, 76, 83, 92, 112, 164, *322*, ***352***, *571, 619, 666, 865*; V 21, 150, *62, 855*; VI 61, 117, *567*; VII 16.
– Elementa (1713–1741) I 66, 79, 83, *330, 413, 435*; II 70, 77, ***373***, *436*; III *54*; IV 20, 54, 66, 73, 74, 95, 184, 185, 221, *47, 380, 1206, 1400, 1580*; V 132, 134, *782, 786*; VII 37, *216.*
– Math. Lex. (1716) II 11, 12, 71, 80, 132, *49*, ***63***, *183, 354, 420*; II 51, 53, 73, 79, 127, 130, *141, 249, 270, 273, 401, 703, 728*; III 75, *136, 346*; IV 21, 36, 42, 43, 51, 113, 121, *247, 338, 545*ª, *619*; V 35, *159*; VI 14, 43, 143, *67, 214, 742*; VII 14, 35, *201.*
– – (1734, nicht von v. Wolff bearbeitet) II ***141***; IV 36, 113, 121, *885*ª.
– – (1747) II ***141***; IV 43, 44, 80, *272, 947*; VI 14, 43, *67, 224.*
Wolff, K. F. L. († 1861, Berlin) I 89; IV 162, ***896***, *1227.*
Wolfram, J. (um 1770) II 187, *1013.*
Wolfskehl, Fr. P. (* 1856, Darmstadt) III 114.
Wolrab, M., s. Plato.
Woepcke, Fr. (1826–1864, Berlin, Paris) I *5, 97, 101, 121*; II *2*, 25, *806*ª; III *386–388, 469, 477*; IV *646, 976, 1090*; VI *166*; s. Abu' lwafā, Alḫajjām, Alkarḫī.
Worpitzky, J. (1835–1895, Berlin) IV *38.*
Wright, Ed. (1560–1615, London) I 143, *784*ª; II 22, *963, 971*; V 40; s. Neper.

Xenokrates (397–314, Athen) VI 63.
Xylander, s. Holtzmann.

Ympyn, J., 1543, I 177.
Yule, H., 1875, I *11*ª.
Yūnus, s. Jūnus.

Zach, Fr. X. von (1754–1832, Gotha, Paris) I *174*.
Zacharias, M. (* 1873, Berlin) III *522*; IV *72, 390, 399, 538, 624, 658, 664, 983, 994, 1044, 1179, 1347, 1385, 1485, 1579*; V *44*; VI *435, 715*; VII *18, 59, 109, 112, 130, 141, 308*.
Zamberti, B. (* um 1473), s. Euklid.
Żebrawski, T., 1873, IV *653*ᵃ.
Zeising, A. (1810–1876, Anhalt) IV *1417*.
Zenodoros (um 180 v. Chr.) IV 103; VI 86, 87, *426*.
Zenon (um 450 v. Chr.) II 60, 63, *323*.
Zerlang (1871) I 106, *580, 581*.
Zeuthen, H. G. (* 1839–1920; Kopenhagen) II *347, 529, 864*; III *195*; IV *1510*.
– Kegelschn. (1885) III ***195***; VI *692, 765*.
– Gesch. Altertum Mittelalt. (1896) III ***38***ᵃ; IV *629*.
– Gesch. XVI, XVII J. (1903) II *347*ᵃ, *371, 424*; III *326, 524*; IV *1339*; V *350*; VI *799*.
Zindler (* 1866, Laibach) I 148, *818*.
Zubroot, 1669, I 161, 162, 177, *900*; III 117.
Züge, E. H. (1851–1902, Wilhelmshaven, Hannover) I *583*ᵃ.
Zühlke, P. (* 1877; Berlin, Cassel) IV 90, *654, 658, 1291*.

Verzeichnis II.

Sachliches.

A, *B*, *C*, *a*, *b*, *c*, *α*, *β*, *γ* Dreiecksbezeichnungen III 118.
$a \cdot b = b \cdot a$ II 93.
Abacisten I 12, 24.
Abakus I 17, 20—24, *95*, *107*, *108*.
— rechnen I 20—23, 80.
Abelsche Gleichungen III 95.
Abgestumpft (Pyramide), d. W. VII 26.
Abkürzen (Brüche), d. Wort I 131, *714*.
Abschnitt (Kreis), d. W. IV 113.
Abschnittswinkel, d. W. IV 121 (siehe Sehnentangentenwinkel).
Absoluter Betrag, d. W. II 90; Zeichen II 20.
Absolutes Glied (b. Gleichungen) III 24.
Abstand, d. W. IV 37, 39, *213*; zwei Punkte, zwei Gerade VI 124; Gerade und Punkt VI 125, *631*; zwei Gerade im Raum VII 10.
Absurde Zahlen II 75.
Abszisse, d. W. VI 116—118.
Abszissen VI 93—95, 103, 106, 109 (s. auch Koordinaten).
— achse VI 103, 104, 106, 120—122 (s. a. Achse).
Abziehen, d. W. I 71, *352*.
Abziehung, d. W. I 50.
Achse, d. W. V 116; VII 30 (analytische Geom.) VI 119, 145; Begriff (Stereometrie) VII 32, 36 (anal. Geom.) VI 108, 138 (s. a. Abszissen-, Ordinatenachse).
Achteck, regelm. IV 189; V 14.
Addend, d. W. I 65.
Addieren, d. W. I 65; von links nach rechts I 54, 64; Fachwörter I 63, 64.
Addition I 49, 50, 53, 54, 56, 62, 64—66; IV 30; algebraischer Größen II 90 bis 99; d. W. II 65; Unterschied gegen Summation VI 15.
Additionslogarithmen II 213—216.
Additionsmethode (bei Gleichungen) III 34, 35.
Additionstheorem (Trig.) II 167; V 15, 41, 42, 53—57, 108.
Additionszeichen I 57—58; II 6, 8, 11—21; III 115 (s. a. Pluszeichen); Add. ohne Zeichen II 5, 9.
Affine Beziehungen VI 157, 162.
Affirmative Zahlen III 76.
Aggregat I 65, *329*; II 53.
Ägyptische Algebra III 20, 21, 27, 56, 111; Astronomie V 3, 4, 16, 101; Bauten I 3; IV 4, 78, 154, 181; VI 92; Geometrie I 38; II 104; III 56; IV 3, 4, 14, 48, 50, 51, 64, 74, 78, 83, 94, 115, 127, 128, 138; 139, 141, 155, 181, 195, 196; V 4, 16; VI 92; VII 9; Rechnen I 15, 30, 32, 37, 39, 47, 51, 52, 72, 80, 89, 94, 96, 105, 111, 118—121, 150, 171, *107*, *109*; II 8, 134, 145; V *1*; VI 3, 4, 151; Stereometrie V 101, 103; VI 3—5, 23, *117*ᵃ, 32; Zeitrechnung I 30, 32.
Ähnlich, d. W. IV 157, Zeichen IV 17, 19.
Ähnliche Lage IV 175.
Ähnlichkeit, Def. an Figuren IV 22, 157; Flächenverhältnis IV 160.
Ähnlichkeitslehre IV 4, 22, 56, 154 bis 181.
Ähnlichkeitspunkt IV 118, 175; V 130.
Ähnlichkeitssätze IV 158; SSW IV 75 bis 76; WW IV 156.
Alexandrinische Gelehrsamkeit I *95*, 22, 40, 41, 121, 123; III 101; V 7 (s. a. Griechen).
Algebra, d. W. II 48—51; III 28.
Algebra, geometrische II 92—94, 96; IV 146, 149, 153 (s. a. griech Algebra).
Algebra, Übergang zu höheren Dimensionen II 5, 43, 104—105.
Algebraisch, d. W. II 52, *261*.
Algebraische Ausdrücke, Bezeichnung für, I *329*, 72.

Algebraische Ausdrucksweise II 1—48; V 37—47; VI 59; rhetorische II 4, synkopierte II 4—7, 11, 105f., symbolische II 4, 7—8, 11, 12, 42f., 111f., 155.
Algebraische Grundoperationen II 90f.; alg. Rechnen, von der Gleichungslehre ausgehend II 42, 95, 111, 131; algebraisch behandelte Geometrie IV 11, 16, 17, 133; VI 96—99.
Algebraische Kurven VI 104.
Algebraische Zahlen, d. W. II 52, *261*, 73; Begriff II 70—73; IV 231; Defin. II 71.
Allgemeines Glied (bei Reihen) d. W. VI 15.
Algorithmiker I 24, 25.
Algorithmus, d. W. I 24.
Alligationis, regula I 171.
Almagest, d. W. V 5, *10*.
Almucabala II 50, 51.
Also, Zeichen .·. IV 19.
Amortisationsgleichung VI 62.
ἀναλογία = Proportion III 4, 15—17.
ἀνάλογον III *8*.
ἀνάλυσις IV 81, 82; VI 84.
Analysis VI 3ff.; d. W. II 51.
Analytica ars II 51.
Analytische Geometrie, s. Geometrie.
Analytische Methode IV 6, 81.
Anfangsglied (bei Reihen) d. W. I 11.
Anfangspunkt v. Koordinaten VI 95, 103, 104, 106; d. W. VI 118, 119.
Angenähertes Rechnen I 120, 125; II 135—143; s. a. Kettenbrüche, Näherungsformeln, Wurzeln höherer Gleichungen, Wurzelziehen.
Angeschriebener Kreis, d. W. IV 114.
Ankreis, d. W. IV 113, 167.
Anmerkung, d. W. IV 34, *142*.
Antilogarithmen II 175, 211; d. W. II 207, 211.
Antiparallelogramm, d. W. IV 99.
Antizipationsrechnung I 167.
Apices I 20, *111*, 22, 27, 29, 112.
ἀπόδειξις IV 35, 82.
Apollonischer Kreis IV 167; V 169.
Apollonisches Berührungsproblem IV 91, 124, 125; VI 63.
Apotome II 155f.; VII 50.
Applikate, d. W. VI 117.
Aequatio, d. W. III 23, 24.
Araber, Algebra II 4, 6, 43, 49, 50, 55, 57, 66—68, 74, 80, 91, 92, 95, 105—108, 131, 138—139, 143, 146, 156, 157, 160—162, 164, 170; III 3, 16, 23, 28, 31, 42, 43, 49, 63, 65, 67—70, 85, 86, 103, 104; VI 34, 35; Astronomie V 7, 18, 47, 174; Geometrie II 80, 92; III 16, 63, 65, 85, 86; IV 11, 15, 40, 41, 46, 86, 87, 107, 110, 133, 153, 154, 160, *1520*, 209, 210; VI 97, 98, 140; Rechnen I 8, 19, 23, 28, 29, 35, 41—43, 47, 52, 54, 56, 65, 67, 70, 74, 76, 81, 82, 105, 109, 119, 122, 123, 126, 130, 137, 138, 151, 168, 170, 174, *95*; II 138, 139; VI 9, 16, 24, 27, 29, 64; Trigonometrie V 7—9, 18, 32, 33, 47, 49, 59, 105, 136, 165 bis 168, 173—177; Zeitrechnung I 30, 31, 35, 42, 43; Westaraber I 20, 22—24, 27—29, 68; II 4, 8, 11, 145, 165; III 23; V 9, 176; VII 8, 25, 52.
arc, Symbol f. Winkel V 39.
arc sin, arc tg, Symbole III 117, 118; V 43, 44.
arc sinus IV 225; Tafeln V 176; Reihe VI 46.
arc tangens II 83; IV 224—227, Tafeln V 176; Reihe VI 47.
arc tg und log, Zusammenhang VI 48.
Arithmetik und Logistik II 48; IV 32.
Arithmetische Grundgesetze II 88, *509*, 90f.
Arithmetische Mittel, Proportionen, Reihen, Verhältnisse, s. diese.
Arkufikation einer Strecke IV 209, 213, 220.
Articuli I 11.
As I 123, 124.
Assyriologie I 14, 15, 36f.
Astrologie I 40, 94; II 62; V 101.
Astronomie I 5, 19, 30, 32, 34, 36, 39—41, 123; II 62; III 39, 101; IV 32; V 3—6, 101f., 147.
Asymptote II 216, 217; VI 138, 145, 162, 163, 166; d. W. VI 145.
Aufgabe, d. W. I 61.
Aufgaben, quadratische, kubische, s. diese; geom. Behandlung IV 11, 16, 17 (s. a. algebr. behandelte Geometrie); Geschichte V 94.
Aufheben I 92, 94, 131.
Aufsteigung I 50.
August (Monat) I 35.
Ausdruck, d. W. IV 44.
Ausklammern, d. W. II 92, 93, *528*.
Ausschnitt (Kreis) d. W. IV 113.
Außenwinkel, d. W. IV 69; Satz IV 68, 69; Summe im Dreieck IV 8, im Vieleck IV 102.
Ausziehung (der Wurzeln) d. W. I 50.
Axiome IV 6, 22; d. W. IV 34; s. a. Grundsatz.

Babylonier I 3, 4, 5, 14, *95*, 29, 30, 31, 35—38, 40, 41, 90, 94, 111, 115, 122, 123, 126, *762*, *157*; II 8, 104, 134; III 4, 5, 111, 119; IV *4*, 4, 48, 107, 127, 141, 181, 196; V 3, 5, 6, 12, 13, 17, 101, 103; VI 4, 5, 15, 16, 20, 21; VII 5, 19.
Barer Wert, d. W. VI 60.
Basedowscher Ansatz I 155.
Basis, d. W. (Dreieck) IV 64, 65; (Logarithm.) II 212.
Basiswinkel IV 5, 69, 70, 137; d. W. IV 71.
Bauhandwerk IV 4, 195; VII 52.
Befreundete Zahlen I 108—110.
Behauptung IV 17, 18, 20, 35, 36; d. W. IV 36.
Bekannte Größen II 5, 9, 11, 43, 44, 106, 113, 114, 116; III 21, 22, 43, 116 (s. a. Dragma).
Benannte Zahlen, d. W. I 92.
Benennen, d. W. I *493*.
Benennung I 130, *698*.
Bernoullischer Schluß VI 43; B. Zahlen VI 24.
Berühren IV 111; d. W. IV 112.
Berührungspunkt (Tangente) IV 90; d. W. IV 112.
Beschränkung (determinatio) IV 35.
Bewegung, Begriff IV 23.
Bewegungsdefinition IV 24, 26, 27.
Bewegungsgeometrie II 135; III 64 bis 66, 84; IV 82—86, 195; d. W. IV 86.
Beweis IV 17, 20, 35, 36; d. W. IV 36; im Rechenunterricht I 127, 128; Geometrie IV 6, 14; indirekter B. IV 6, 35, 70, 200; VII 21; Anschauungsbeweis IV 132, 142—144.
Beweisform IV 17—20, 35, 36.
Bibel I 30, 156, *854*; IV 196, *1479*.
Billion, d. W. I 7.
Binom II 52, 53; d. W. II 52; Quadrat eines B. II 92; Produkt zweier B. II 93; Produkt aus Summe und Differenz II 96—97; dritte Potenz II 95; Zerlegung von $a^n \pm b^n$ II 84.
Binomiale II 155f.
Binomialkoeffizienten II 142; VI 26; 35—44, 67.
Binomialzahlen, d. W. VI 36.
Binomischer Lehrsatz, bzw. Reihe II 126, 137, 139, 142, 143, *695*; VI 34 bis 45, 48—50, 55, 70; d. W. VI 36.
Binomium II 52, 68.
Biquadratische Gleichung, d. W. III 90.
Biquadratum, d. W. III *401*.
Biquadratzahlen VI 29.
Bizentrische Vielecke IV 122.
Bogen, d. W. IV 112; Zeichen IV 18.
Bogenlinien (καμπύλαι) III 66; VI 130, 131.
Bogenmaße I 37—39.
Bogenverhältnisse V 12.
Borgen, d. W. I 72.
Brāhmī-Zahlzeichen I *95*, *122*.
Breite (geogr., astronom.) VI 92, 94.
Brennpunkt VI 145—147, 153; d. W. VI 143, 147 (s. a. Kegelschnitte, Ellipse, Parabel, Hyperbel).
Brennspiegel VI 146 (s. a. parabolisch).
Brennstrahl VI 151, 155, 162.
Brianchonscher Satz IV 175.
Briggssche Logarithmen II 182—185, 210, 218, *1017*.
Bruch, Defin. I 128; Zahlbegriff I 61, 62; III 100; d. W. I 129, 130, *697*; Schreibart I 119—129.
Brüche, echte-unechte I 130, 131; gewöhnliche I 118ff., 146; gemischte I 126; allgemeine algebraische I 121; II 5, 6, 94, 95; s. a. Dezimalbrüche, Stammbrüche, Sexagesimalbrüche.
Brüche einrichten I 127; gleichnamig machen I 120, 126, 127, 132, 135 (s. a. gemeinsamer Teiler); verwandeln in Dezimalbr. I 141, 146—149.
Bruchbezeichnungen, ägyptische I 118; II 8; arabische I 122, 126—129; babylonische I 123f.; griechische I 120f.; II 6; indische I 125f., 128; II 11; mittelalterliche I 128f.; römische I 123f., 129.
Bruchpotenzen, d. W. II 129.
Bruchrechnung I 49, 118ff.; Addition I 58, 120, 124, 126, 127, 133, 135; II 23, 94—95; Division I 120, 124, 126, 127, 134, 135; Erweitern I 120; Heben I 121, 127, 132, 133; II 95; Multiplikation I 120, 122, 124, 126, 127, 133, 134; II 94; Subtraktion I 120, 124, 125, 127, 133, 136; II 23, 94.
— Fachwörter, allgem. Geschichte IV 21 (s. die einzelnen).
Bruchsatz I 155.
Bruchstrich I 125, 128, 129; II 24, 25; III 115.
Brunnenaufgabe I 172, 173, *956*.
Brutto I 168—170; d. W. I 168.
Buchdruck I 27, 55; IV 41.
Buchführung, doppelte I 177.
Buchstaben (Algebra) II 4, 7, 39—48, 77, 96, 122; III 23, 46, 115, 116; große II 39, 43, *204*; III 116; kleine II 44; III 116; kursive II 44; III 116; gestrichelte II 48, 117; überstrichene

III 47, 117; mit Indizes II 36—38, 46—48; III 35, 116, 117; IV 15, 16; VI 169, *889*.
Buchstaben, allgem. Rechnen mit cossischen Zeichen II 42, 123, 158.
Buchstaben (Geometrie) IV 14—16.
Buchstabenfolge *a*, *b*, *g*, *d* IV 15.
Buchstabengleichung d. W. III 25.
Buchstabengröße, d. W. II 52.
Buchstabengrößen mit negativer Bedeutung II 21, 77.
Buchstabenrechnung, d. W. II 51.

Calendae I 34; c. Januariae I 33.
Cata, figura I 154; IV 172.
causa (f. d. Unbekannte i. Gleich.) II 107.
Cavalierisches Prinzip VII 43, 44, *250*.
Census (f. x^2) II 107—109, 113, 114, 120; III 43.
çero, s. zero.
Cevascher Satz IV 171—173; V 169.
Charaktere, d. W. (f. Potenzzeichen) II 7, 120.
Charakteristik, d. W. II 212.
Chinesen I 5, 30, 150; II 9, 61, *20*; III 102, 103; IV 141, 197, 205, 209, *1567*; VI 35.
Chinesisches Dreieck VI 35, 37.
Chorda, d. W. IV 111; s. Sehne.
Chordale, d. W. IV 161.
Christliche Kirche I 156, 157; — Zeitrechnung I 34.
Cifra, d. W. I 9, 12, 13.
Cissoide, s. Kissoide.
Coeci, regula III 106, *486*ᵃ.
Complementum, d. W. IV 51, 52; V 34.
Conchoide, s. Konchoide.
Conus, d. W. VII 16, 30.
Corrolarium, d. W. III 29; IV 34.
Cosa II 107, 109, 110, 113—116, 120; III 23, 32.
Coß = Unbekannte, d. W. II 107; Zeichen II 44—46, 113—118.
Coß = Gleichungslehre II 51, 111.
Coß (Entwicklungsperiode) II 7, 21, 23, 24, 42, 44, 95, 100, 110—121, 131, 132, 142, 145, 148, 158, *9*, *612*; III 23, 24, 33.
Cotesscher Satz II 159.
Credit, s. Debet.
Cubicus, d. W. VII 15.
Cubus II 107—109, 114, 119, 120, *612*; d. W. VII 16, 17; s. a. Kubus, κύβος.

Δ (Differenzenzeichen) II 33; III 118; (Dreiecksinhalt) III 118; V 45; (für das Wort Dreieck) V 46.
Dänemark I 33.
Darlehen I 155, 156.
Debet und Credit I 177.
Deckfläche IV 38.
Deckungsgleich IV 74.
Deduktive Mathematik der Griechen II 67.
Definitionen (Geometrie) IV 6, 21 f.; d. W. IV 34.
Degré I 42.
Dekadisch, d. W. I 11.
Dekadische Ergänzung, s. komplementäre Rechnungsarten.
Dekadisches System, d. W. I 11.
Deltoid IV *525*.
Denomination f. Quotient I 85, *444*.
Descartessche Zeichenregel III 74, 98.
Determinanten II 33—39; III 35, 117, 118; VI 83, 122, 169; d. W. II 38.
Determination b. Aufgaben II 66, 74, 80; III 44, 67, 68; IV 35, 82, 153; VI 84, 85, 138, 139; d. W. IV 35.
Dezimalbrüche I 41, 87, 90, 123, 136 bis 149; II 138, 189; V 19, 178, 179; d. W. I 144, 145.
— Abtrennen zu 3 Stellen I 145; periodische D. I 146—149 (Schreibweise I 147; Tafeln I 149), unendliche I 146—149; Verwandeln in gewöhnliche Br. I 141, 146, 147.
Dezimalbruchhaken I *783*, 143; -punkt I 140, 143; -komma, -strich I 140, 141.
Dezimalbruchrechnung, abgekürzte I 87—89.
Dezimale, d. W. I 145.
Dezimalmaße I 44—46, 89, 145, 146.
Dezimalrechnung, d. W. I 144, 145.
Dezimalstelle, d. W. I 12, 145.
Dezimalsystem I 4—12, 14, 16, 20 f., 37—39, 89.
Dezimalteilung I 41, 138, 139; II 4; V 19, 27.
Dezimalzahl, d. W. I 145.
Diagonale, Begriff IV 96; d. W. IV 96—97; Anzahl im Vieleck IV 102; Größe im Einheitsquadrat II 63, 64; Satz im Parallelogramm IV 94.
Diameter IV 96—97; 106 f.
Diametralzahlen VI 75.
Differentia I 12, 72.
Differentia communis II 194.
Differentialis (= log tg α) II 207.
Differentialrechnung I 49; II 3, 51; IV 13; VI 111 (s. Infinitesimalrechnung).
Differentialzeichen III 117.
Differenz I 62; d. W. I 72; bei arithm. Reihen VI 4, 13.

Differenzenbildung b. Reihen VI 24f.; zweite Differenzen VI 20, 21, 24f.
Differenzentafeln (bei Logar.) II 191; V 16.
Differenzenzeichen Δ II 33; III 118.
Differenzzeichen II 8, 20; s. a. Subtraktionszeichen.
Digiti, digits I 11.
Dimension (Algebra) II 43; III 39; VI 101; Begriff und Wort II 129; III 151.
— (Geometrie) IV 22—24, 132, 133; VI 97; VII 15; d. W. IV 34.
— vierte II 105; IV 35; VI 97.
Dimensionsprinzip in der Algebra vernachlässigt III 39; VI 97, 101.
Diophantische Gleichungen I 93; III 100, 101.
διορισμὸς IV 35, 82; VI 84, 85 (s. Determination).
Direktrix VI 147, 148, 153, 181; d. W. VI 147.
Diskontierung von Wechseln I 166.
Diskontierungsformeln VI 60.
Diskriminante III 85; VI 168.
Divergente Reihen VI 32.
Dividere, d. W. I 84, 85.
Dividendus, d. W. I 85, 86.
Dividieren, d. W. I 86; — mit, in, durch I 86.
Divisio d. W. I 84, 85.
Divisio danda I 82.
Division I 49, 50—53, 54, 80ff., 128; IV 131; d. W. I 86; Fachwörter I 84 bis 87; Methodik I 84.
— algebraischer Ausdrücke II 90 bis 104; VI 40; bis ins Unendliche II 103, 217.
Divisionsmethoden I 80f.; abgekürzte I 87—89; komplementäre I 75—76, 80; sogenannte österreichische I 67, 83, 84.
Divisionsreste I 105—107.
Divisionstafeln, siehe Multiplikationstafeln.
Divisionszeichen I 111; II 6, 11, 20, 21, 24—25; III 34, 116, 117.
Divisor, d. W. I 85, 86; Stellung I 86; Tafeln I 117—118.
Dodekaeder IV 182, 183, 189; VII 6, 47—51; d. W. VII 50.
Doppeldeutigkeit, s. quadrat. Gleichungen, Wurzeln.
Doppelkegel IV 93.
Doppelpunkt, bei der Division II 25, 116; als Klammer II 29; III 116; bei Proportionen III 12, 13, 117, *49*.
Doppelter Eingang bei Tafeln II 175, 182, 189, 190, 192; V 178; d. W. II 213.
Doppelverhältnis IV 179; V 169.
Doppelverhältniskoordinaten VI 122.
Doppelzeichen ± II 20, 21; III 116.
Drachensatz IV 71, *525*.
Dragma II 106—109, 113, 114, 116, 118, 119, *649*, *650*.
Drehungsbeweise IV 68, 70.
Drehungsdefinitionen IV 114; VII 10, 31, 32, 36.
Drehungsgröße IV 47, 48.
Drehungssinn IV 47; V 75.
Dreieck, ebenes (allgem.) IV 60—78 (s. a. Trigonometrie); Einteilung IV 60—62; Dr. von gleicher Grundlinie bzw. Höhe IV 157—158; einem Kreis eingeschrieben IV 115, 125 (s. umgeschriebener, eingeschriebener, angeschriebener Kreis); mit rationalen Maßzahlen III 112, 113; gleichschenklig III 58; IV 4, 5, 14, 68—71, 127; VI 87, 88, 98 (zwei gleichschenkl. Dr. auf derselben Basis IV 71); gleichseitig I 38; III 58; IV 68, 181, 182, 188; VI 98; gleichschenklig-rechtwinklig II 66; IV 140 (s. a. Einheitsquadrat); rechtwinklig III 57, 111, 112; IV 49, 63—67, 127, 129; VI 88 (Proportionalitätssätze IV 141, 149, 156, 159; s. a. Pythagoreischer Lehrsatz); rechtwicklig m. rationalen Seiten I 93; II 63, 66; III 111—113; IV 5, 10, 48, 140 (Seiten 3, 4, 5: II 63, 104; IV 5, 48, 137—139, 141); s. a. die einzelnen Dreiecksstücke, Winkelsumme.
—, ebenes, Fläche (allgemein) III 58; IV 127—134, 157; V 86—90, 92, 93; VI 87, 125, 126; negativ IV 45; Zeichen Δ III 118; IV 19; Heronische Formel IV 9, 128, 130, 131; V 46, 86—88; rechtwinkl. Dr. IV 129 bis 131; V 14; gleichseit. Dr. IV 130, 188, 189; gleichschenkl. Dr. IV 130, 131 (Näherungsformel IV 127).
—, sphärisches (allgemein) IV 68; V 103f., 121—131; Seiten- und Winkelsätze V 121—122; Fläche V 128 bis 130, 159—162; gleichschenkl. Dr. V 122, 127; rechtwinkl. Dr. V 131 bis 135; s. a. die einzelnen Dreiecksstücke.
— Beziehung zwischen ebenem und sphärischem Dr. V 170—172.
Dreieck, d. W. IV 61, 63; das Zeichen Δ für das Wort IV 16, 17, 18.

Dreieck, sphärisches, d. W. V 117; Definition V 118.
Dreieck, arithmetisches VI 35, 37.
Dreiecksberechnung, ebenes Dreieck SSW V 75, 76, 80—82; SWW V 76; SSS V 78, 82f.; SWS V 79—82; sphärisches Dr. V 146—159; Doppeldeutigkeit V 147, 148.
Dreiecksbezeichnung *a b g d* IV 15; *A B C a b c* IV 15; V 44; *α β γ* IV 15; V 44, 55.
Dreieckskoordinaten VI 122.
Dreieckszahlen (figurierte Z.) VI 5, 6, 7f., 21; reziproke Dr.-Z. VI 32.
Dreisatz I 151, 152, 155, *837*, *837*ᵃ.
Dreiseit, dreiseitig, d. W. IV 61.
Dreiteilung des Winkels II 135; III 63 bis 66, 70, 78, *357*; IV 86, 92, 199 bis 200; V 175, 176; VI 130, 163.
Dualitätsprinzip IV 177; V 125, 126, 140, 141, 148; s. Polardreieck, Reziprozität.
ducere = multiplizieren I 78, *397*.
Duodeviginti I 72.
Duodezimalbrüche I 91, 136.
Duplatio I 50—53, 72, 111.
Durchmesser, d. W. IV 112; VII 36.
— (analyt. Geometrie) VI 108, 138, 143—144; d. W. VI 143.
— als Einheit f. d. trigonometr. Größen V 13, 22, 23, 56.
Durchschnittsberechnungen I 171.
Durchschnittspunkt, d. W. IV 42.
δύναμις I 122; II 5, 104, 127; *595*; VII 17.
δυναμοδύναμις I 5, 105.
δυναμόκυβος II 5, 10, 105, *5*.

e, Zeichen f. 2,71828 ... III 18; VI 53.
— Reihe für *e* VI 46; Kettenbruch VI 51, 52, 82.
— Transzendenz VI 51—53.
e^{ia} VI 48—51.
ε, Zeichen f. sphär. Exzeß III 118; IV 29; V 160.
Eben — uneben, d. W. I 95.
Ebene IV 27; VI 115, 125; VII 9—14; Defin. IV 24, 27, 28; VII 9; d. W. IV 37.
— Schneiden zweier Eb. VII 7, 9; Neigung VII 11; parallel VII 11, 12; senkrecht VII 11, 12.
— ausgefüllt durch 6 reg. Dreiecke I 38; VII 47; 4 reg. Vierecke, 3 reg. Sechsecke VII 47.
Ebenenbüschel IV 45; VI 122.
Ebenengleichung (anal. Geom.) VI 115.
Echte u. unechte Brüche I 130, 131.
Ecke (Raum-) VII 12, 13; d. W. VII 12; Zusammenhang mit sphär. Dreieck VII 14.
Eckensinus V 164.
Ecksäule, d. W. VII 8.
Efeulinie, s. Kissoide.
Einer I 11, 73.
Einheit, Defin. II 54—56; d. W. II 53.
Einheitsquadrat, s. Flächenmaße, Diagonale.
Einheitswurzeln II 88, 159—160.
Einklammern, d. W. II 32, 33.
Einmaleins I 47, 53, 76, 111, *242*; Tafeln I 111—114; IV 43.
Einrichten (Brüche) d. W. I 131, *708*.
Eins, Zahlbegriff II 54—56.
Einschalten II 175, 191; VI 21, 24f.; d. W. II 212.
Einschiebungen, siehe Bewegungsgeometrie.
Einschreiben, d. W. IV 113.
Eins in eins I 113.
Eins und eins I 113.
ἔκθεσις IV 35, 81.
Ekliptik I 39.
Elemente d. Mathematik II 64, 65 III 7; IV 6, 7, 9; V 129; VI 131, 132.
Elemente (Feuer, Wasser, Luft, Erde) VII 48.
Elevieren d. W. I 92.
Elf I 5.
Elfeck, regelm. IV 189; V 14.
Elferprobe I 59, 60.
Eliminationsmethode II 101, 102; III 35.
Eliminieren, d. W. III 35.
Ellipse III 69; IV 224; VI 93, 107, 129, 132, 139, 143, 152—160, 161, 166—169; d. W. VI 136—137, *698*, *708*; Bezeichnung VI 129, 132, 135 bis 138; Brennpunkte VI 142, 145—147, 153, 154, 156; Brennstrahlen VI 155, 156; Durchmesser, konjug. VI 156f., 159, 160; Fläche IV 9; VI 133, 157, 158, *707*; Gleichung VI 108, 109, 153, 154; Konstruktion VI 155, 156, 157, 158 (Fadenkonstruktion VI 154); Mittelpunkt VI 144, 157; Scheitelgleichung VI 153; Scheitelpunkt VI 144; Tangente VI 111, 157, 158, 159; Umfang VI *707*.
Embadum II 108.
Endglied (v. Reihen), d. W. VI 11.
Endlich, d. W. II 61.
Endpunkt, d. W. IV 42.
England I 10, 11, 26, 33, 44; IV 1.
Entfernung, d. W. IV 39.
Entfernungsbestimmungen IV 74, 75.

Enthalten sein I 79, 84.
Epanthem, s. Thymaridas.
Erbteilungsaufgaben I 173—175.
Ergänzungsparallelogramm IV 45, 134; d. W. IV 134, 135.
Ergänzungswinkel, d. W. IV 60.
Erhaben, d. W. IV 49.
Erheben (in eine Potenz) d. W. II 130.
Erklärung (f. Defin.), d. W. IV 34.
Erntehaufen VII 3, 4, 5.
Erwartung VI 72, 73.
Erweitern (Brüche), d. W. I 131, 132.
et (beim Addieren) II 15, 17, 18, 19.
ἑτερόμηκες IV 92—93.
Etrusker I *668*; IV 183; VII 48.
Eulersche Gerade IV 168, 169.
Eulersche Polyeder VII 47.
Eulerscher Polyedersatz VII 46f., 50.
Eulerscher Satz vom Schnittpunkt der Höhen, Mittelsenkrechten u. Mittellinien IV 168; VI 126.
Exempel, d. W. I 61.
Exhaustionsmethode II 60, IV 8; 199, 222, 234, *1639*; VI 30, 133; VII 21, 33, 36, 40; Hauptsatz VII 21; d. W. IV *1494*.
Exponent, Begriff II 120—121; Bezeichnung II 121—124; d. W. II 121, 131, 171; negativ I 43; II 121, 125, 132, *687*; Null I 43; II 58, 118, 121, 125; III 115; gebrochen II 125, 126, 132—134, 143; III 115, 117; variabel II 127; III 117; imaginär II 85, 126; III 118; allgemein II 124, 125, 154; III 117; bei Wurzelbezeichnungen II 150—154.
Exponent = Stellenzahl bei Dezimalbrüchen I 145.
Exponentialfunktion I 101; II 84, 85, 127; IV 230; VI 47—53.
Exponentialgleichung VI 19; s. Gleichung.
Exponentialgröße, d. W. II 127; VI 53.
Exponentialreihe VI 46; d. W. VI 53.
Exponential- und trigonometr. Funktion II 84, 85, 126; VI 47f.
Extractio I 50, 51.
Exzentrisch, d. W. IV 113.
Exzentrizität VI 147; d. W. VI 147.
Exzeß, s. sphärischer E.

Facere = multiplizieren I 78, 79.
Facit, d. W. I 61.
Fachwörter, allgemeine Geschichte I 63; IV 12, 20—21.
Factor I 79, *410*; d. W. I 80.
Factum I 79.
Fadenkonstruktionen VI 152, 154, 161.
Faktor, d. W. I 64, 80.
Faktorentafeln I 117—118.
Faktorielle, d. W. II 34.
Fakultät, d. W. II 33; das Zeichen $n!$ II 33.
Falcidia lex I 73.
Falsi regula I 58; II 16; III 56, 60, 61.
Faß VI 89; VII 5, 42.
Feingehalt I 171.
Feldmesserische Vorschriften I 90; IV 127, 128, 235.
Feldmeßkunst I 120, 125, 150; II 48, 136; III 36, 57; IV 9, 10, 11, 12, 13, 33, 40, 41, 48, 64—66, 75, 81, 93, 106, 126, 129, 131, 188; V 5, 97—98, 101; VI 92, 93; VII 14, 15.
Fermatsche Bemerkungen zu Diophant I 101, 104, *566*; III 107, *492*, *515*, *523*.
Fermatsche Gleichung, s. Pell.
Fermatscher Satz $x^n + y^n = z^n$ III 111—114.
Fermatscher Satz, sog. kleiner I 100, 103, 147, 148.
Feuerbachscher Kreis IV 169.
Figur, Defin. IV 22; d. W. IV 42.
Figuren IV 14—16, 132; geradlinige IV 60f.
Figura cata I 154; IV 172.
Figurierte Zahlen I 93; V 58; VI 5—9, 21—23, 28, 39, 67; d. W. VI *17*.
Fingerrechnen I 47.
Fläche IV 22—28, 29, 49; Defin. IV 22, 24, 28, 29; VII 9; d. W. IV 37; negativ IV 45, 105, 151, 152.
Flächenanlegung III 37, 38, 70; IV 60, 153; VI 135—137.
Flächenberechnung I 145, 150, 151; IV 4, 10, 126—133; V 86f.; VI 54; sphärische Polygone V 128—130; Näherungsformeln d. Feldmesser IV 127, 128.
Flächengleichheit III 56; IV 6, 10, 17, 72, 133—151, *1044*; sphärische Figuren V 123, 124, 127.
Flächengleichung (anal. Geom.) VI 106, 114, 115.
Flächenlehre II 66, 126—154.
Flächenmaße I 145; VII 15; s. a. Maße.
Flächenteilung III 56, 57; IV 4, 101, 132; V 128.
Flächenverhältnis ähnl. Fig. IV 160.
Flächenverwandlung III 70; IV 6, 10, 138, 152—154; V 128; VI 135—137; d. W. IV 154.
Flächenvorschrift bei ind. Altarbauten II 66; IV 10.
Flächenwinkel, d. W. VII 12.

Flächenzerlegung IV 4, 142—144, 151; V 128.
Focus V 147; s. Brennpunkt.
Folgerungsstrich IV 20.
Folglich, Zeichen ∴ IV 19.
Forderung, d. W. IV 34.
Forma, d. W. IV 42.
Formeln II 3, 104, 132; IV 14; V 38 bis 43, 110; d. W. II 53; IV 43—44.
Fortgehung I 50.
Fouriersche Reihen VI 54.
Frankreich I 7, 8, 9, 10, 13, 33, 42, 45.
Fünfeck, regelm. IV 88, 155, 182, 183, 184, 189, 193, 195; V 14; VI 98; Sternfünfeck IV 182.
Fünfsatz I 151, *837*, *837*ᵃ.
Fünfzehneck, regelm. IV 184; VI 98.
Funktionen, d. W. II 35, 36; Zeichen II 34, 35; III 117; algebraische F. I 108 (d. W. II 73); elliptische F. II 87; Exponentialf. s. diese; ganze rationale F. I 101, 102; gebrochene rationale F. I 202; goniometr., Kreisf. trigonometr. F., s. diese (d. W. V 31); transzendente F., s. diese (d. W. II 73). $f(x+yi) = p + qi$ II 85, 86. $f(x)$ als Funktionszeichen II 34; III 117.
Fürzählung I 50.
Fusci (fusti) regula I 168, 169, 171.
Fuß I *483*.

Gaib V 31—32; VII 20.
Gammafunktion I 101, 102f.
Gaṇita I 16.
Ganze Zahlen I 46—118, 130; VI 5, 10, 11, 12; Brüche mit Nenner 1 I 125.
Ganze, bei gemischten Brüchen I 129, 130; d. W. I 130, *698*.
Ganzes und seine Teile IV 30.
Ganzzahlige Gleichungswurzeln I 171, *951*; II 62; III 22, 100, 102, 107.
Gärtnerkonstruktion, d. W. VI 155.
Gattung einer Gleichung III 25.
Gausssche Formel V 146, 156.
Gausssche Zahlenebene II 86, 87.
Geberscher Satz V 132.
Geburtsjahr Christi I 34.
Gegenkreis V 118.
Gegenpunkte f. Pole, d. W. V 115.
Gegenwinkel IV 59—60; d. W. IV 60.
Generalnenner = Hauptnenner, d. W. I 132.
Geodäsie II 48; IV 32.
Geodäsie und Geometrie II 48; IV 32, 129.
Geometer, d. W. IV 32.
Geometrie, Begriff und Wort IV 33.
Geometrie, Beweisart IV 6; euklidische Form IV 4, 20, 23; Fachwörter (allgem.) IV 20, 21; Grundlegung IV 13, 21f., 27, 54f.; algebr. Schreibart IV 17 bis 19; Sprache IV 4, 13—21.
Geometrie, ebene, Bd. IV; projektive IV 13, 45, 176, 177; VI 141, 142; VII 8; nicht euklidische IV 13, 58.
Geometrie, analytische, der Ebene II 57, 70; IV 13; VI 92 bis Ende; d. W. VI 112; Grundlegung, Strecke = Zahl VI 122; Quadranten VI 109. Punkt VI 103, 106, 120—122; Punktreihen VI 122; Abstand zweier Punkte VI 124; Punkt und Gerade VI 125, *631*; drei Punkte auf einer Geraden IV 171f.; VI 126. Gerade Linie VI 103, 106, 108, 109, 123 bis 128; durch einen Punkt VI 124; durch zwei Punkte VI 124, 126; Abstand von einem Punkt VI 125, *631*; zwei Gerade parallel bzw. senkrecht VI 124; Abstand VI 124; Schnittpunkt VI 124; Winkel VI 124; Winkelhalbierende VI 125; drei Gerade durch einen Punkt VI 126; Dreiecksinhalt VI 125, 126. Kreis VI 103, 106, 108f., 126, 127, 148, 157, 161; Gleichung VI 109, 126, 127; Schnittpunkt zweier Kreise VI 127; mit Kegelschnitt VI 138, 139; Tangentengleichung VI 127. Kegelschnitte, s. diese; allg. Gleichung 2. Grades VI 109, 159, 164—169; Diskriminante VI 168.
—, analytische, des Raumes VI 104, 106, 113—115, 126; VII 8; Fläche VI 106, 114, 115; Ebene VI 115, 125; Gerade Linie als Raumelement VI 126.
Geometrie, Gegensatz zwischen Theorie und Praxis; s. Griech. Geometrie.
Geometrie und Algebra II 70; VI 96f.; s. algebraisch behandelte Geometrie, geometrische Algebra, griechische Algebra.
Geometrie und Zahlenlehre II 64, 104; VI 122.
Geometrisch, d. W. IV 33.
Geometrographie IV 90, 91, 125, 194.
Gerade Linie (s. a. analytische Geometrie) IV 18, 24, 26—28, 30, 38—39, 44—46; VII 9; d. W. IV 38, 39; Zeichen IV 18; Definition IV 22, 24, 26—28; durch Drehung, Deckung, Richtung IV 26; kürzeste Verbindung zweier Punkte IV 24, 26—27; Vorzeichen IV 44, 45; zwei Gerade

IV 31; VII 9, 10; von einer dritten geschnitten IV 30; sich im Raum kreuzende VII 10; allgemein im Raum VII 7, 9–14.
Gerade und ungerade Zahlen I 93–95; VI 5, 6, 10; Def. und W. I 95; Gerade und Ungerade, Spiel I 94, *500*.
Geradenbüschel IV 45.
Geschäftsjahr = 360 Tage I 157.
Gesellschaftsrechnung I 153, 171–175; II 74, 75.
Gewichtssystem, dezimales I 45, 46.
Gewinn und Verlust II 77.
Gewinn- und Verlustrechnung II 164, 165.
ġidr II 106, 107, 144, 145.
Giro I 176.
Gleichnamig, ungleichnamig I 132; II 129.
Gleichnamig machen I 132, 135.
Gleichschenklig, d. W. IV 61, 62.
Gleichseitig, d. W. IV 61.
Gleich und ähnlich IV 73.
Gleich und flächengleich IV 72–74.
Gleichheitsgrundsätze IV 22, 30–31.
Gleichheitszeichen II 5, 8, 10, 11, 12, 25–27; III 24, 116; IV 17, 18; bei Proportionen III 12, 117, *54*.
Gleichung einer Kurve, d. W. VI 116.
Gleichungen I 150, 175; II 4, 49, 50, 53, 56, 58, 59, 62, 66–68, 71, 74 bis 76, 77, 80–82, 84, 95, 110, 142; III 3, 20–114; IV 41; V 41–42, 110; d. W. III 24; numerische Gleichung, d. W. III 25; Buchstabengleichung, d. W. III 25; Gl. auf Null gebracht II 59; III 26–27.
Gleichungen mit einer Unbekannten ersten Grades II 8, 49, 50; III 22, 27–29; lineare Gl., d. W. III 25. — Zweiten Grades II 58, 65, 66, 67, 68, 80, 81, 93, 94; III 22, 35–54; IV 153, 82, 83, 97, 100, 135, 137; quadratische Gleichung, d. W. III 53. Ergänzung zum vollständigen Quadrat III 42, 52; Doppeldeutigkeit der Wurzeln II 41, 42, 44, 49, 50, 52; negative Wurzeln III 52; imaginäre Wurzeln III 52; geometrische Beweise III 38, 42, 43, 51; IV 153; VI 97, 99, 100; Kettenbruchlösung VI 82; trigonometrische Lösung III 53, 54; höhere Gleichungen quadratischer Art II 42. — Dritten Grades II 58, 92; III 23, 48, 49, 51, 63–80, 149–150; IV 11; VI 85, 97, 99, 130, 140; kubische Gl., d. W. III 75; Entfernung des quadratischen Gliedes III 74, 86, 87; algebraische Lösung III 70ff., 76–77; geometr. Beweise III 74; trigonometrische Lösung III 78–80; Näherungslösung III 80f.; Mehrdeutigkeit III 68, 74, 100; gleiche Wurzeln III 74, 95, 97; Beziehung zwischen Wurzeln und Koeffizienten III 74, 75. — Vierten Grades II 82; III 23, 44, 51, 74, 78, 89, 90; VI 98; Entfernung des kubischen Gliedes III 86, 87; Mehrdeutigkeit der Wurzeln III 74, 87. — Fünften Grades III 63, 90 bis 94. — Reziproke Gleichungen III 55, 56, 95; d. W. III 55.
Gleichungen mit mehreren Unbekannten. Ersten Grades II 36–39; III 4, 29–35; zweiten Grades II 66, 67, 68; III 55–62; Beispiel: $x + y = a$, $xy = b$ II 66; III 57, 58, 61.
Gleichungen, unbestimmte I 93, 107, *95*; III 22, 99–114; VI 83; mit mehr als zwei Unbekannten III 101–106, 109, *449*; zweiten Grades III 102, 109; höheren Grades III 111.
Gleichungen, allgemeine höhere III 90 bis 99; VI 83; n Wurzeln II 76, 82; III 52, 95, 96; gleiche Wurzeln III 74, 95, 97, 98, 99; Descartessche Zeichenregel III 74, 98; Huddesche Regel III 98, 99; Näherungslösung III 80–84.
Gleichungen, höchstes Glied mit Koeffizient 1 III 38, 42, 43; VI 99; Rationalmachen III 99; VI 99; mehrere Gleichungen mit gemeinsamer Wurzel II 36.
Gleichungen, Exponentialgl. VI 19, 57; goniometrische Gl. V 69, 70; allg. transzendente Gl. II 127; VI 19.
Gleichungskoeffizienten, s. Koeffizient; symmetrische Funktionen der Wurzeln II 76; III 52, 74, 75, 90, 97, 98.
Gleichungswurzeln, ganzzahlige, siehe ganzzahlig; gleiche III 74, 95, 97 bis 99; imaginäre II 80–82, 84; III 38, 52, 96; irrationale II 67; negative II 74–77; III 38, 52; Null II 56 bis 58; d. W. II 106.
Gleichwinklig, d. W. IV 61.
Glied, d. W. bei algebraischen Ausdrücken II 53; bei Gleichungen III 23, 24; bei Proportionen III 18; bei Reihen VI 5, 11–13, 30.
Glied, allgemeines, d. W. bei Reihen VI 15; n^{tes} Glied, d. W. VI 15; höchstes Gl. bei Gleichungen, d. W. III 24.

Gnomon II 134; IV 10, 134, 141.
Goldener Schnitt III 37, 38; VII 49; d. W. IV 186—188; s. stetige Teilung.
Gold- und Silberrechnung I 171.
Goniometrie IV 49; V 11, 47—70; d. W. V 30.
Goniometrische Funktionen, d. W. V 31.
Goniometrische Gleichungen V 69, 70.
Grad (beim Winkel) I 36, 90; d. W. I 42, *213*, *215*, *216*; das Zeichen ⁰ I 43, 44; dezimale Teilung I 41, 42; zentesimale Teilung des Grades II 183, 193, 194; des rechten Winkels 194; Grad bei Gleichungen und Kurven, d. W. III 24; V 164.
Gradeinteilung des Kreises (360⁰) I 37 bis 40.
Gradmessung I 45.
Graphische Darstellung II 70; VI 94 bis 96.
Graphische Methode, s. Trigonometrie.
Graphisch-metrisch IV 177.
Grenzdefinitionen IV 22—24, 26; VII 9.
Griechen I 5, 21, 30, 31, 35, 39, 40, 51, 52, 58, 63, 73, 80, 90, 111, 119, 120—122, 150, 156, 157, 170, *95*, *107*, *669*ᵃ; II 3, 4—6, 8, 9, 39, 40, 48—50, 54, 55, 58—67, 73, 74, 80, 91—95, 104, 105, 127, 133—136, 143, 144, 155—159; III 3—10, 11, 19, 21, 27, 28, 35—41, 58, 63—65, 99, 100; IV 1—10, 21f., 63, 78, 155, 181; V 4f., 101f.; VI 16, 21; VII 6f.
Griechische Algebra, Entwicklung II 4—6, *5*, 39, 40, 91—95, 136; III 22, 35—39, 42, 63, ***99***; IV 133; VI 96 bis 97.
— Geometrie, Gegensatz zwisch. Praxis und Theorie I 120, 150; II 48, 49, 135, 136; III 36; IV 23, 26, 127—129; V 5, 6; VII 4, 5, 17, 18.
— Rechnen I 21, 50, 51, 73, 80, 90, 111, 121, 150; II 48, 49, 135, 136; III 27.
Größe, d. W. II 51, *52*; IV 37; V 115.
Größer als, d. Zeichen IV 17.
Großkreis, d. W.
Grundfläche, d. W. IV 37, 38.
Grundlinie, d. W. IV 50, 62.
Grundsätze IV 21, 22, 30, 31; Defin. IV 22; d. W. IV 34.
Grundzahl = Basis (bei Logarithmen) II 212.
Gruppe, Begriff VI 64.
Gubār-Ziffern I 28.
Gulden Regel I 152, *842*.
Guldinsche Regel VII 8, 40, 41.
Gutgewicht I 170.
h_a, h_b, h_c V 45.
Halbieren, d. W. I 86, 87, *466*; IV 80.
Halbierung I 50—53.
Halbierungslinie, -punkt, d. W. IV 80.
Halbkreis IV 106; Def. IV 22; d. W. 112; Winkel im Halbkreis IV 120.
Halbkugel, d. W. V 115.
Halbmachen, d. W. I 87; IV 80.
Halbmachung I 50.
Halbmesser IV 106f., 110; d. W. IV 112.
Halbregelmäßige Körper VII 46, 53, 54.
Halbteilen, d. W. I 87; IV 80.
Halbwinkelsatz V 82f.; sphär. Dreieck V 152f.
Hälfte, d. W. I 86, 87; IV 80.
Hansensche Aufgabe V 98.
Harmonisch, d. W. IV 178.
Harmonisches Mittel, s. Mittel; harm. Proportion, s. Proportion; harm. Punkte und Strahlen IV 177—179; V 162; VI 148, 158, 162; harm. Reihe VI 32; d. W. VI 15.
Harpedonapten IV 139, 140.
Harriotsche Zeichenregel III 98.
Hau (Unbekannte) II 8; III 21, 27, *122*.
Hauptgut, d. W. I 158.
Hauptkreis, d. W. V 115.
Hauptnenner I 120, 126, 135, 136; d. W. I 132.
Hauptwinkel (60⁰) I 37, 38.
Heben I 132, 133; d. W. I 93, 131, *712*.
Heliozentrische Lehre I 39.
Herauskommen, d. W. I 63.
Heraussetzen, d. W. II 92, 93.
Heronische Dreiecke III 112, 113.
Heronische Dreiecksformel IV 9, 128, 130, 131; V 46, 86—88.
Hessesche Normalform VI 125.
Heteromek, s. Rechteckszahlen, Nichtquadratzahlen.
Hexaeder, s. Würfel; d. W. VII 17.
Hilfswinkel (bei logarithmischer Berechnung) II 208; V 70, 79, 81, 142, 143, 144, 145.
Hindasi I *95*.
Hinterglied, d. W. III 18.
Hippopede VI 130.
Höchstes Glied bei Gleichungen, d. W. III 24.
Höhe, d. W. IV 62; im Dreieck IV 62, 71, 147; V 83, 91, 93 (gleichseitiges Dr. III 58; IV 188); im sphär. Dr. V 127, 150, 163, 165; im Tetraeder VII 29; Höhenabschnitte IV 166; Verhältnis von Höhen und Seiten IV 166; V 151, 163; Seitenabschnitte durch die Höhe IV 145—149; V 151,

152; Höhenfußpunktsdreieck IV 165, 166; Höhenquadratsatz IV 149, 156, 159; Höhenschnittpunkt IV 164 bis 166, 168, 169; V 127, 162; Dreieck aus den drei Höhen IV 166.
Höhenmessungen IV 74, 75, 155.
Hohl, d. W. IV 49.
Hohlzylinder VII 32.
Holland I 6, 33.
Homogene Koordinaten VI 122.
Homolog, d. W. IV 74.
Horizont, d. W. V 102.
Horizontal, d. W. IV 50.
Huddesche Regel III 98, 99.
Huf VII 18, 19.
Hundert, von H., d. W. I 162; das Zeichen I 161–163.
Hyperbel II 216; III 65–67, 69, 84, 86; IV 224; VI 107, 129, 130, 132, 140, 143–145, 152, 156, 158, 160 bis 164, 166–169; d. W. VI 137; Äste VI 138, 160, 161; Asymptoten, s. diese; Bezeichnung VI 129, 135 bis 138; Brennpunkte VI 142, 145 bis 147, 156, 161, 162; Brennstrahlen VI 156, 161, 162; Fläche VI 164; Flächensätze II 216; VI 33; gleichseitige H. II 216; VI 108, 109, 130, 162, 163; Gleichung VI 107–109, 161; konjug. Durchmesser VI 161, 162; konjug. Hyperbel VI 163; Mittelpunkt, Scheitelpunkt VI 144; Tangenten VI 111, 158, 162, 163.
Hypergeometrische Reihe VI 55.
Hyperkomplexe Zahlen II 88.
Hypotenuse, d. W. IV 63–67.

i für $\sqrt{-1}$ II 89; III 118.
Ikosaeder VII 6, 47, 49, 51; d. W. VII 50.
Imaginäre Einheit, d. W. II 89; das Zeichen II 89; III 118.
Imaginäre Zahlen II 79–90; III 96; d. W. II 89, 90; graphische Darstellung II 86, 87.
Inder I 5, 15–18, 19, 23, 25, 28, 35, 46, 49, 52–54, 56, 58, 59, 64, 65, 67, 70, 73, 76, 81, 82, 105, 125, 126, 130, 137, 150, 151, 158, 170; II 8–11, 49, 50, 57, 61, 62, 74, 80, 92, 95, 105, 106, 137, 138, 144, 145, 157, 159, 160, 161, 164; III 22, 28, 31, 41, 67, 85, 100–103, 109; IV 10, 11, 15, 97, 107, 110, 128, 131, 132, 138, 142, 205–208; V 6, 16, 32, 50, 54, 59, 104, 105, 136, 173, *196*; VI 9, 16, 22, 27, 29, 64, 140; VII 8, 22, 24; Induktives Verfahren II 67; IV 141.
Inder, ältere I 15; II 66, 138, 139; III 112; IV 10, 131, 138, 140, 141; V 197, 208.
Indianer I *82*.
Indische Mathematik aus griechischer I ***95***, 23, 35, 126; II 8, 9, 62, 95, 138, 144; III 22, 23, ***101***; IV 10, 11, 131, 205, 207, 208; V 6.
Indisches Rechnen im Abendland I 24, 25.
Indivisibeln VII 43, 44.
Indizes II 36–38, 46–48; III 35, 116, 117; IV 15, 16; V 45.
Induktion, vollständige VI 42–44.
Induktive Mathematik der Inder II 67; IV 140, 141.
Infinit II 60.
Infinitesimalrechnung II 61, 70; IV 13, 222; VI 30, 105, 164; VII 8, 41, 43, 44; s. Differentialrchg., Exhaustionsmethode, Indivisibeln, Integralrchg.
Inhalt, d. W. IV 126, 127.
Inkommensurable Größen II 63–65; Zeichen IV 17.
Inkongruenzsatz IV 77.
Inkreis, d. W. IV 113, 167.
In se = zum Quadrat I *395*.
Integrallogarithmus I 99.
Integralrechnung I 49; II 3, 217, 218; IV 13; VI 30; VII 8.
Integralzeichen III 117.
Interpolation, s. Einschalten.
Interpolieren, d. W. II 212.
Irrationale Zahlen II 62–73, 134, 135; III 7, 100; IV 10, 156, 169; VII 49; Defin. II 73; Rechnen mit irr. Z. II 67, 68, 95, 97, 154–166; Zeichen IV 17.
Irrationalis, d. W. II 69, 72.
Irrationalität von $\sqrt{n}$ II 63, 64; IV 5–8, 188; von *e* VI 51–53; von π IV 230–232.
Isoperimetrische Aufgaben VI 86.
Italien I 6, 7, 8, 10, 25, 54, 55, 70, 71, 75, 158, 160, 161, 166, 168, 171, 176; II 109, 110, 113, 114, 128, 131, 146; IV 48, 49.

Jahr I 30f.; Geschäftsjahr von 360 Tg. I 157; Anfang I 33.
Januar I 33, *170*.
Juristische Aufgaben I 157.
Juden I 30, 157, 176.
Juli I 35.

Kalender, d. W. I 34; Reform, Gregorian. I 33; Julian. I 32.
Kalotte, s. Kugelkalotte.
καμπύλαι III 66.
Kante b. Flächenwinkeln, d. W. VII 12, 13.
Kapital, d. W. I 158.
Karat, d. W. I 124.
Kasbu I 39.
κατασκευή IV 35, 82.
Kategorientafel, pythagoreische I 94 bis 96; VI 64.
Kathete, d. W. IV 63–67.
Kaufmännisches Rechnen I 24, 25, 52, 54, 55, 61, 70, 71, 122, 124, 146, 150–177; II 13, 19.
Kegel IV 114; VI 129, 140; VII 5, 7, 21, 29–34; d. W. VII 30; Definition VII 31, 32; allgemeine K. VI 134, *699*; schiefe K. VII 32; Fläche VII 30; Gleichung VI 115; Mantel VII 33; Seite VII 30, 31; Volumen VII 4, 32, 33; zwei Kegel auf gemeins. Basis VII 31.
Kegelschnitt durch 5 Punkte, bz. an 5 Tangenten VI 139, 142, 169; ein- u. umgeschriebene Vielecke IV 162, 173, 174, VI 142, 148, 149, 159, 162; s. a. die einzelnen Kegelschnitte.
Kegelschnitte II 135; III 63, 65–69, 84; IV 9, 11, 83, 125; VI 85, 93, 104, 106–108, 110, 128–169; VII 7, 40; Definitionsflächensätze VI 93, *457*, 108, 130, 132, 134, 149, 153, 161, 162; d. W. VI 143; Achse VI 165, 168; ähnliche K. II 133, 139. Bezeichnung, alte VI 129, 132, 135 bis 138, 141, 152, 153 (s. Parabel, Ellipse, Hyperbel); Brennpunkte VI 141, 142, 145–148, 151, 154, 156; Brennstrahlen VI 155, 156, 161; Durchmesser VI 159, 166; Entstehg. an einem Kegel VI 129, 131, 134; Leitlinie VI 147; Mittelpunkt VI 165, 166; Polargleichungen VI 147, 169; Scheitelgleichungen VI 108, 134 bis 137, 153, 161, 169, *457*; Schnittpunkte mit Geraden VI 110, 111, 138; mit Kreisen VI 110; mit anderen Kegelschnitten VI 138; Tangenten VI 111, 148, 157, 158, 162, 164, 166; Tangentenkonstruktion VI 148.
Kegelstumpf VII 5, 31, 34; Mantel VII 34.
Keil VII 12, 18.
Keilschrifttafeln I 14f., 36f., 40; III 119; VII 19; -Zahlen I 14f., 36f.
Kennziffer II 189; d. W. II 212.
Keplersche Gesetze VI 142.
Kettenbrüche I 107; II 136, 140, 202, 203; III 54, 83, 84, 101, 108; IV 229–231; VI 52, 74–84; d. W. VI 81, 84; Form III 116, VI 78, periodische K. VI 75f., 83.
Kettensatz I 154, 155.
Kirchenversammlung zu Nicaea I 34.
Kissoide III 66, 69; VI 131.
Klammern II 11, 27–32; d. W. II 32 bis 33; eckige II 28, 148; III 116; geschweifte II 29; III 116; runde II 27–29, 31, 152; III 115; runde Halbklammern II 27–29, 31; ersetzt durch einfache Punkte II 30, 150; Doppelpunkte II 29, 152, 154; III 115, 116; senkrechte Striche II 31; mehrfache Striche II 31, 32, 153; Überstreichen II 30–32, 153; III 116; Unterstreichen II 27, 32, 147, 149.
Klammern als Anführungszeichen II 28; Trennungszeichen beim Dividieren II *114*.
Kleiner als, d. Zeichen, s. größer.
Klostergelehrsamkeit I 25, 52, 59, 78.
Klostergewölbe VII 34, 52.
Koeffizient, d. W. II 53, *269*; III 24, 25.
Koeffizientenmethode III 34, 35; K.-vergleichung VI 42, 44, *239*.
Kollinearverwandtschaft VI 157, 162.
Kombinationen VI 64–68; d. W. VI 69.
Kombinationslehre, d. W. VI 69, 70, 74.
Kombinationsmethode III 33, 34.
Kombinationszahlen VI 38, 39, 67.
Kombinatorik VI 63–70.
Kombinatorische Schule VI 70, 83.
Kommensurable Größen II 64, 155; d. W. II 72; Zeichen IV 17.
Komplementäre Rechnungsarten I 69, 70, 72, 75, 76.
Komplementwinkel, d. W. IV 51–53.
Komplexe Zahlen II 79–90; Defin. II 87, d. W. II 89; Zahlenebene II 86, 87.
Konchoide III 65, 66, 69; IV 206; V 116; VI 131, 145.
Kongruent, Def. IV 30, 72, 73; d. W. IV 73, 74; das Zeichen IV 19, 20.
Kongruenz IV 6, 30, 72–78; am sphär. Dreieck V 123–125, 146, 147; symmetrische K. VII 123; Beweise mit Kongruenz IV 77.
Kongruenzsätze am ebenen Dreieck WSW IV 5, 74–77, 137; SWW IV 75; SSS IV 75–77; SWS IV 72, 76, 77; SSW IV 75–77; Doppeldeutigkeit IV 77; am sphärischen Dreieck V 124, 125. — Abkürzung WSW usw. IV *38*.

Konjugiert, bei komplexen Zahlen, d. W. II 90; bei Kegelschnittsdurchmessern VI 93, 132, 144, 145, 156, 157, 159—162, 167; d. W. VI 145.
Konkav, d. W. IV 49.
Konoide VII 40.
Konstant und variabel, Gegensatz VI, 119.
Konstante Größen, d. W. VI 119; s. bekannte Gr.
Konstruieren, d. W. IV 92.
Konstruktionen, geometrische II 65, 66, 135, 157; III 63f., 84, 85; IV 6, 11, 78—92, 183f., 193; VI 84, 128, 138; mit einem festen Kreis IV 87, 193; mit einer festen Kurve IV 69; mit Kurven III 63—69, 84—88; mit Apparaten (außer Zirkel) III 69; IV 83; in schwieriger Lage IV 89 bis 91; s. a. Bewegungsgeometrie, Lineal, Zirkel.
Konvergent, d. W. VI 31.
Konvergenzbetrachtungen VI 32, 33, 42, 52, 55.
Konvex, d. W. IV 49.
Konzentrisch, d. W. IV 113.
Koordinaten VI 92—95, 103, 104; d. W. VI 118; Baryzentr. K. VI 122; Dreiecksk. VI 122; Gleichberechtigung von Abszisse und Ordinate VI 120 bis 122; homogene K. VI 122, 169; K. an Kegelschnitten VI 93, 94, 104; krummlinige K. VI 120; negative K. II 76, 77; VI 109; Polark. VI 119, 120, 147; Tetraederk. VI 122; Verhältnisk. VI 122.
Koordinatenachsenwinkel VI 106.
Koordinatendrehung VI 165, 167; Verschiebung VI 104, 164, 165, 167; Verwandlung mit anderem Winkel VI 165.
Koordinatentransformation, allgem. VI 159, 164—169.
Kopfrechnen I 46—49; V 173; d.W. I 49.
Körper, allg. IV 22, 28, 29; Def. VII 9, 15; d. W. IV 36; s. die einzelnen Körperarten.
— Regelm. Körper IV 8, 11; VII 6, 7, 8, 47—54; Definition VII 49; Berechnung VII 49—52; Konstruktion IV 5, 137, 186, 189; VII 47, 49—53; Zahl der regelm. K. = 5 VII 49, 50; halbregelm. Körper IV 9; VII 8, 46, 52—54.
—, Rotationskörper, s. diese.
Körperberechnung I 145, 150; VII 3 bis 8, 14—54; allg. Kubatur VII 8, 42f.; mechanische Kubatur VII 16.
Körpermaße I 145; VII 15; s. a. Maße.
Körpernetze VII 53, 54.
Körperstumpfe VII 19.
Kosekante V 8, 20, 28—30, 36, 37—42, 47ff.; Begriff V 28—30; d. W. V 36; Symbole III 116, 117; V 37—43; Tafeln V 8, 20, 29; Kurve V 69; Def. in höh. Quadranten V 51.
Kosinus IV 155; V 4, 8, 11, 16, 20 bis 23, 33, 47ff.; 105, Begriff V 11 bis 23; d. W. V 16, 33—35; Symbole III 116, 117, 118; V 37—43; Tafeln s. Sinus; Def. in höheren Quadranten V 49, 50, 51; Kurve V 69; Reihe VI 46, 49; Zusammenhang mit e^{ia} VI 49, 50; cos $n\alpha$ VI 48.
Kosinussatz, ebener V 9, 76—79 (aus Sinussatz abgeleitet V 78); sphärischer V 9, 43, 63, 105, 106, 107, 111, 112, 136, 137—143, *593*.
Kosmische Körper VII 48.
Kotangente IV 155; V 4, 8, 11, 20, 23—28, 36—43, 47ff.; Begriff V 8, 24; d. W. V 34, *156*; Symbole III 116, 117; V 37—43; Tafeln V 8, 20, 24, 25 (s. Tangens); Definition in höheren Quadranten V 50, 51; Kurve V 69.
Kotangentensatz, sphärischer V 9, 111, 143—146.
Kredit I 155, 156.
Kreis I 38; III 64—66, 69, 84, 86; IV 4, 6, 22, 30, 38, 105—126; VI 88; Defin. IV 22, 29, 115; d. W. IV 111; Zeichen IV 16, 18.
— Abschnitt (Segment) IV 111, 113, 234, 235, 236.
— Ausschnitt (Sektor) IV 111, 113, 234, 236, 237; V 113, 234, 236, 237.
— Berechnung II 66, 69, 135, 136; III 63; IV 4, 9, 195—232; VI 30, 31; VII 4; empirische Periode IV 195 bis 197; geometrisch-rechnerische P. IV 198—222; analytische P. IV 222 bis 229; funktionen-theoretische P. IV 229—232.
— Bogen IV 21, 49, 190, 213, 214, 234, 236; d. W. IV 112.
—, einem Dreieck angeschrieben IV 113, 167—169; V 90, 92, 93, 164, 165; VI 127 (s. a. Ankreis); eingeschrieben IV 113, 166, 168—169; V 82—93, 164, 165; VI 99, 127 (s. a. Inkreis); umgeschrieben IV 113, 168, 169; V 89—94, 164, 165; VI 99 (s. a. Umkreis).
— Durchmesser IV 106, 107, 112, 114.
— Einteilung in Grade I 36f., IV 4.

Kreis, Fläche III 39; IV 6, 129, 132, 195, 198–201, 219, 234; VI 51, 133; d. W. IV 112.
– Funktionen, d. W. V 31 (s. die einzelnen Funktionen).
–, in einem Kreise rollend IV 126; Schnitt mit anderem Kreis IV 124.
– auf der Kugel V 118–121, 164, 165; größter Kr. V 102, d. W. V 115; Parallelkr. V 102, 128, 154.
– Kreislinie, d. W. IV 112.
– Mittelpunkt IV 115.
– Quadrant, hundertteilig I 41; s. Quadrant.
– Ring IV 237.
– Sehne IV 115, 124; s. a. Chorda, Trigonometrie.
– Tangente, Berührungsradius IV 118; Lage zum Mittelpunkt IV 115; Konstruktion IV 80, 90, 116, 117; VI 111, 127; gemeinsame Tangente an zwei Kreise IV 91, 118; VI 128; Gleichheit der Tangentenstücke IV 117.
– Teilung, $n = 2$ IV 5, 114, 115, 137; $n = 4$ I 38; IV 115, 181; $n = 5$ IV 88; $n = 6$ I 38; IV 4, 181 (siehe Sechsteilung); $n = 7, 9$ (s. Sieben- u. Neuneck); $n = 8$ IV 181; $n = 12$ I 38, 39; $n = 15$ (s. Fünfzehneck); $n = 17$ IV 193, 194; $n = 60$ I 39; IV 4; $n = 257, 65537$ IV 194.
– Teilungsgleichungen III 93, 95; IV 92, 193.
– Umfang I 121, *657*; III 39; IV 92, 132 (s. Kreisberechnung).
– Winkel im Kreis IV 6; s. a. Abschnittsw., Sehnentangentenw., Peripheriew., Zentriw.
Kreisfunktion, d. W. V 31.
Kreuz, als Multiplikationszeichen II 22; III 116.
Kreuz, über Kr., d. Ausdruck II 22, 23, 163.
Kristallographie VII *260*.
Kronenaufgabe des Archimedes I 170 bis 172.
Kubikfuß I *483*; VII 15.
Kubikwurzeln I 49, 111; II 134, 135.
– ziehen I 135–143, 157.
Kubikzahlen I 37; II 104, 115, 134; III 10; VI 25, 26, 28, 29; d. W. II 129; Tabellen I 37, 115, 134.
Kubisch, s. cubicus.
Kubische Aufgaben III 63–69, 85; IV 88.
Kubische Gleichungen, d. W. III 75; s. Gleichungen.
Kubus (algebraisch) I 122; II 5, 8, 9; s. a. κύβος, cubus.
Kugel IV 114; V 101f., VI 86; 87; VII 5, 35–40; Defin. V 114; VII 36; d. W. V 114, 115; VII 35.
Kugelabschnitt (Segment) III 66, 67; VI 85; VII 35, 38.
– ausschnitt (Sektor) VII 35, 39, 40.
– fläche, d. W. V 115.
– gleichung VI 114, 115.
– kreise V 118–121, 164, 165; größte Kreise V 102, d. W. V 115; Parallelkreise V 102, 128, 154.
– kalotte, d. W. VII 36; Oberfläche VII 38.
– kappe, d. W. VII 35; s. Kugelkalotte.
– kegel, d. W. VII 35.
– keil, d. W. VII 35.
– mittelpunkt V 114, 119, 120.
– oberfläche VII 8, 36–37.
– schicht, d. W. VII 35, 36; Vol. VII 38, 39; Mantel VII 38.
– schnitte III 66, 67; VI 85; VII 7.
– tangentialebene V 119.
–, einem Vielfach angeschrieben VII 28; eingeschrieben VII 28; umgeschrieben VI 89; VII *132*.
– volumen IV 9, 129; VI 87; VII 4, 5, 8, 36–37.
– zone, d. W. VII 35; Oberfl. VII 38.
– zweieck, s. Zweieck; s. a. Sphärik, sphärisches Dreieck.
Kunstausdruck, Kunstwort, d. W. IV 21.
Kurieraufgabe VI 9.
Kursivbuchstaben II 44; III 116.
Kurven, d. W. IV 38, 63.
– höhere (algebr.) II 135; III 63, 65, 66; IV 38, 83, 199, 206; VI 97, 104, 110, 130, 131.
– transzendente II 71, 135; III 63, 65; IV 199, 200; VI 97, 104.
– mechanische II 71.
– 3. Ordnung III 69.
– n^{ter} Ordnung, d. W. III 25; VI 164.
– Raumk. III 66; VI 104, 113–115.
– doppelte Krümmung, d. W. VI 119.
–, in höherem als dem ersten Quadranten betrachtet II 77; VI 109.
Kürzen (Brüche) d. W. I 131, *714*.
Kuttaka-regel III 100, 101, *461*.
κυβόκυβος II 5.
κύβος II 5, 104, 105; VII 16, 17, 48, 50.

Länge, geogr. u. astron. VI 92, 94.
Längenmaße I 45, 46, 145; VII 15; s. a. Maße.
Laterale Einheit, d. W. II 89.

Latitudo VI 95.
Latus, f. Quadratwurzel II 143, 153, *795*; f. Gleichungsunbekannte II 108.
Lebensdauer, wahrscheinl. I 166; VI 73.
Ledige Zahlen, d. W. I 92.
Legendre scher Satz V 170.
Legierungen I 171.
Lehmussche Aufgabe IV 71, 167.
Lehrsatz IV 20, 35, 36; d. W. IV 36.
Leibnizsche Konvergenzregel VI 55; Reihe IV 224, 228; VI 47.
Leibrenten VI 73.
Leihen, d. W. I 72.
Leitlinie, d. W. V 147.
Letztes Glied b. Gleichungen, d. W. III 24.
Lexellscher Kreis V 127.
Linea, d. W. IV 38.
Lineal, d. W. IV 39, 92; Konstr. nur mit Lineal III 69, 87, 88; mit Lineal u. festem Kreis IV 87, 88, 193; mit Lineal und rechtem Winkel IV 88.
Linie IV 20—29; Defin. IV 22, 23, 24, 26, 28; Einteilung IV 38; d. W. IV 38.
— krumme, s. Kurve.
— kürzeste Linie V 111; VI 113, 115.
— n^{ter} Ordnung, d. W. III 25.
Linienrechnen I 56, 92.
Logarithmen II 167—221; VI 59.
— Definition, Potenzdefin. II 127, 168, *969*, Reihendefin. II 169f., 211, *946*; Symbole II 208—210; III 116—118; d. W. II 211.
— Additionslogarithmen II 213—216.
— Berechnungsmethoden II 196—205; VI 34.
— Dekadische L., s. Briggssche L.
— Dekadische Ergänzung II 208 bis 210, *1081*[a].
— Formeln II 208—210.
— Grundzahl II 174, 176, 178—180.
— künstliche L., d. W. II 211.
— Modulus II 90, 213, 218, 220.
— natürliche L. II 177, 180, 188; VI 33; d. W. II 211, 218.
— numerus, d. W. II 211; Numerus imaginär II 83, 86; negativ II 221.
— Rechengesetze II 169—172, 206 bis 210.
— Reihen II 216—221; VI 32, 33, 49, 50.
— System II 174—185, 211, 213; d. W. II 212.
— Zusammenhang mit arc tg VI 48; mit π VI 49.
Logarithmentafeln I 88, 145; II 167, 172ff.; VI 59.
Logarithmentafeln, rein logarithmisch II 175, 177, 181—183, 185—191.
— logarithmisch-trigonometrisch II 177 bis 178, 181—183, 185, 190—196.
— Abgekürzte Tafeln II 204, 205.
— Dezimalkomma II 189.
— Differenzkolonne II 191, 194.
— Doppelter Eingang II 189, 190, 192, 213.
— Fehler II 186—189.
— Fortlassen des log sec, cosec und tg II 191—194; V 60.
— Genauigkeit II 188, 199.
— Kennziffer — 10 II 194—196.
— Komplement, logar. II 209, 210.
— Komplementäre Winkelanordnung II 192.
— Neuberechnung II 186, 187.
— Proportionaltäfelchen II 191, 194.
— Stellenzahl II 186—188; V *995*.
— Stern an Logarithmen II 191.
— Vordruck sich wiederholender Ziffern II 190, 191; V *995*, *997*.
— Winkelintervall II 193.
Logarithmieren, d. W. I 130; Umkehrung von Potenzieren II 168; siebente Rechnungsart I 50; II 210.
Logistik II 48; IV 32.
λόγος = Verhältnis III 14—17.
Lot, lotrecht IV 49, 50; s. Senkrechte; Zeichen IV 18.
Ludolphsche Zahl IV 217.
Luftdruckkurve VI 96.
Luftrechnen I *240*.
Lunulae III 64; IV 6, 8, 139, 145, 146, 198, 199, 210.

Māl (= x^2) II 106—108.
Mal, beim Multiplizieren, d. W. I 80.
Malfattische Aufgabe IV 125, 126.
Mangelhafte Zahlen I 108, 109.
Mannigfaltigung I 50, 113.
Mantel, d. W. VI 30.
Mantisse, d. W. II 212.
Maß- und Gewichtsordnung I 46.
Maße I 29—46, 89, 90, 141, 145, 146; IV 131; VII 15; mittlere Längen von Körperteilen VII 15.
Maßvergleichung I 89, 90, 92, 165.
Maßzahlen, Anschreiben an Figuren IV 14, 15.
Mathematik IV 5; Definition u. W. IV 32, Geschichte IV 7; Grundlegung IV 6, 13, 21f.
Mathematiker, d. W. IV 30.
Mathematisch, d. W. IV 31.
Maxima und Minima III 85; IV 82; V 130; VI 84—91, 105, 139.

Mechanische Kurven II 71.
Mediale II 155f.
Mediatio I 50–53, 84.
Mehrung I 50, 79, *322*, *461*.
Membrum, Glied einer Gleichung II 54.
Menelaos, Satz des M. IV 171–173; V 14, 15, 103–106, 131, 132, 136, 137, 165, ***166***.
Mensa Pythagorae I 113, *620*[a].
Meridian von Rhodus VI 92.
Merkwürdige Punkte, s. Punkte; d. W. IV 169.
Meßkunst, d. W. IV 33.
Meter, Definition I 45, 46.
Methodik im Unterricht I 47, 48, 57, 89, 92, 128, 146, 152, 153, 159.
Metiri I 85.
Mètre des archives I 46.
Milliarde, d. W. I 8.
Million I 6, 7, 8; d. W. I 6.
Minuendus, d. W. I 64, 71.
Minus, Begriff I 168; d. W. II 12, 13, 17; Zeichen I 57, 58; II 7, 12–21, 201; III 115.
Minus, bei abgerundeten Gewichtsangaben II 19.
Minute, Begriff I 35; d. W. I 35, 36, *178–183*; Zeichen I 43, 44.
Minutiae I 123–125, 129.
– physicae und vulgares I 41.
Mischungsrechnung I 153, 170, 171.
Mittel, arithmetisches III 4–6, 10, 11; d. W. III 19; geometrisches III 4–6, 10, 11; VI 16; d. W. III 19; s. mittlere Proportionale; harmonisches III 4–6, 19; d. W. III *115*.
Mittellinie im gleichschkl. Dreieck, eben IV 70, 71; sphärisch V 127; d. W. IV 70.
– im allgemeinen Dreieck (s. Seitenhalbierende), Berechnung IV 150; Satz vom Schnittpunkt IV 163, 164; VI 126; d. W. IV 162.
– im Trapez IV 99, 100; d. W. IV 162.
Mittellot, Mittelsenkrechte im ebenen Dreieck IV 70, 79, 115, 168; VI 126; im sphärischen Dr. V 119; Mittellotebene im Tetraeder VII 28.
Mittelpunkt (s. Zentrum) d. W. beim Kreis IV 112; Kugel VII 36; Kegelschnitten VI 108, 144.
Mittelpunktswinkel, d. W. IV 121; s. Zentriwinkel.
Mittlere Proportionale, s. Mittel, Proportionale.
Mittlerer Zahlungstag I 163.
Modulus bei komplexen Zahlen, Begriff und W. II 90.
Modulus bei Logarithmen, Begriff II 213, 218, 220; d. W. II 90, 213, 218.
– bei Zahlenkongruenzen, Zeichen III 118.
Moivresche Formel II 84, 85; VI 48; d. W. II 85; VI 48.
Mollweidesche Formel V 84, 85.
Monat I 31f., 121, 157.
Monatsnamen I 35.
Möndchen, s. Lunulae.
Mondjahr I 31, 32.
Mondumlauf I 31.
Monom II 53.
Multinom II 52, 53.
Multiplikand, d. W. I 79.
Multiplikation I 49, 50–53, 72–80, 111; IV 31; d. W. I 79; abgekürzte I 75, 87–90; M. mit algebraischen Größen II 90–100; blitzbildende I 74; griechische M. mit Sexagesimalbrüchen I *368*; komplementäre I 75, 76; II 23; von links nach rechts I 74; moderne I 75; mit Null I 77; schachbrettartige I 74; Tafeln I 37, 111, 112, 124.
– Fachwörter I 77–80.
Multiplikationsregeln für algebraische Summen II 16, 74, 75, 78, 92–95.
Multiplikationszeichen I 77, 111; II 6, 10, 11, 15, 21–24, 122; III 34, 115 bis 117; IV 17; Kreuz II 22; Punkt II 23–24; ohne Zeichen II 11, 23, 29.
Multiplikator, d. W. I 64, 77–78, 80, *404*.
Multiplizieren, d. W. I 79.
Münzwährung, dezimale I 46, 141, 146.
Muschellinie, s. Konchoide.
Musik IV 32.

$n!$ II 33.
$\binom{n}{p}$ VI 44.
n auf $n+1$, Schluß von, VI 42–44.
n^{tes} Glied bei Reihen VI 15.
Näherungsformeln IV 94, 128, 131, 190, 191, 213, 214; V 5; VII 3, 5, 22–24, 39, 42, 44–46.
Näherungskonstruktionen III 66; IV 91, 92, 191–195, 216, 237, 238.
Näherungswerte II 63, 67, 136; III 80 bis 84; IV 94, 130, 188; V 15; VI 75ff., 158.
Natürliche Zahlen, d. W. II 53; VI 8, 10.
Nebenkreis, d. W. V 115; s. Parallelkreis.
Nebenwinkel, Defin. IV 25; Satz IV 50; d. W. IV 51.

Negative Größen in der Geometrie IV 44, 45, 47, 105, 151, 152; in der Stereometrie VII 28.
Negative Zahlen II 9, 13, 57, 73—79, 99, 159; III 28, 41, 96, 100; V 50; Defin. II 78, 79; d. W. II 78—79; kleiner als Null II 75, 77, 78,; größer als Unendlich II 77, 78; s. a. Exponenten, Gleichungswurzeln.
Neigungswinkel (Stereometrie) V 4; VII 11; d. W. VII 13.
Nenner I 129, 130, *697*; d. W. I 130; Zeichen I 6, 8, 11, 125, 128, 129; Nenner Null II 57, 61; Nenner unendlich II 61.
Nepersche Analogien II 207; V 85, 146, 155, 156; d. W. V 156.
Nepersche Gedächtnisregel V 133, 134.
Nepersche Logarithmen II 177—180, 182.
Ner I 14.
Netto I 168—170; d. W. I 168, 169.
Neujahr I 33.
Neuneck, regelm. III 68, 61; IV 189, 195; V 14; Gleichung III 68, 81.
Neunerprobe I 58—61, 82, 105; II 23.
Neunpunktkreis IV 169.
Neupythagoreer I 108, 110.
Newtonsches Näherungsverfahren III 83; Interpolationsformel VI 26; Potenzsummenformel I 104.
Nichteuklidische Geometrie IV 13, 58.
Nichtquadratzahlen I 94; II 64, 65.
Nicomachi regula II 97; III 5.
Norm (bei komplexen Zahlen), d. W. II 90.
Normal, d. W. IV 49.
Normalen (bei Kurven) III 85; VI 86, 104, 110, 111, 115; bei Kegelschnitten VI 86; d. W. IV 50.
Normalform, Hessesche, d. W. VI 125.
Null, Begriff I 15, 16, *95*; Zeichen I 15, *95*, 16, 17; II 57; V 173.
— als Zahl II 56—59; zwischen positiven und negativen Zahlen II 75, 78; Rechnen mit Null I 16; II 57 bis 59, 88; bei Potenzen II 118, 121; bei Wurzeln II 150; s. a. Exponent, Gleichungswurzeln.
— Anhängen beim schriftlichen Dividieren I 84, 137, 138, 144; beim Radizieren I 84, 137, 138; II 138.
— auf Null bringen von Gleichungen II 59; III 26, 27.
Numeration I 50, 51, 84.
Numerisch, d. W. II 53; III 25.
Numerische Gleichungen, d. W. III 25.
Numerus, d. W. II 211.
Nundinae I 30.

Obelisk VII 45.
Oberfläche, d. W. IV 37; s. die einzelnen Körper.
Oblong IV 94.
Oktaeder VII 6, 47—51; d. W. VII 16, 50.
Operation, d. W. IV 43.
Operationszeichen im Rechnen I 57, 58; s. die einzelnen Zeichen.
Ordinaten VI 93, 94, 103, 106, 109; d. W. VI 116—118.
Ordinatenachse VI 92, 106, 120—122.
Ort, geometrischer IV 82, 83; VI 128, 129, 130, 131; d. W. IV 83.
Osterfest I 34.
Österreichische Division I 84; Subtraktion I 67.

p, q die Seitenabschnitte durch die Höhe III 118; IV 147f., V 45, 83, 91; Symbol V 45.
π als Symbol für Halbkreis III 117; für Kreisinhalt IV 19; für das Verhältnis des Durchmessers zum Umfang III 118; IV 226, 232, 233; für Winkel IV 233.
π Geschichte IV 195—233; VI 133; Transzendenz IV 230—232; Fachausdruck IV 210.
π-Werte 3: IV 196, 208, 235.
$3^1/_7$: IV 201—205, 208, 210—214, 218; VII 5.
$3^1/_8$: IV 211.
$\sqrt{10}$: IV 208, 209, *1520*, 214.
$\frac{355}{113}$, IV 217, 218.
Genauere Werte IV 216, 219, 225, 226, 227.
Quadratische Werte IV 195, 208, 211, 215.
— Kettenbrüche IV 223, *1586*.
— Unendliche Produkte IV 216, 223.
— Reihen IV 224—229; VI 47.
Pagamenti regula I 154.
Paper-folding-Methode IV 68—70.
Pappus, Aufgabe des P. VI 102, 103; Parallelogrammsatz IV 144, 150, 151.
Par und impar I 95, *500*.
Parabel III 66, 67, 69, 84, 149, 150; VI 107, 108, 111, 129, 130, 132, 140, 142, 149—152, 166—169; VII 44, 45; d. W. VI 135, 137; alte Bezeichnung VI 129, 135—138.
— Abschnitt VI 133, 151; Brennpunkt VI 142, 145—148, 151; Brennstrahl VI 156; Durchmesser V 144, 145; Fadenkonstruktion VI 152; Fläche

IV 9; VI 19, 23, 133, 151; Flächensätze (Defin.) V 134—137, 149, *457*; Gleichung VI 107—109, 150; Normale VI 150; Tangente VI 110, 133, 150, 152; Übergang zwischen Ellipse und Hyperbel VI 150; Wurflinie VI 151, 152.
Parabolischer Spiegel VI 141, *555*, *556*.
Paraboloid VI 15.
Parallelen IV 4, 6, 30; VI 124; VII 10, 11, 12; Begriff IV 53, 54; VII 10; d. W. IV 58; Zeichen IV 18, 80, 89; bei Ebenen VII 10, 11, 12; Parallelentheorie IV 30, 53—58.
— Winkel an Parallelen IV 60.
Parallelepipedon IV 129; VI 89; VII 17, 18, 19; s. a. Quader; d. W. VII 18; Diagonale VII 19.
Parallelflach, d. W. VII 18.
Parallelität und Proportionalität IV 56, 157, 158.
Parallelkoordinaten, d. W. VI 118.
Parallelkreise, d. W. V 115; s. Kreis, Kugel.
Parallelogramm, Einteilung IV 93; d. W. IV 92, 96; Zeichen IV 16, 18.
— Diagonalensatz IV 80, 98, 99; Fläche IV 129, 130; Flächengleichheit; IV 133—150; ganzzahlige Maßzahlen III *522*; Seitensatz IV 18, 80, 98, 121.
— sphärische V 117, 128.
Paralleltrapez IV 93—95, 97; d. W. IV 95; s. Trapez.
— sphärisches V 118.
Parameter VI 145, *457*; d. W. VI 119, 149.
Parenthese II 33.
Partiri I 79, 85.
Pascalscher Satz IV 173, 174; VI 142, 149.
Pascalsches Dreieck VI 35, 37f., 67.
Pellsche Gleichung III 102, 109, 110.
Pendellänge als Maßeinheit I 45.
Periodische Sexagesimalbrüche I 147, *807*; Dezimalbrüche I 146.
Peripherie, d. W. IV 106, 112.
Peripheriewinkel IV 6, 111, 118, 119; im sphär. Kreis V 128; d. W. IV 121.
— und Zentriwinkel IV 118, 124.
Permanenz, Gesetz I 89.
Permutationen VI 43, 44, 64—68; das Wort VI 69.
Perpendikular IV 49, 50.
Perser II 4, 50, 139.
Perspektive IV 142; VII 6.
Pfeil = 1 − cos α V 33, *142*.
φ als Funktionszeichen II 34; III 117.
Phönizien I 150; V *1*.
Planimetrie, d. W. IV 33, 34.
Platonische Elementenlehre VII 20, 47, 48.
Platonische Körper VII 47, 48, 50; d. W. VII 50.
Plimptonbibliothek I 161.
Plus, d. W. II 12, *41*.
Pluszeichen I 57, 58; II 7, 12—21; III 115.
Plus-Minuszeichen II 20, 21; III 116; IV *277*.
Pol (Kugel) V 102; Defin. V 115, 116; d. W. V 115.
Pol einer Geraden, d. W. IV 180; V 116; VI 149.
Polardreieck IV 177; V 125—127, 140, 148; d. W. V 127; VII 13.
Polare, d. W., s. Pol; Gleichung VI 149; reziproke IV 181.
Polarentheorie IV 117, 177—181; VI 148, 149.
Polargleichung, d. W. VI 120; s. die Kegelschnitte.
Polarkoordinaten VI 119, 120.
Politische Arithmetik I 150, 155.
Polyeder, s. Vielfache.
Polyedralzahlen VI 21; s. figurierte Zahlen.
Polygon, d. W. IV 92, 96; s. Vieleck.
Polygonalzahlen VI 6, 8; s. figurierte Zahlen.
Polygonometrie V 94—98.
Polynom, d. W. II 53.
Polynomischer Lehrsatz VI 44, 70.
Positionssystem, s. Stellenwertsystem.
Positive Zahlen I 74—79; d. W. II 78, 79.
Positiv-negativ II 79.
Posse = im Quadrat genommen sein IV *1060*.
Posten I 66.
Postulate IV 6, 30; d.W. IV 34; Fünftes Postulat Euklids IV 54f.
Potenz eines Punktes, Def. u. W. IV 161; Sätze IV 161, 162; sphär. Dreieck V 170.
Potenzbezeichnungen I 43; II 7, 9, 12, 58, 104—124; III 43, 115, 116; moderne II 123; III 116, 117; Exponenten allgemein II 124, 125; III 117; gebrochen II 125, 132f., 143; III 115, 117; imaginär II 85, 126; III 118; negativ I 43; II 121, 125, 132, *687*; Null II 58, 118, 121, 125; III 115; variabel II 127; III 117.

Potenzen (Algebra), Begriff II 104f.; d. W. II 127—129; Rechnen mit Potenzen II 130—134; III 33; Formeln und Beweise II 132.
— gleichnamige, d. W. I 132; II 129.
Potenzieren, d. W. II 130.
Potenzierung I 50, 53, 58, 124; II 104 bis 134; V 31.
Potenzreihen VI 26, 42, 46f.; Umkehrung VI 34, 46f.
Potenzreste I 106, 148.
Potenzsummen VI 23, 24, 25, 27, 29, *126*.
Potenztafeln I 124; s. a. Quadrat- u. Kubiktafeln.
Potestäten II 129.
Pothenotsche Aufgabe V 97.
Praktik, wälsche I 122, 154.
Primfaktoren, ideale I 108.
Primus numerus I 96.
Primzahlen I 59, 93, 96—104, 107, 108, 117, 118, 146—149; IV 194; d. W. I 96, *522*; absolute, relative, d. W. I 108.
— Aufzählung I 98f.; Aufstellung I 99f.; Eigenschaften I 104; Kriterien I 100; Menge I 97—99; IV 8; Tafeln I 117, 118; II 204.
Prisma VII 17, 18, 21; d. W. VII 16, 18; Volumen VII 4, 19.
Prismatoid VII 45.
Prismenhuf VII 45.
Proben beim Rechnen I 58—61, 82, 105; d. W. I 61.
Producere = multiplizieren I 78.
Productum I 78, *397*.
Produkt I 62; d. W. I 79; unendliche Produkte IV 216, 223, 229; VI 48.
Produktentafeln I 114.
Progressio I 50—51; s. Reihen; d. W. VI 9, 15, 16.
Projektion IV 62; V 23, 150, 151; sphär. Dreieck V 150, 151.
Projektionsmethode V 104, 105, 113; s. graphische Methode, Trigonometrie, Zentralprojektion.
Promille I 163.
Proportio = Verhältnis II 132f.; Doppelbedeutung (Verhältnis und Proportion) III 15—17; d. W. III 15 bis 17, 18.
Proportional, d. W. III 15, 18; wiederkehrend prop., d. W. IV 161.
Proportionalen, d. W. III 18; mittlere Pr. II 181, 199, 206; III 4, 5, 6, 10, 11; IV 139, 156, 158—160; d. W. III 19; zwei mittlere Pr. III 10, 66, 78, 149, 150; IV 139; vierte Pr. II 206; III 9, 10; IV 158.
Proportionalität, d. W. III 18; bei geschnittenen Dreiecksseiten IV 157 bis 158; bei Flächengleichheit von Dreiecken IV 157.
Proportionalität und Parallelität, s. Parallelität.
Proportionen I 132, 150, 153; IV 5, 210; V 41; VI 96; arithmetische III 4 bis 6, 12, d. W. III 14, *21*; geometrische III 4—19; d. W. III 7, 8, 15; harmonische III 4; d. W. III 6, 14; stetige arithm. Pr. II 97; III 4; stetige geom. Pr. III 4; d. W. III 8, 19; vollkommenste III 4.
— Fachwörter: Glied, Vordergl., Hintergl., inneres, äußeres Gl. III 8, 9, 10, 18.
Proportioniert, d. W. III 18.
Proportionsform I 151; II 4, 12, 25; III 11—14, 17, 117; V 38—40, 81; V 110, 156; Doppelpunkt III 12, 13, *49*; moderne Form III 12, 117, *49*, *54*.
Proportionslehre II 62, 64; III 3—19; IV 7, 8, 137, 155, 156; an Figuren s. Ähnlichkeitslehre.
Prosthaphairesis II 167, 172; V 62, 108—110, 140, 142.
πρότασις IV 35, 81.
Prozent, Begriff I 160, *858*; d. W. I 160f., d. Zeichen $^0/_0$ I 161, 162; III 117.
Ptolemäische Sehnentafel, s. Sehnentafel.
Ptolemäischer Lehrsatz IV 45, 170, 171; V 15, 53, 56; f. sphärische Vierecke V 167; d. W. IV 170.
Punkt IV 22—28, 29, 30; Definition IV 22, 23, 28; d. W. IV 40—42; Zeichen IV 18.
— als Multiplikationszeichen II 23, 24; III 117.
Punkte, harmonische IV 177—181; d.W. IV 178; merkwürdige IV 162—169, im sphär. Dreieck V 127; unendlich ferner P. II 60.
— beim Zahlenlesen I 8.
Punktreihen IV 45.
Pyramidalzahlen VI 21—23; s. figurierte Zahlen.
Pyramide IV 129; VII 4, 5, 20 bis 29, 48; Definition VII 21; d. W. 16, 20.
— ein Drittel eines Prismas VII 7, 21; Zerlegungsbeweis VII 22.

Pyramidenbau V 4.
Pyramidenstumpf II 80; VII 22—26, 45; d. W. VII 26.
πυραμὶς = regelm. Tetraeder VII 48, 50.
Pythagoreische Gleichung $x^2 + y^2 = z^2$ III 111f.
Pythagoreischer Lehrsatz, am rechtwinkligen, ebenen Dreieck II 63, 64, 66, 104, 138; III 5, 6; IV 5, 6, 7, 10, 11, 131, 135—149; V 52; VII 10; für ähnliche Figuren IV 144, 145; am schiefwinkligen Dreieck IV 131, 139, 146—149; V 76; Umkehrung IV 149; am Tetraeder VII 29.
— Beweis mit Flächengleichheit II 64; IV 138; mit Ähnlichkeit IV 141, 159.
Pythagoreischer Tisch I 113, *620*[a].
πυθμένες I 11, 20, 73, *95*; II 144.

Qibla V 7, 9, *94*.
Quader III 149, 150; VII 17—19; d. W. VII 18; Diagonale VII 19.
Quadrant, d. W. IV 112.
Quadrat (algebraisch) II 5, 8, 9, 104; IV 31; d. W. II 129.
Quadrat (geometrisch) III 58; IV 92 bis 94, 127; d. W. IV 93, 96; VII 15.
— Diagonale II 63, 64; III 7; IV 129, 133, 140; Fläche IV 129, 133; einem Kreis einschreiben I 38; IV 115, 181 bis 183, 188, 189.
— einer Summe bzw. Differenz (algebr.) II 92; (geom.) IV 149, 150.
Quadratensatz am rechtw. Dreieck s. Pythagoreischer Lehrsatz.
Quadrat-, bei Flächenmaßen IV 127; VII 15.
Quadratfuß I *483*; VII 15.
Quadratische Aufgaben III 63; IV 87, 88.
Quadratische Gleichungen, d. W. III 53; s. Gleichungen.
Quadratocubus II 105, 106, 128, *614*.
Quadratoquadratus III *401*.
Quadratrix III 65; IV 200, 206; VI 130.
Quadratur d. Kreises, s. Kreisberechnung.
— mechanische VII 45.
Quadratura, d. W. IV 127.
Quadratus, d. W. IV 93; VII 17.
Quadratwurzeln I 51, 111, 138; II 65, 134, 135; mehrfache II 65, s. a. irrationale Größen; d. W. II 144, *802*; d. Zeichen, siehe Wurzeln.
Quadratwurzeln, Doppeldeutigkeit II 74, 158, 159.
— Ausziehen I 51, 84, 137, 138; II 135 bis 143, 157; VI 75, 97, 101; siehe Wurzel aus 2.
Quadratwurzel kein Bruch, Beweis II 64, 110.
Quadratzahl gleich Summe der ungeraden Zahlen II 144.
Quadratzahlen I 3, 37, 94, 111, 115, 116; II 64, 66, 104, 144; III 10; VI 6, 26, 27; d. W. II 129; reziproke Qu. VI 32; Summe VI 6, 27; Tabellen I 115, 116; II 134.
Quadrieren, d. W. II 129; facere in se I *395*; multiplicare in se I *395*.
Quaternionen II 88, *510*.
Quersumme, Begriff I 60; d. W. I 60, 61.
Quintilis I 35.
Quotient I 62; d. W. I 85, 86, *461*.

r für Radius des umgeschriebenen Kreises III 116—118; IV 19; V 45, 46.
R für Kugelradius IV 19.
ϱ für Radius des eingeschriebenen Kreises III 118, V 46.
$\varrho_a\,\varrho_b\,\varrho_c$ für Radius der angeschriebenen Kreise III 118, V 45; desgl. $r'\,r''\,r'''$ V 45.
Rabatt I 166—170.
Rabattierungstafeln I 166; VI 58.
Rabattrechnung I 165—168.
Radikand, d. W. II 130.
Radius, d. W. IV 106—110, 112; (Sinus totus) I 139; Zeichen r III 116—118; IV 19; V 45, 46.
— als Grundeinheit der trigon. Größen: $r = 1$ oder 60^0; V 20—22, 24, 29, 174—176; $r = {}^1/_2$ V 13, 22, 56; $r = 14$ V 176—177; $r = 3438'$; V 16, 17.
Radius, Formeln mit r: V 71, 89—93, 164, 165; mit ϱ: V 89—93, 164 bis 165; mit ϱ_a: V 89, 90, 92, 93, 164, 165.
Radix für die Unbekannte einer Gleichung II 44, 45, 107—109, 146; III 43; für Quadratwurzel II 143 bis 149, 152.
Radizieren I 50, 53, 59; algebraische Ausdrücke II 134—166; IV 31; VI 40; d. W. II 130.
Ratio = Verhältnis III 14—17.
Rationale Größen II 65, 66, 68, 69; III 100; Defin. II 73; d. W. II 72;

Zeichen IV 17; als Unterfall der irrationalen Gr. II 158.
Rationalmachen von Brüchen II 164 bis 167; von Gleichungen III 99; VI 99.
Raum, Defin. IV 23; d. W. IV 36.
Raumecke, d. W. VII 13; s. Ecke.
— Sinus einer R. V 164.
Raumform, Raumgebilde, Raumgröße, d. W. IV 37.
Raumkurven, s. Kurven.
Raumpolarkoordinaten VI 120.
Raute, d. W. IV 96; s. Rhombus.
Rechenbrett, s. Abakus.
Rechenbücher, deutsche I 55f., 75, 129, 131, 158; s. die einzelnen.
Rechenfachwörter I 61—66, 71, 72, 77—80; IV 21; s. Fachwörter.
Rechenmeister I 129, 133, 175; griechische I 150.
Rechenpfennige I 56, 92.
Rechenschieber II 188.
Rechenvorteile I 175.
Rechnen I 15, IV 41; Fachwörter I 61 bis 66, 71, 72, 77—80; IV 21; Operationszeichen I 57, 58.
—, abgekürztes I 87—89; angewandtes I 150ff.; ‚Auff der Linien' I 56, 92, 131, mit benannten Zahlen I 89—93; Kopfr. I 46—49; logarithmisches, s. Logarithmen; praktisches I 120; schriftliches I 49f.; Tabellenrechnen I 91.
Rechnungsarten I 49—87; komplementäre I 69, 70, 72, 75; methodische Behandlung I 56; Reihenfolge I 53; VI 10.
Rechteck II 58; IV 92—94, 97, 127; d. W. IV 96; Zeichen IV 16 bis 18.
— Diagonale IV 129, 140; Fläche IV 129—131; in ein Quadrat verwandeln IV 138, 155; aus Summe und Differenz zweier Strecken IV 150; Zerlegung in Maßquadrate IV 131.
Rechteckszahl VI 6; s. Heteromek.
Rechter Winkel I 38; IV 30, 47, 48; Defin. IV 25; d. W. IV 48; Zeichen IV 18; s. Gradeinteilung, Winkel, Zentesimalteilung.
Rechtwinklig, d. W. IV 61; s. Dreieck.
Rectangulum, d. W. IV 92, 94, 96.
Reduzieren I 91—93.
Reell-imaginär II 89, 90.
Reessche Regel I 154, 155.
Regelmäßige Körper, s. Körper und die einzelnen regelm. K.
Regeldetri I 49, 91, 150—155; III 9; d. W. I 152, *837*ᵃ, *840*, *842*.
— indirekte I 153; zusammengesetzte I 153.
Reihe, d. W. VI 5, 8, 9, 14—15, 30.
Reihen, arithmetische I 36, 50, 59, 98; II 216; III 6; VI 3—15; d. W. III 6, 15; VI 12; ganze Zahlen VI 5, 10 bis 12; gerade Zahlen VI 5, 10; ungerade Zahlen VI 5, 10; Vergleichung einer arithmetischen und geometrischen R. II 169—181, 216.
—, arithmetische höherer Ordnung VI 20—29; d. W. VI 26; Quadratzahlen VI 6, 26, 27; Kubikzahlen VI 25 bis 29; Biquadratzahlen VI 29.
—, geometrische I 36, 50, 108, 111; II 102, 216; III 6; VI 15—20; d. W. III 6, 8; VI 12, 16; Reihe geometrischer Mittel III 6; VI 16; unendliche geom. R. VI 19, 20, 30.
—, unendliche II 103, 143, 216—221; IV 224—230; VI 19, 20, 29ff.; VII 20; Konvergenz, s. diese.
— divergente R. VI 54; Fouriersche R. VI 54; hypergeometrische R. VI 55; rekurrente R. III 84; VI 54; Umkehrung VI 34, 46f., 70; s. a. binomische R., Exponentialr., logarithmische, trigonometrische R.
Reinperiodische Dezimalbrüche, d. W. I 149; Tabellen I 149.
Rektifikation von Linien VI 115.
Relato II 109, 110, 146.
Rentenrechnung VI 59—62, 73.
Res für die Unbekannte einer Gleichung II 45, 107—109, 113, 115, *612*; III 43.
Residuum II 52, 68.
Resolvente III 92, 93; d. W. III 55.
Resolvieren I 91—93.
Rest I 71, 72.
Resto, pro r. I 72.
Restregeln I 105, 106.
Resultante II 36—38; d. W. II 38.
Resultat, d. W. I 61; Zeichen II 8.
Reziprok, d. W. I 135.
Reziproke Gleichungen III 55—56; d. W. III 55.
— Polaren IV 181.
Reziprozität, Gesetz der IV 181; siehe Dualitätsprinzip, Polardreieck.
Rhomboid IV 92, 93; d. W. IV 92, 96; Berechnung IV 131.
Rhombus III 58; IV 92, 93; d. W. IV 92, 93, 96; Berechnung IV 130 bis 132.

Richtscheid, d. W. IV 39.
Richtung, Defin. IV 23; V 75; Gegensatz II 74, 76, 77.
Richtungskoeffizient, d. W. II 90.
Richtungsunterschied IV 46.
Ringkörper VII 40, 41.
ῥίζα II 144.
Römer I 21, 30, 32—34, 63, 75, 91, 111, 119, 123, 136, 156, 157, 166, 173; IV 10, 81, 128, 131, 147, 188, 235; VI 93.
Römische Zahlen I 13, 14, 20, 25.
— Zeitrechnung I 32f.
Römischer Schulunterricht I 47, *243*.
Rotationsflächen VI 115; -körper IV 9; VI 88, 99; VII 8, 40—42.
Rückwärtseinschneiden V 97.

s, halbe Seitensumme III 117, 118; V 46, 47; s. Seitensumme.
s_a, s_b, s_c für $s-a$, $s-b$, $s-c$ III 118.
Σ Summenzeichen II 33; III 118.
Sagitta, s. Pfeil.
Salaminische Tafel I *95*.
Sandbrett (b. Rechnen) I 17, 46, 54, 58, 64, 65, 73, 81, *95*.
Sanskrit I *95*.
Sar I 14, 39, 122, 123.
Säule VII 18; d. W. VII 30; s. Zylinder.
Schachbrettaufgabe VI 16, *82*, *83*.
Schai' II 106—108, 144.
Schaltmonate I 31—33.
Schalttag I 31—33.
Schärfe der Rechnung, d. W. I 144.
Schatten I 38.
Schattenfunktion V 24, 35, 36; siehe Tangens, Kotangens.
Scheitelkegel VII 32.
Scheitelpunkt, d. W. IV 50; VI 143, 144.
Scheitelwinkel IV 5; Satz IV 50, 51, 137; d. W. IV 51.
Schenkel, d. W. IV 50.
Schief (bei Winkeln) d. W. IV 48.
Schiefertafel I *246*ᵃ.
Schlimm = schief VII 21.
Schneckenlinien, s. Spirallinien.
Schnittpunkt, d. W. 42; zweier Geraden IV 42; VI 124; dreier Geraden IV 173; VI 126; bei ungünstiger Lage IV 89—91; s. die einzelnen Kurven.
Scholastiker II 132; III 16; IV 27; VI 19, 31, 32, 94—96.
Scholion, d. W. IV 34.
Schulden u. Vermögen II 74, 75, 77.
Schwefelkies, Kristallform VII 48.
Schwerkante VII 19, 20; d. W. VII 19.
Schwerpunkt IV 162—164, 168, 169, 172, 173; VII 20, 28, 42; d. W. IV 162.
Secans, Reihe VI 47; Symbole III 116, 117; s. Sekante.
Sechseck, regelm. I 37, 38; IV 4, 181, 182, 184, 193, 196; V 14; Berechnung IV 188, *1419*; unregelm. S. IV 104, 122, 173, 174.
Sechsflach, s. Hexaeder.
Sechzig, Teilbarkeit I 37, 137, *188*, *753*.
Segment, d. W. IV 112, 113; s. Abschnitt, Kreis, Kugel.
Sehne, d. W. IV 110, 112; Sätze IV 115; zwei schneidende Sehnen IV 156, 160 bis 162, im sphär. Kreis V 170; Sehnen im Kegelschnitt VI 133.
Sehnenrechnung I 38, 139; V 4, 5, 6, 8, 9, 12, 13—15, 18, 19, 70, 73, 106; Summe und Differenz zweier Bogen V 15; halber Bogen V 15; Sehne 1^0 III 70, 71; V 15; Sehne $^1/_2{}^0$ V 15.
Sehnensechseck IV 122, 173—175.
Sehnentafeln I 15, 139; III 39; IV 170; V 6, 12, 172, 173, 176.
Sehnentangentenwinkel V 111, 119, 120; d. W. IV 121; s. Abschnittswinkel, Kreis.
Sehnenviereck IV 119, 121, 122, 170, 171; V 53, 95—96; VI 148; Inhalt IV 11, 122, 123; V 95, 96; Konstruktion IV 122—124; V 96; mit rationalen Stücken III 113; IV 123; V 96.
Seilspanner, s. Harpedonapten.
Seite, beim Dreieck, d. W. IV 62; VII 13; Seitensätze IV 67, 71; V 122.
— bei der Ecke VII 12.
— beim Kegel VII 13.
— bei Gleichungen III 23.
Seite = Kante VII 13.
Seitenhalbierende, d. W. IV 70; s. a. Mittellinie.
— Berechnung IV 150, im sphär. Dreieck V 163; Satz vom Schnittpunkt IV 163, 164, im sphärischen Dreieck V 127, 162.
Seitensumme im ebenen Dreieck IV 71; V 82—84, 86—90, im sphärischen Dreieck V 152—154, 160, 162; Zeichen III 117, 118; V 46, 47, 84.
Seitenzahlen VI 75.
Sekante, d. W. IV 112; Satz am Kreis IV 160—162; s. a. Potenz eines Punktes.

Sekante, Secans, trig. Funktion V 11, 20, 28—30, 36—42, 47ff.; Begriff V 28—30; d. W. V 35, 36; Symbole V 37—43; Kurve V 50, 51, 69; Verhalten in höheren Quadranten V 50, 51.
Sektor, d W. IV 113; s. Kreis, Kegel.
Sekunde I 35, *176*, *178*; d. W. I 35, 36, *178*; Zeichen I 43, 44.
Semidiameter IV 107—110.
Senkereh, Täfelchen von I 3, 14, 37.
Senkrecht IV 48; Defin. IV 25, 48; d. W. IV 49.
Senkrechte IV 70; VI 124; errichten IV 79, 81, 89; VII 10; fällen IV 5, 79, 81, 89, 137; VII 10; S. auf einer Geraden im Raum VII 7, 9; auf einer Ebene; VII 9, 10, 11; senkrechte Ebene VII 11, 12.
Series, d. W. VI 9.
Sex quantitatum regula IV 172.
Sexagesimalbrüche I 3, 35, 39—44, 90, 122, 123, 126, 127, 129, 136—138, 140, *494*; II 137; III 81; V 13, 20; VI 4; das Rechnen mit S. I 90, 91; II 137, 138.
Sexagesimalsystem I 14f., 35, 36f., 40, 41, 111, 114, 115, 122, 123, 136 bis 139, *176*; IV 107; V 13.
Sextilis I 35.
Siddhānta I 16, *95*.
Sieb des Eratosthenes I 100, *544*.
Siebeneck, regelm. III 68; IV 189, 194; V 14; Gleichung III 68.
Siebenerprobe I 58—60.
Siebensatz I *837*.
Siebenzahl I 30.
Siebzehneck IV 193, 194.
Sigma, Schluß- II 5.
Simpsonsche Regel VII 19, 25, 44, 45.
Singuläre Punkte, d. W. VI 119.
Sinus I 139; V 8, 11—23, 37—43, 47ff., 105; Begriff II 194; V 11—23; d. W. V 16, 31, 32, 33, 36; Symbole III 116 bis 118; V 37—43.
— Kurve V 69; Periode V 51; Verhalten in höheren Quadranten V 48 bis 51; eine Zahl, keine Strecke V 19—22; Zweideutigkeit V 75, 125; Zusammenhang mit Exponentialfunktion VI 49, 50.
— einer Ecke V 164; VII 27, 28.
Sinus complementi V 32.
Sinuslinie, d. W. V 69.
Sinus rectus, d. W. V 33, 34.
Sinusreihe VI 46; unendliches Produkt VI 48.
Sinussatz, ebener III 12; V 8, 9, 20; 33, 40, 70—76; sphärischer V 8, 105—107, 111, 112, 136, 137; aus Kosinussatz abgeleitet V 78; Zweideutigkeit V 75, 137.
Sinustafeln I 139; II 177, 181; V 7, 16; s. a. trigonom. Tafeln.
Sinus totus II 178, 195; V 19, 52.
Sinustrigonometrie V 6—8, 16—23, 105, 106; Additionstheorem V 17; sin 1^0 V 17; $\sin \frac{1}{3}\alpha$: V 38, 42, 57, 60; $\sin \frac{1}{2}\alpha$: V 16, 17, 57, 59, 60; $\sin\alpha + \sin\beta$: II 167; V 42, 61f.; $\sin n\alpha$: V 58, 59; VI 48; $\sin\alpha : \sin\beta$ und $\alpha+\beta$: V 151.
Sinus versus V 8, 16, 32, 33, 49, 105; Defin. V 16, 13; d. W. V 32; Symbol III 116; die Reihe VI 47.
$\sin^2\alpha$ statt $(\sin\alpha)^2$ III 117; V 46, *242*, *243*.
Sipos I 20.
Skontorechnung I 153.
Sonnenjahr I 31.
Sonne-Mond, Entfernung I 39.
Sonnendurchmesser I 40; Entfernung V 4; Höhe V 8.
Sonnenuhr I 38.
Sophisten II 63.
Soß I 14, 39, 112, 123.
Spat, d. W. VII 18.
Spezies, Defin. I 52, 258; d. W. I *249*; s. Rechenarten.
Spezies = Glied einer Gleichung II 51, 53; III 23.
σφαῖρα = Dodekaeder, regelm. VI 48.
Sphära, Spheer, d. W. VII 16, 35, 114, 115.
Sphärik V 99—130, 146.
sphärisch, d. W. V 117; s. Trigonometrie, Dreieck,
Sphärischer Exzeß IV 19; V 129, 130, 160f.; d. W. 130, 160; das Zeichen III 118; IV 29; V 160.
Sphäroid VII 40.
Spirale IV 206.
Spirallinien, archimedische IV 38; VI 97, 131.
Spitz, d. W. IV 48.
Spitze, beim Dreieck, d. W. IV 62; beim Kegel, d. W. IV 62.
Spitzsäule, d. W. VII 20, 30.
Spitzwinklig, d. W. IV 61.
Sporco I 169.
Stammbrüche I 94, 118—122, 126, 172; II 5, 6; III 27; IV 188.
Staubrechnen I *240*.
Stelle, d. W. I 11, 12.

Stellenwertsystem I 14f., 20, 23, 39, 67, 73, 105, 125, *95*, *122*.
Sterblichkeitstafeln VI 73.
Stereometrie IV 8, 32; VI 128, 129; VII 3ff.; d. W. IV 33; VII 8.
Sternvielecke IV 104, 105, 182.
Sternvielflache VII 8, 54.
Stetige Proportion, s. Proportion.
Stetige Teilung III 37, 38; IV 6, 91, 155, 182, 185—188; VII 49, 50; d. W. IV 186.
Stetigkeit, Begriff IV 27.
Strahl, d. W. IV 39, 110.
Strahlen, harmonische IV 171—181; d. W. IV 178.
Strahlenbündel, d. W. IV 178.
Strahlenbüschel IV 45; VI 122, 149; d. W. IV 178.
Strecke, d. W. IV 39; Beziehung zur Zahl II 63, 64, 70, 157; III 7, 136; IV 6, 7, 156; VI 122.
Strecke halbieren IV 78, 89; in gleiche Stücke teilen IV 100, 101, 157; in proportionale St. IV 158; innen und außen in gegebenem Verhältnis teilen IV 158, 159.
Streckenmessung I 38.
Stücke (eines Dreieckes), d. W. IV 62.
Stumpf, d. W. IV 48.
Stumpfwinklig, d. W. IV 61.
Stunde I 29, 38.
Subnormale VI 150.
Substitutionsmethode III 35.
Subtrahendus I 71.
Subtrahere, d. W. I 63, 71.
Subtrahieren, d. W. I 71, *351*, *352*.
Subtraktion I 49, 50, 53, 54, 66—72; IV 30; d. W. I 71; Zeichen I 57, 58; II 6, 8, 9, 11, 12, 74; III 115; s. a. Minuszeichen; Fachwörter I 71, 72; komplementäre I 69, 70; österreich. I 67, 68; von links nach rechts I 54, 67, 68.
— algebraischer Größen II 90—100.
Subtraktionspunkt I 71.
Sumerer I 37.
Summa I 62, 63, 65, 77, 85.
Summand I 64, 66.
Summation, d. W. bei Reihen I 63; VI 15.
Summe = Geldsumme I 62.
Summenzeichen II 33; III 118.
Summieren I 63, 66.
Supplementardreieck V 106, 127, 154; d. W. V 127.
Supplementwinkel, d. W. IV 51—53.
Surdus II 67, 68, 72; d. W. II 72.
Sursolidum II 119, 120, *655*.
Symbole, s. Zeichen.
Symmetrisch-kongruent V 123.

Tabellenrechnen I 91, 111, 124.
Tafeln I 111—118, 149, 158, 159; II 8; s. die einzelnen Zahlen, doppelter Eingang.
Tag I 29; Einteilung I 29, 38.
Tangenssatz V 40, 64, 79—81.
Tangente (geometrisch) am Kreis IV 80, 90, 116, 117; VI 111, 127; d. W. IV 112, *877*; an zwei Kreisen IV 91, 118; VI 128; sphärische Tangenten V 170; an Kurven VI 104, 108, 110, 111, 115, 133; ihre Gleichungen IV 108, 111, 150, 158, 164; s. a. die einzelnen Kegelschnitte.
— Tangens, trigonometrische Funktion I 139; IV 231; V 7, 8, 10—12, 20, 23—28, 35—43, 47f., 105, 107, 176; Begriff V 7, 24, 35, *86*; d. W. V 35, 36; Symbole III 116—118; V 37 bis 43; tg 1^0: V 25.
— Kurve V 50, 51, 69; Periode V 50, 51; Verhalten in höheren Quadranten V 50, 51; Reihe VI 47.
Tangentenparallelogramm VI 159, 162.
Tangentensatz (arabisch) V 106.
Tangentensechseck IV 122, 175.
Tangententafeln I 139; V 8, 20, 24—28, 177, 179—183, *87*; s. a. trigonometrische Tafeln.
Tangentenviereck IV 121, 122; V 128.
Tangentialebene (Kugel) VI 114.
Tantum-quantum II 9, *17*.
Tara, d. W. I 168, 169; Rechnung I 168 bis 170.
Taylorsche Entwicklung III 82, 83.
Ta-yen-Regel III 102, 103, 105, 106.
Teil eines Ganzen, Defin. IV 22, 30.
Teilbarkeit der Zahlen I 93, 105f.
Teilen, d. W. I 86; Teilen in und durch I 86.
Teilen und enthalten sein I 79, 84.
Teiler, größter gemeinsamer I 107, 108, 127, 132, 136; II 101, 136; VI 74, 75, 79.
Teilerfremd, Begriff I 107; d. W. I 108.
Teilung, d. W. I 50; s. Strecke, Winkel.
— stetige, s. stetig.
Teilungsverhältnis IV 179.
-tel, Endung bei Bruchbezeichnung I 130.
Terminrechnung I 153, 163, 164.
Terminus = Glied einer Gleichung II 53.

Tetraeder, regelm. VI 88; VII 6, 47 bis 51; allgemeines VII 26—29; negatives Volumen IV 45.
Tetraederkoordinaten VI 122.
τετράγωνος II 104; IV 93.
Tisch, pythagoreischer I 113.
Tolletrechnung I *664*.
τομή, s. stetige Teilung.
Tonne Gulden I 6.
Transfinit II 60.
Transporteur, d. W. IV 47.
Transversalen, d. W. IV 162; im ebenen Dreieck IV 162ff.; im sphärischen Dreieck V 127, 165—170; im Tetraeder VII 28, 29.
Transzendent, Defin. II 71; d. W. II 73; Größen II 70—73; Kurven II 71, 135; III 63, 65; s. die einzelnen Kurven.
Trapez IV 90, 92—95, 100; d. W. IV 92, 96; VII 17; gleichschenklig III 113; IV 4, 130; drei gleiche Seiten III 85, 113; Berechnung IV 127, 128, 130, 131; mit rationalen Maßen III 113; sphärisches V 118.
Trapezoid, d. W. 93.
Triangel, d. W. IV 61.
Trigonometrie, d. W. V 30; ebene III 12; IV 155; V 3—98; sphärische III 12; V 6, 8, 99—113, 131—172 (stereometrische Ableitung V 109 bis 111).
— Symbolik IV 17; V 37—49; algebraische Behandlung V 11, 37 bis 43, 110, *202*. Symbole mit Winkelargument III 116—118; V 38f.; mit Summen im Winkelargument III 116; V 38, 40—43.
Trigonometrische Berechnungen mit graphischer Methode V 4, 8, 9, 16, 103—105, 113, 137, 138.
Trigonometrische Funktionen II 84, 85; IV 155, 230; V 4, 11ff.; VI 164, 165, 167; d. W. V 31; Definition durch Streckengrößen V 19—22, durch Verhältnisse V 22, durch Koordinaten V 23, 51, *83*; mit negativem Winkel V 51; mit komplexem Argument VI 51; Verhalten in höheren Quadranten V 23, 48—50, 51, *249*[a]; Periodizität V 50, 51; Kurvendarstellung V 50, 69; Zusammenhang mit Exponentialfunktion II 84, 85, 126; VI 47f.; Reihen V 184; VI 50, 51.
— rationale Funktionen von tg $\frac{1}{2}\alpha$ V 61.
Trigonometrische Tafeln I 145; IV 177; V 172—185; s. die einzelnen Funktionen, Logarithmen.
Trillion I 7.
Trinom II 52.

Überschießende Zahlen I 108, 109.
Überstumpf, d. W. IV 48.
Überwärtsrechnen I 54, 81; II 101, 141.
Übungsaufgaben zu Lehrbüchern II 104.
Umbra V 25—28; s. Tangensfunktion.
Umfang, d. W. IV 62, 112; Zeichen c IV 19; s. Seitensumme.
Umfangswinkel, d. W. IV 121; siehe Peripheriewinkel.
Umhüllungskurven VI 149, 150, 152, 158.
Umkehrung von Reihen VI 34, 46, 47, 70.
Umklappen, Beweismittel IV 68—70.
Umkreis IV 89, 112; d. W. IV 113; s. Dreieck.
Umschreiben, d. W. IV 113; s. die einzelnen Figuren.
Unbekannte in Gleichungen I 43, 121; II 5, 6, 8—11, 40, 42—46, 105ff.; III 21, 22, 29, 31—34, 43, 115, 116; Vokale II 43, 44; IV 17; letzte Alphabetbuchstaben I 44—46; mehrere Unbekannte II 10, 43, 121; III 22, 29, 31, 32, 59, 60, 104.
Unbekanntenzeichen ꝶ s. cos a; Buchstabe x II 44—46, 117, 118.
Unbestimmte Größen, s. Buchstabengrößen.
Unciae I 91, 124; = Binomialkoeffizienten VI 37.
Unendlich, Begriff I 5; II 59—61; VI 30; d. W. II 61; das Zeichen ∞ II 34, 61; III 117.
Unendlich ferner Punkt IV 53, 54; Ebene IV 54.
Ungleichheitssätze IV 30, 31.
Ungleichheitszeichen II 27; III 116.
Ungleichungen II 136.
Unität II 53.
Universitäten I 49.
Unmögliche Zahlen II 80.
Unterschied, d. W. I 72.
Unterwärtsdividieren I 54, 82, 83, 101.

Variable, d. W. VI 119.
Variationen VI 64—68; d. W. VI 65, 69.
Veränderliche, d. W. VI 119.
Verdoppelung I 50—53, 72, 111.
— des Würfels, s. Würfelverdoppelung.

Verhältnisse II 125; s. Proportionen; Defin. III 15, 16; d. W. III 15 bis 18.
– mehrfache VII 36; Addition II 133.
Verhältnisgleich, d. W. III 18.
Verhältnisgleichung, d. W. III 16–18.
Verhältniskoordinaten VI 122.
Vermögen und Schulden II 74, 75, 77.
Verteilungsaufgaben I 171–175.
Vervielfältigen, d. W. I 80.
Verwandeln, d. W. IV 154.
Verwandlungsaufgaben, s. Flächenverwandlung.
Vielecke IV 49, 102–105; d. W. IV 92, 96; ähnliche V. IV 160; Außenwinkelsumme IV 102; Diagonale IV 102; eingeschriebene V. IV 100, 171, 198; V 130; Inhalt IV 190; V 13, 14; Innenwinkelsumme IV 102; V. in ein Quadrat verwandeln IV 152; regelm. V. IV 8, 181–195, 198; V 13, 14; VI 86, 87, 98 (Übergang von n-Eck zum $2n$-Eck IV 190–192, 219–222); umgeschriebene V. IV 190 bis 192; s. a. Sternvielecke und die einzelnen Vielecke.
Vieleckszahlen, s. Polygonalzahlen, figurierte Z.
Vielfaches, kleinstes gemeinsames I 107, 120, 127, 136.
Vielflach, d. W. VII 54; s. Körper.
Vielmachung I 50.
Vielseit, d. W. IV 61.
Viereck IV 92–105; V 94; d. W. III 96. bizentrische V. IV 122; eingeschriebene V., s. Sehnenvierecke; Einteilung IV 92, 93, 97; Fläche IV 127, 128; V 95, 96; V. mit rationalen Stücken III 113; Seitenmittenviereck IV 101, 102; überschlagene V. IV 103, 152; mit einspringenden Winkeln IV 103; umgeschriebene, s. Tangentenviereck; vollständige V. d. W. IV 103; Winkelsumme IV 101.
Vierecksberechnung IV 130–133, 152; V 94–98; allgemeines V. IV 130; V 94; angenäherte Formel IV 128, 130; regelm. V. I 38; IV 115, 181, 182, 188, 189, 193; sphärisches V. V 154.
Viereckszahlen, s. figurierte Zahlen.
Vierflach, d. W. VII 50.
Vier Größen, Regel der (arab.) V 106, 107, 132, 136, 165, 166–168.
Vierseit, d. W. IV 61; einem Kegelschnitt um- oder eingeschriebenes VI 149.
Vierseit, vollständiges IV 103, 172, 179; VI 149.
Vierteilung des Kreises I 38; siehe Quadrat.
Vinculum II 33.
Vollkommene Zahlen I 108–110, 117.
Volumen, d. W. VII 14, 15.
– Negatives Vorzeichen VII 28; Berechnungen, s. Körperberechnungen.
Von Hundert, d. W. I 162; das Zeichen I 161, 162; III 117.
Voraussetzung IV 6, 17, 20, 35, 36; d. W. IV 36.
Vorderglied, d. W. III 18.

Wagerecht, d. W. IV 49.
Wahrscheinlichkeit mathem. VI 72.
– Rechnung VI 70–74.
Wälsche Praktik, s. Praktik.
Walze, d. W. VII 30.
Wechselbrief I 176–177.
Wechselgeschäft I 165.
Wechselrechnung I 153, 176–177.
Wechselrecht I 176.
Wechselwinkel IV 59, 60; d. W. IV 60.
Welle, d. W. VII 30.
Wilsonscher Satz I 103, *561*.
Windrose I 38.
Winkel, Definition IV 25, 26, 28, 46, 47 (als Teil einer Fläche IV 46; als Drehungsgröße IV 47); d. W. IV 47; Zeichen III 118; IV 16, 18, 19; V 44, 45; Körperlicher W. VII 12 bis 14.
– Abschnittswinkel IV 121; Dreiteilung, s. diese; Einteilung IV 48; einspringende W. IV 103; entgegengesetzte W. IV 59, 60; W. zweier Geraden (analytisch) VI 124; Gradeinteilung, s. Grad; konkaver W. IV 49; konvexer W. IV 49; körperlicher W. VII 12, 13, 14; korrespondierende W. IV 59; Nebenwinkel, s. diese; negative W. IV 44, 47; Peripheriew., s. diese; rechte W., s. recht; Scheitelw., Sehnentangentenw., s. diese; sphärischer W. V 116; spitze W. IV 22, 48; stumpfe W. IV 48; überstumpfe IV 48; Umfangswinkel, s. diese; verschränkte W. IV 59, 60; Zentriw., s. diese.
Winkel im Abschnitt, d. W. IV 121; mit parallelen Schenkeln IV 60; VII 10, 11; an geschnittenen Parallelen IV 60.
Winkel antragen IV 79–80, 137; halbieren IV 78.

Winkelhalbierende IV 70, 71, 165—169; VI 125, 126; im sphärischen Dreieck V 127, 162, 163; Berechnung IV 167; V 93, 163; d. W. IV 80.
—, Teilungsverhältnis der Gegenseite IV 166.
Winkelhalbierungsebene (Tetraeder) VII 28.
Winkelmaß I 36f.; Zeichen I 38, 43, 44.
Winkelmesser IV 47, 192.
Winkelrecht, d. W. IV 49.
Winkelsumme im ebenen Dreieck IV 6, 56, 67—69; im sphärischen Dreieck V 122; Zeichen V 46 (s. Exzeß); im Viereck IV 101; im Vieleck IV 102; der Raumecke VII 13.
Winkelteilung II 135; III 63—66, 70, 78, *357*; dezimale Teilung I 41, 42; s. a. Winkel halbieren.
Woche I 30.
Wochentage I 30.
Worterklärung, d. W. IV 34.
Würfel III 149, 150; VI 88, 89; VII 4, 6, 16—19, 47—51; d. W. VII 17.
Würfelspiel VI 66, 70—73.
Würfelverdoppelung II 135; III 63, 65, 66; IV 83—85, 92, 139; VI 130; VII 6, 7, 11.
Wurflinie VI 151—152.
Wurzel aus 2 II 63, 64, 136, 138, 139, 141; aus algebraischen Summen II 142, 143, 158; n^{te} Wurzeln aus komplexen Größen II 84, 85; n Werte II 159, 160; trigonometrische Berechnung II 159; algebraische II 160; s. a. Einheitswurzeln.
Wurzeln, Begriff u. Berechnung II 134 bis 154; Benennung II 143—145; d. W. II 106, 144, *801*; s. a. Quadrat-, Kubikwurzeln; vierte Wurzeln II 65, 139, 206; Mehrdeutigkeit II 74, 158, 159; primitive W. I 148; Rechnen mit Wurzeln II 154—166; III 59 bis 61; IV 31.
Wurzelrechnung II 134—166; Formeln II 42, 158; Tafeln, s. Quadrat, Kubiktafeln.
Wurzelzeichen I 111; II 8, 12, 68, 109, 115, 117, 134, 143—154; III 115, 116; Haken II 146, 148—154, *824*; III 115, 116 (kein r II 150), mit Exponenten II 149—154; III 116, 117, mit Zifferexponenten II 151—154; III 116, mit allgemeinen Exponenten II 154; III 117; Punkt II 145, 148; III 115; Strich II 30—32, 147, 148 bis 154; III 116.
Wurzelziehen I 50, 84, 135—143, *86*; II 135—142, 206; d. W. II 145; Dezimalbrüche nicht periodisch I 147.

x der Gleichung I 121; II 44—46, 110 bis 118; III 23, 116, 117; VII 103.
x, y in der analytischen Geometrie VI 103.

Zahl, Begriff I 3, 89; II 54—90; IV 22; Zahl und Strecke II 63, 64, 157; III 7; IV 6, 7, 156; VI 122.
—, algebraische Z. I 108; II 52; befreundete Z. I 108—110; IV 8; figurierte Z., s. diese; ganze Z. I 3, 46f., 89, 93ff.; II 54, 156; gebrochene Z. I 118—147; II 61, 62; gerade und ungerade Z. I 93—95; II 55; irrationale, transzendente Z., s. diese; mangelhafte, überschießende, vollkommene Z. I 108—110; IV 8; zusammengesetzte Z. I 96; s. a. Primzahlen, Quadrat-, Kubikz. u. a.
Zahlenmystik I 30, 58, 93, 94; II 63.
Zahlenreihe I 5, 64; II 69.
Zahlensystem V 3f., 38; II 40; s. Dezimal-, Sexagesimals.
Zahlentheorie I 93—110; III 99.
Zähler I 129, 130, *697*, *698*.
Zahlungstag, mittlerer I 163.
Zahlwörter I 3—12, 64, 72.
Zahlzeichen I 12—29; griechische Buchstaben I *95*, 22, 73, 120—122; II 5.
Zehneck, regelm. IV 182, 184, 188, 189; V 14; VI 98.
Zehner I 11, 73; d. W. I 11.
Zeichen, in der Geometrie IV 16—18; s. Rechenzeichen, Zahlzeichen u. die einzelnen Zeichen.
Zeit, Sechzigerteilung I 29, 38, 39.
Zeitgrad I 39.
Zeitmaße I 29—36, 38, 39.
Zeitminute I 39.
Zeitrechnung I 9, *491*; christliche Z. I 34.
Zensus, s. census.
Zentesimalteilung des Grades II 183, 193—194; des rechten Winkels II 194.
Zentrale, d. W. IV 114.
Zentralprojektion VI 141, 142.
Zentriwinkel, d. W. IV 121; Z. und Peripheriew. IV 118, 124.
Zentrum, d. W. IV 105, 106.
Zerlegungsbeweise IV 151; VII 22.
Zero, d. W. I 9, 10, 13.
Ziffern I 12—29, 112, *95*, *122*; II 4; IV 41; d. W. I 9, 10, 12.

Ziffernstreichen beim schriftl. Rechnen I 54, 65, 67, 74, 81.
Zins, d. W. I 160.
Zinseszinsrechnung I 140, 141, 153, 158, 159, 167, 168; VI 56—62; Formeln I 167, 168; Tabellen II *963*, *974*; VI 58.
Zinsfuß I 156—158; d. W. I 161.
Zinsrechnung I 151, 153, 155—163; Formeln I 160; Tafeln I 158—159.
Zinsverbote I 156, 168.
Zinszahlen I 159, 164.
Zirkel I 38; d. W. IV 92, 106, 111; Konstruktion mit Zirkel allein IV 87, 193, 194, mit fester Spannung IV 88, 89, 195, mit Zirkel und Lineal II 65, 135, 157; III 63, 69, 81, 83, 86.
Zusammenzählen, d. W. I 65.
Zusatz, d. W. IV 34.
Zwei nicht Primzahl I 96.
Zweideutigkeit, siehe Quadratische Gleichungen, Quadratwurzel, Sinus, trigonometrische Funktionen.
Zweieck, d. W. V 116; VII 36.
Zweisatz I 155, *837*[a].
Zweiteilung I 50; s. Halbieren.
Zwölfeck, regelm. V 14.
Zwölfteilung I 38, 123, 124.
Zwölftafelgesetz I 156.
Zyklische Vertauschung III 118; V 47; VI 68.
Zylinder IV 114; VI 89, 129, 139; VII 5, 7, 21, 29—34; Definition VII 31, 699; d. W. VII 29; schiefe Z. VII 30; Hohlzylinder VII 32; Mantel VII 33; Volumen VII 4, 19, *32*.
Zylindergewölbe VII 34, 52.
Zylinderhufe VII 33, 34.

FSC
www.fsc.org
MIX
Papier | Fördert gute Waldnutzung
FSC® C083411

Kolibri 360 GmbH
Ferdinand-Jühlke-Straße 7
99095 Erfurt, Deutschland
produktsicherheit@kolibri360.de